大话
数据结构
溢彩加强版

程杰◎著

U0293222

清华大学出版社
北京

内 容 简 介

本书以一个计算机教师的教学过程为场景，讲解数据结构和相关算法的知识。全书以趣味方式来叙述，大量引用各种各样的生活知识来类比，并充分运用全彩色图形语言来解读抽象内容，对数据结构所涉及的一些经典算法做出逐行分析、多算法比较。与同类图书相比，本书内容有趣易读，算法讲解细致深入，是一本非常适合自学的读物。

对于学习数据结构来说，难点之一是对相关算法的理解。本书创新性地采用全彩印刷，图表、流程、代码等内容结合色彩来重新进行约定和归纳，使得对一些难以理解的知识点的解析更加清晰顺畅，极大提升了阅读体验。

本书主要内容包含：数据结构介绍、算法推导大O阶的方法；顺序结构与链式结构差异、栈与队列的应用；串的朴素模式匹配、KMP模式匹配算法；二叉树前中后序遍历、哈夫曼树及应用；图的深度、广度遍历；最小生成树两种算法、最短路径两种算法；拓扑排序与关键路径算法；折半查找、插值查找、斐波那契查找等静态查找；稠密索引、分块索引、倒排索引等索引技术；二叉排序树、平衡二叉树等动态查找；B树、B+树技术，散列表技术；冒泡、选择、插入等简单排序；希尔、堆、归并、快速等改进排序。

本书适合学过一门编程语言的各类读者，包括在读的大中专计算机专业学生、想转行做开发的非专业人员、欲考计算机专业研究生的应届生或在职人员，以及工作后需要补学或温习数据结构和算法的程序员等。

图书在版编目（CIP）数据

大话数据结构：溢彩加强版 / 程杰著.—北京：清华大学出版社，2020.12（2024.9 重印）
ISBN 978-7-302-56471-3

Ⅰ.①大… Ⅱ.①程… Ⅲ.①数据结构 Ⅳ.①TP311.12

中国版本图书馆CIP数据核字(2020)第177979号

责任编辑：栾大成
封面设计：杨玉兰
版式设计：方加青
责任校对：徐俊伟
责任印制：沈　露

出版发行：清华大学出版社
　　　　网　　　址：https://www.tup.com.cn，https://www.wqxuetang.com
　　　　地　　　址：北京清华大学学研大厦A座　　　　邮　　编：100084
　　　　社 总 机：010-83470000　　　　邮　　购：010-62786544
　　　　投稿与读者服务：010-62776969，c-service@tup.tsinghua.edu.cn
　　　　质 量 反 馈：010-62772015，zhiliang@tup.tsinghua.edu.cn
印 装 者：北京博海升彩色印刷有限公司
经　　销：全国新华书店
开　　本：170mm×240mm　　　印　张：24.5　　字　数：537千字
版　　次：2020年12月第1版　　　印　次：2024年9月第8次印刷
定　　价：119.00元

产品编号：089523-01

本书起因

大家好！我是《大话设计模式》（2008年出版）的作者，多年来，承蒙广大读者的厚爱，《大话设计模式》取得了较大的成功。成为当当网**终身推荐五星图书**，截至本文写作时，销量已经突破**30万册**，成为国内众多程序员的启蒙书籍之一。

对于这样一件自己喜欢做、可以做得好，而且已经得到了市场广泛认可，为很多朋友提供帮助的事情，我没有理由不继续做下去。这就是我准备再写书的原因。

我曾做过调查，数据结构的学习者大多都有这样的感慨：数据结构很重要，一定要学好，但数据结构比较抽象，有些算法理解起来很困难，学得很累。可我更希望传达这样的信息：**数据结构非常有趣，很多算法是智慧的结晶，学习它是去感受计算机编程技术的魅力，在理解掌握它的同时，整个过程都是一种愉悦的心情感受，而非枯燥乏味的一门课程。**因此我决定写作一本关于数据结构的有趣的书。

不过现实总比理想来得更"现实"。要想把书写好，谈何容易，我需要突破很多困难……嗐！不管如何，现在您看到了本书，那就说明我已经克服了困难战胜了自己。希望您可以喜欢上这本书。

本书定位

本书的定位是适合读者自学数据结构的书籍，它又区别于教材，希望带给大家另一种阅读体验。

通常讲解数据结构的图书都是以教材的方式呈现。在写作前，我购买或在图书馆借阅了十几本非常好的数据结构相关的教材用来为写作本书做准备。但经过认真阅读后，我发现，它们大多不是一本好的"**自学**"读物。

我没有轻视这些好书的意思，不过教材和自学读物，所面向的读者是完全不同的。

好的教材应该是提纲挈领、重点突出，一定要留出思考的空间，否则就没必要再听老师上课了。很多内容的讲解是由老师在课堂完成，教材中有练习、课后习题、思考题等，这些大多也可以通过老师来解答。比如我们中学时的语文、数学课本，很薄的一本书通常要用一学期、甚至一年的时间来学习，这就是因为它们是教材而不是自学读物。如果是小说，可能一两天就读完了。

好的自学读物的目标是让初学者"**独自**"全盘掌握知识。强调"**独自**"一词，这就说明读者在阅读时，是完全依靠自己的力量来向未知发出挑战。因此书中内容，要么不写，写了就应该写透。如果读者在阅读时总是疑惑重重，那么这本书就有很大的问题了。

基于这样的认识，我决心将《大话数据结构》真正写成一本关于**数据结构**和**算法**的自学读物。

本书特色

1. 趣味引导

大部分的编程类图书，在内容上基本都是直奔主题。但是尼采曾说过："人们无法理解他没有经历过的事情。"换句话说，我们只接受过去早已理解的事物的相关信息。这是一种比较学习过程，在这个过程中，大脑寻找每条信息之间的联系。所以教育专家普遍认为，吸引学生的注意力，比较好的办法是从他们比较熟知的知识开始。

因此在本书中，我会用**一个故事、一个趣味题目、一部电影**的介绍等形式来作为每一章甚至很多小节的开头，选择的内容也多多少少与要讲的主题内容相关。这并不是多余，而是有意为之。事实上，这样的形式在《大话设计模式》中已经得到了普遍认可。

2. 图文并茂

西方有句谚语，"A picture is worth a thousand words.（一图值千言）"。用上千字描述不清的事，很可能一张图就能解释清楚。

我非常认可这个观点，所以本书虽没有达到每一页都有图，但基本做到了**绝大部分讲解都有相关图示，关键算法更是通过多图逐步分解剖析**。尽管这带来了写作上的难度，但却可以达到较好的效果。毕竟，读者通过本书开始学习数据结构时，要从一无所知或略知一二到完全理解，甚至掌握应用，需要一个比较艰苦的过程，用大量的图示可以降低这个过程的难度。

3. 代码详解

我在写作中尽量摒弃传统数据结构教材的"重理论思想而轻代码讲解"的做法。在准备数据结构写作时我发现，很多教材对数据结构理论和算法设计思想讲得比较好，可一到实际代码时，有的把代码贴出来加少量注释，有的直接用伪代码形式。这对于上课的学生还好，毕竟有老师在课堂中去详解代码编写原理，可是对于初学数据结构和算法的自学者而言，如果书中不去解释代码某些细节为什么那样编写的原因，甚至代码根本不可能在某个编译器中运行通过，其挫折感是很强烈的。比如即使理解了图结构中的最短路径求解原理，也可能无法写出最短路径的算法。

我把代码在运行过程中变量的变化融入到整个算法设计思想的讲解中，配合相应的示意图，会帮助大家更加容易理解算法的实质。这种讲解模式在本书的第6～9章的很多复杂算法中都有具体体现，越是复杂的代码越是讲解细致。这算是本书的一个特色，希望对读者有帮助。

4. 形式新颖

我把本书的内容虚构成了一个**老师上课的场景**，所有内容都通过这位老师表达出来，书中的文字非常口语化，这样做的目的是为了更加直观地让读者感觉，自己是在学习，是在上课。有人可能会说，现在的课堂大都是让人昏昏欲睡，把读者带入上课场景，不是更加让读者犯困吗？我觉得如果你的学习经历中听过一些优秀老师的课，你就不会下这样的结论。**好的老师讲课，是可以做到引人入胜的。**

有人可能会问，我为什么不用《大话设计模式》中的对话形式，而采用讲课形式呢？这是基于数据结构这门学问的特点考虑的。设计模式主要都是思想体现，通常会仁者见仁、智者见智，用对话展开比较容易；而数据结构中更多的是定义、术语、经典算法等，这些公认的知识，可讨论的地方并不多，更多的是需要把它讲清楚。让两个人在一起讨论某个设计模式的优缺点，会非常合适，而讨论数据结构定义的好坏，就没有太大意义了，不如让一个老师告诉学生数据结构的定义好在哪里更符合实际。因此用传统的讲课形式会好一些。

另外，本书没有习题，有思考的题目也一定会给出某种答案。本书每个复杂知识点的末尾，都会提供另一本书的进一步阅读建议。这也是基于它是一本自学读物的原则。读者阅读本书可能是任何时间任何地方，如果书中存在没有解答的问题，碰到了困难是没法及时找到老师来帮助你的，因此本书尽量避免让读者有这样的困惑存在。需要练习的同学，我觉得还是应该考虑再去买本习题集来学习。学习数据结构和算法，做题和上机写代码非常有必要，从这个角度也说明，阅读完本书其实也只是完成入门而已。

本书既然是以老师上课的形式来进行，那就免不了要融入一名教师除了授业解惑以外，还要传达一些个人价值观的体现。书中很多细微处，如对某位科学家的尊敬、对某个算法的推崇、对勤奋励志故事的讲述等都在表达着一个老师向学生传递真、善、美的意愿。我始终认为，读者拿到的虽然只是一本没有表情、不会说话的书，但其实也是在隔空与另一个朋友交流。人与人的交流不可能只是就事论事，一定会有情感的沟通，这种情感如果能产生共鸣、达成互信，就会让事情（比如学习数据结构与算法这件事）本身更容易理解和接受。

本书内容

本书主要是按照教育部关于计算机专业数据结构课程大纲的要求略微增减来组织内容的。

本书内容主要包括：数据结构介绍，算法推导大O阶的方法，线性表结构的介绍，顺序结构与链式结构差异，栈与队列的应用，串的朴素模式匹配、KMP模式匹配算法，树结构的介绍，二叉树前中后序遍历，线索二叉树，哈夫曼树及应用，图结构的介绍，图的深度、广度遍历，最小生成树两种算法，最短路径两种算法，拓扑排序与关键路径算法，查找应用的相关介绍，折半查找、插值查找、斐波那契查找等静态查找，稠密索引、分块索引、倒排索引等索引技术，二叉排序树、平衡二叉树等动态查找，B树、B+树技术，散列表技术，排序应用的相关介绍，冒泡、选择、插入等简单排序，希尔、堆、归并、快速等改进排序，各种排序算法的对比等。

本书读者

"数据结构"是计算机软件相关专业的基础课程，几乎可以说，要想从事编程工作，无论你是否是科班出身，都不可以绕过这部分知识。因此，适合阅读本书的读者非常广泛，包括在读的本专科、中专、职高、技校等计算机专业学生，想转行做开发的非专业人员，欲考计算机研究生的应届生或在职人员，以及工作后需要补学或温习数据结构和算法的程序员等。

本书对读者的技术背景要求比较低，只要是学过一门高级编程语言，例如C、C++、Java、C#、VB等就可以开始阅读本书。不过由于当中涉及比较复杂的算法知识，需要读者有一定的数学修养和逻辑思维能力，否则可能书籍的后半部分阅读起来会比较吃力。

本书研读方法

事实上，任何有难度的知识和技巧，都不是那么容易被掌握的。我尽管已经朝着通俗易懂的方向努力，可有些数据结构，特别是经典算法，是几代科学家的智慧结晶，因此要掌握它们还是需要读者的全力投入。

美国畅销书《如何阅读一本书》中提到"阅读可以是一件主动的事，阅读越主动，效果越好。拿同样的书给背景相近的两个人阅读，一个人却比另一个人从书中得到了更多，这是因为，首先在于这人的主动，其次，在于他在阅读中的每一种活动都参与了更多的技巧。这两件事是息息相关的。阅读是一个复杂的活动，就跟写作一样，包含了大量不同的活动。要达到良好的阅读，这些活动都是不可或缺的。一个人越能良好从事这些活动，阅读的效果也就越好。"

我当然希望读者在阅读本书后收获巨大，但这显然是一厢情愿。要想获得更多，你可能也需要付出类似我写作一样的精力来阅读，例如**摘抄文字、眉批心得、稿纸演算、代码输入，以及您自己在编程工作中的运用**等。这些相应活动的执行，将会使您得到巨大的收获。

作为作者，建议本书的研读方法为：

- **复习C语言的基础知识**。如果你掌握的是别的语言也不要紧，适当了解一些C语言和你掌握的编程语言的语法差异还是有必要的。甚至将本书代码改造成另一种语言本身就是一种非常好的学习方法。
- **阅读第一遍时，建议从头至尾进行**。如果你对前面的知识有足够了解，当然可以跳过直接阅读后面的章节。不过若要学习一门完整的知识并形成体系，通读本书，还是最好的学习方法。

- 阅读时，摘抄是非常好的习惯。"最淡的墨水也胜于最强的记忆！"有不少读者会认为摘抄了将来也不会再去看，没什么必要。但其实写字的过程就是大脑学习的过程，写字在减缓你阅读的速度，从而让你更好地消化阅读的内容。相信大家都能理解，"囫囵吞枣"和"慢慢品味"的差异，学习同样如此。

- 阅读每一章时，特别是在阅读算法的推导过程时，一定要在电脑中运行代码（本书源码扫码下载，也可以到http://cj723.cnblogs.com中的《大话数据结构》相关主题中找到），了解代码的运行过程。本书的很多算法都做到了逐行讲解，但单纯阅读可能真的很难达到理解的程度（这是纸质书无法克服的缺陷），需要你通过开发工具调试，设置断点和逐行执行，并参照书中的讲解，观察变量的变化情况来理解算法的编写原理。

- 阅读完每一章时，一定要在理解基础上记忆一些关键东西。最佳的效果就是你可以不看书也做到一点不错地默写出相关算法。

- 阅读完每一章时，一定要适当练习。本书没有提供练习题，但网络上相关的数据结构习题集比比皆是，可以选择尝试。另外互联网上也可以获得足够的习题来供你练习。练习的目的是为了检测自己是否真的完全理解了书中的内容。事实上很多时候，阅读中的人们只是自我感觉理解，而并非真正的明白。

- 学习不可能一蹴而就，数据结构和算法如果通过一本书就可以掌握，那本身就是笑话。本书提供了写作时的参考书目（扫码下载），基本都是最优秀的数据结构或相关的中文书籍，各有侧重，建议大家可以适当地阅读。

- 在之后的编程学习和工作中，尽量把已经学到的数据结构和算法知识运用到现实开发中。遗忘时翻阅本书回顾相关内容，最终达到精通数据结构和相关算法的境界。

关于PPT课件

在《大话数据结构》上一版的发行过程中，有很多读者问我要PPT课件，其中大部分是自学的读者，也有一部分是老师。上一版没有提供课件，当时感觉书中内容已经很容易理解了，提供通常意义上的课件有点画蛇添足。但后来发现，很多代码仅仅看书确实不够直观，有些读者无法清晰明了地理解算法的执行过程。这算是本书上一个版本的一个小小的遗憾。

借着本次更新的动力，我精心制作了一套超过200页的PPT课件，对本书大部分知识点结合代码进行了"动效"梳理，尤其是一些书中难以表达清楚的知识点。

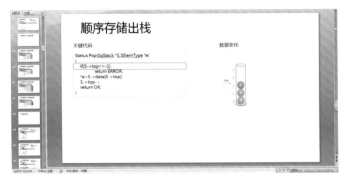

扫码观看动效

在使用上，这套PPT课件特别适合自学的读者，您可以一边看书，一边打开PPT播放相关知识点来了解算法执行时的数据变化和图形变化。另外，**老师也可以直接用其中的元素来讲课使用。**

编程语言说明

本书是用C语言编写的，基于C90（ISO C）的标准。读者可以选择任何一款基于C90标准的C语言开发工具或更高版本的开发工具来学习本书中的代码。

本人一直习惯于用Visual Studio作为开发工具，因此在写作此书时，也是用此工具的Visual C++来编译调试代码，一切都相安无事，但写作完成后，考虑到不同读者应用开发工具的习惯不同，最终在编辑的建议下，决定提供一份可在C90标准的C语言开发环境中编译通过的代码，结果发现错误百出。

例如C90标准的注释要求是"/* 注释文字 */"而不允许是"//注释文字"；要求变量声明必须要在函数的最前面，只能是"int i; for(i=0;i<n;i++)……"，而不允许如"for (int i=0;i<n;i++)"这样的方式；再比如C++中函数的参数可以传递如"void CreateBiTree(BiTree &T)"的地址变量，但在C语言中，只能传递如"void CreateBiTree(BiTree *T)"的指针变量。因此当你看到书中的有些代码到处都是"*"时，就用不着奇怪了。

出于代码可以在低端编译环境通过的考虑，牺牲一些代码的简捷性和优雅性也是无可奈何和必要的。最终我将书中全部代码都改成C90标准的代码。

C语言初学者可能会因为刚接触编程语言，特别是对指针的理解不深，而担心阅读困难。我个人感觉，单纯学习指针是很难理解它的真正用途和好处的，而通过学习数据结构，特别是像链式存储结构在各种结构算法中的运用，反而可以让读者进一步理解指针的优越之处。从这个角度说，数据结构的学习可以反过来加强读者对C语言，特别是指针概念的理解。

编程语言差异

C语言是一种历史悠久的高级语言，它的应用范围非常广泛，因此我选择它作为本书的算法展示语言。如果读者之前学过它，那么阅读本书就不存在语言障碍。懂得C++语言的读者，同样也不会有任何语言上的问题。

掌握Java、Python、C#等面向对象语言的读者，当面对书中大量的C语言式的结构（struct）声明和针对结构的参数传递的代码时，可以理解为是类的定义和由类生成对象的传递。尽管的确存在差异，但并不影响整体对数据结构知识和算法原理的理解。

我个人感觉，哪怕是对C语言不熟悉，也不妨利用学习数据结构的机会，学习一下C语言的编程方法，这对于将来应用其他高级语言也是有很大帮助的。斗转星移，时光荏苒，时间证明C语言的生命力是最顽强的。

本书源代码和PPT课件扫码下载

书友会

之前聊过学习方法这个话题。对学习本身，笔者并不赞同整个学习过程的"孤军奋战"。

在学习初期，建议仔细阅读书中内容，遇到不容易理解的地方，一定要尝试着去独立思考，只有以这样的学习方式，才能让这些难点被理解得更为深刻和到位。但是，如果三番五次地攻关仍然攻克不了，那我建议可以记录下来，继续阅读，不要打断了独立学习、独立思考的状态。

看完全书，相信绝大部分难点会在上下文中得到解答，剩下的疑问，那就找志同道合的"书友"去寻求答案吧。

书友会Q群：**835154766**

加入组织，与书友并肩作战吧！

除了学习，书友会不定期提供勘误、更多学习资源、视频、直播预告、购书代金券等资源，并会不定期展开赠书活动。

不是一个人在战斗

首先要感谢我的妻子李秀芳对我写作本书期间的全力支持，我辞职写作，没有她的理解鼓励和生活上的悉心照顾，是不可能走出这一步并顺利完成书稿的。我们的儿子程晟涵如今已经三周岁，我是在他每日的欢声笑语和哭哭啼啼中进行每一章节的构思和写作的，希望他可以茁壮成长。我的父母已经年迈，他们为我的全职创作也甚为担心和忧虑，这里也要说一声抱歉。

写作过程中，本人购买和借阅了与数据结构相关的大量书籍，详细书目见本书扫码平台。没有前辈的贡献，就没有本书的出版，也希望本书能成为这些书籍的前期读物。在此向这些图书作者表示衷心的感谢。

仅有作者是不可能完成图书的出版的，本人要非常感谢清华大学出版社的朋友们，他们是本书的最初读者，也是协助本人将此书由毛糙变精良的最有力助手。本书的封面设计程瑜、插图设计周翔，都是在反反复复的修改中完成创作的。写作中还得到了周筠、卢鸫翔、张伸、胡文佳、Milo、陈钢、刘超、刘唯一、杨绣国、戚妩婷、雷顺、杨诗盈、高宇翔、林健的友情帮助，他们都在本人的创作中提出了宝贵建议。

在此向所有帮助与支持我的朋友道一声：谢谢！

程 杰

2008年，一本特立独行的IT技术图书《大话设计模式》横空出世，开创了一种新派技术图书风格，横扫各大排行。

作者程杰并没有满足这个成绩，耗时3年潜心创作了另外一本同样是程序员基础的著作——《大话数据结构》，不出意外地好评如潮。

直到今天，这两本书仍然常驻各大排行。作为本土原创图书，这个成绩简直不可思议——印象里只有国外经典技术图书具备如此强的生命力。

虽然在这十几年里程杰兄未再动笔，但依然与我保持着密切联系。非常荣幸的是，在这本新作中，我依然是他的编辑。

十几年来，IT技术已经有了翻天覆地的变化，当年的桌面程序基本都迁移到了当前的互联网和移动端上，以至人工智能、深度学习，开发语言也从当初C、Java为主力语言变成如今包治百病的Python，我作为一个IT编辑，回顾起来其实还挺有意思的。

关于本书的代码语言，确实跟程杰有过小小的争执，我建议换Python，程杰还是坚持用C。他的理由是：讲解数据结构，还是得用最干净纯粹的通用经典计算机语言，虽然Python很灵动，正是这种灵动，有时在解析数据结构的时候显得不够严肃和"正统"，而程序员的基础必修课，必须要一拳一脚地养成规范的动作习惯。

数据结构在某种程度上和设计模式类似，都是前辈的武功套路。不同的是，设计模式是近几十年卓越程序员的智慧结晶，而数据结构是几百上千年无数科学家、数学家的智慧沉淀，具有更加深厚的背景。

大家知道，程序是利用计算机的高速运算能力来协助我们处理一些需要海量运算得出结果的问题，花哨的界面和良好的用户体验背后，是无数计算机强大的算力得出我们需要的结果——无论是气象预报还是扫脸支付。

一台计算机的CPU运算能力是固定的，只会机械地接收程序的指令，所以，算法的优劣就决定了程序设计水平的高低（关于计算机硬件的运算原理和流程，这里推荐一本书——《大话计算机》【清华大学出版社】）。举个简单的例子，数据库性能优化这个工作，收费是按照小时来计算的，有个段子，真实性无从考证：水平高的每小时可以达到30万美金。为什么会值这么多钱？有价值吗？本质上讲这就是算法的力量，使用优秀的算法可以在为企业节省海量的硬件投入同时带来巨大的效率提升——比如之前需要100台小型机，优化之后只需要10台就够了；之前生成一个数据需要1分钟出来结果，优化之后1秒钟就够了……这对于企业来说，节省的成本可就远远不止投入的几十上百万元的优化费用了。当然，数据库优化有很多算法优化之外的技术，但是如果优化结果发生了质变，那一定主要是算法的功劳。

国内外优秀的程序员很多是数学专业出身，也在一定程度上说明了这个问题。很多程序员被戏称为"码农"——一种流水线机械作业的工种，至今此工种仍大量存在。可以预见的是，随着软件开发集成度的提高和AI技术的发展，"码农"会大量减少，未来的软件开发需要的是"软件架构师"和"算法工程师"，无论走哪条路线，算法都是重中之重。可以说，算法基础不牢靠，职业生涯不牢靠。（关于这个话题，再推荐一本书——《大话软件工程》【清华大学出版社】）

我们的程序员因为在受教育的过程中，由于种种原因，数据结构和算法的基本功通常要差一些，等从业以后想再补课又缺乏好的，或者说适合自学的教材。数据结构不是说没有优秀教材，比如《数据结构》（严蔚敏清华版）、《算法导论》（机工版）这样的经典著作我们绝对不能说不好，但是作为自学，实在是有点难啃。

《大话数据结构【溢彩加强版】》延续了前作轻松调侃的风格，采用了师生对话的方式展开讨论，其中穿插了大量"接地气"的类比案例，帮助大家迅速"开窍"，在我的建议下，程杰精心将本书图表制作成彩色，阅读起来你会发现，不仅仅是养眼，对一些流程、概念的解说，用彩色图表更为精准，学习体验有了质变。

感谢程杰这样的优秀作者真诚地将自己的感悟奉献出来。与作者的用心相比，作为策划编辑付出的劳动就不值得一提了。这里真心希望读者可以从书中找到需要的东西，也希望国内更多高人涌现出来，为读者创作更适合中国人阅读的优秀科技图书。

清华大学出版社
栾大成

再版说明 |

写作起因

大家好！我是《大话数据结构》（2011年第一版）的作者，9年来，承蒙广大读者的厚爱，《大话数据结构》（2011年第一版）取得了较大的成功。

仅在京东，截至本文写作时，此书就已经有3.1万次评论，98%的好评度。这本书出版至今一直是国内原创计算机类图书最畅销的书籍之一。

不过由于这本书写作于9年前，受当时的认知和能力限制，确实存在一些不足和缺憾。因此在2020年这个特殊的年份里，我对本书做了修订，改进前作的技术问题和解读方式，力争让学习数据结构变得更加容易，让阅读体验更加舒适。

例图升级

第一版的图书，是单色印刷，图形以平面为主。对于一些简单讲解，这应该是可以的，但有些时候，要讲的知识点比较复杂，仅仅黑白灰的平面图形，很难一目了然地把差异表达清楚。通过学习国内外优秀图书的制作，我对所有的图表做了全面升级。

1. 通过三维立体方式，让阅读体验更加舒适，记忆起来会更加深刻。

老版：

新版：

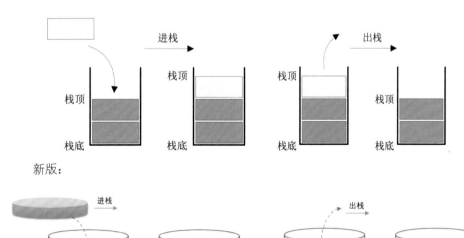

2. 利用色彩变化，突出要讲解的知识点和流程线索。

老版：

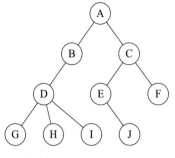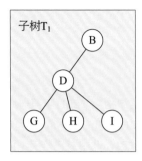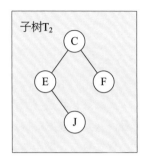

新版：

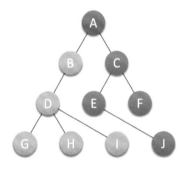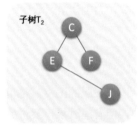

3. 对部分示意图做了改进，更清晰明了。

老版：

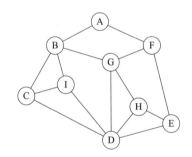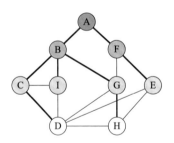

新版：

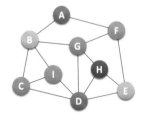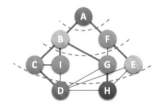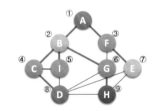

4. 在讲解中增加了大量趣味示意图。

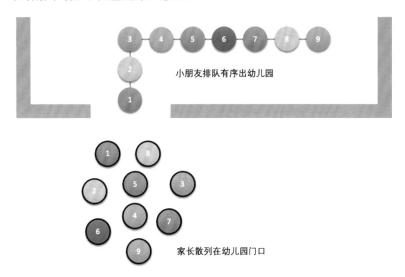

内容升级

内容是一本书的重中之重。我对书中的大量细节都做了更新，增补或者替换了更加便于理解的解读和案例。

有一些算法，第一版时，是直接通过代码来分析讲解的，本书在这些方面都有所改进。比如最小生成树的两个算法，都以先讲解算法思路、再剖析代码的方式，这样更加容易理解。

另外，在重新编写中还发现了第一版中的多处大小错误，一并修正了。在此对前作的读者说声抱歉，也感谢为本书前作指出错误的热心读者。

代码样式升级

本书所有代码，我又重新梳理了一遍，消灭了不少问题。并在编辑器里重新跑过，展示方式也采取直接截屏编辑器的方式，力争让读者有一种实地开发的既视感。

原代码样式：

```
int i, j, x = 0,sum = 0,n = 100;        /* 执行一次 */
for(i = 1; i < = n; i++)
{
  for (j = 1; j < = n; j++)
  {
      x++;                              /* 执行n×n次 */
      sum = sum + x;
  }
}
printf("%d", sum);                      /* 执行一次 */
```

当前样式：

```
int i, j, x = 0, sum = 0, n = 100;  /* 执行一次 */
for (i = 1; i <= n; i++)
{
    for (j = 1; j <= n; j++)
    {
        x++;                        /* 执行n×n次 */
        sum = sum + x;
    }
}
printf ("%d", sum) ;                /* 执行一次 */
```

目 录 I

$O(1)$　$O(logn)$　$O(n)$　$O(nlogn)$　$O(n^2)$

计算机界的前辈们，是一帮很牛很牛的人，他们使得很多看似没法解决或者很难解决的问题，处理得如此美妙和神奇。

高斯在上小学的一天，老师要求每个学生都计算1+2+…+100的结果，谁先算出来谁先回家……

现实世界中的算法千变万化，没有通用算法可以解决所有问题。甚至一个小问题，某个解决此类问题很优秀的算法却未必就适合它。

求100个人的高考成绩平均分与求全省所有考生的成绩平均分在占用时间和内存存储上有非常大的差异，我们自然追求高效率和低存储的算法来解决问题。

随着n值越来越大，它们在时间效率上的差异也就越来越大。好比有些人每天都在学习，而有些人，打打游戏、睡睡大觉，毕业后前者名企争着要，后者求职处处无门。

春运时去买火车票，大家都排着队好好的，这时来了一个美女："可否让我排在你前面？"这可不得了，后面的人像蠕虫一样，全部都得退后一步。

反正也是要让相邻元素间留有足够余地，那干脆所有元素都不要考虑相邻位置了，哪有空位就到哪里。而只是让每个元素知道它下一个元素的位置在哪里。

本来是爸爸左手牵着妈妈的手、右手牵着宝宝的手在马路边散步。突然迎面走来一美女，爸爸失神般地望着，此情景被妈妈逮个正着，于是扯开父子俩，拉起宝宝的左手就快步朝前走去。

对于一些语言，如Basic、Fortran等早期的编程高级语言，由于没有指针，这链表结构，按照前面我们的讲法，它就没法实现了。怎么办呢？

这个轮回的思想很有意思。它强调了不管你今生是穷是富，如果持续行善积德，下辈子就会好过，反之就会遭到报应。

就像每个人的人生一样，欲收获就得付出代价。双向链表既然是比单链表多了如可以反向遍历查找等的数据结构，那么也就需要付出一些小的代价。

如果你觉得上学读书是受罪，假设你可以活到80岁，其实你最多也就吃了20年苦，用人生四分之一的时间来换取其余时间的幸福生活，这点苦不算啥。

第4章　栈与队列

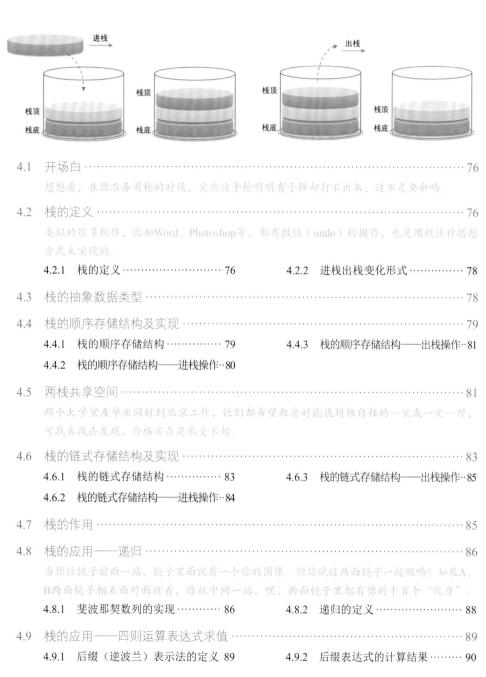

电脑有时会处于疑似死机的状态。就当你失去耐心，打算Reset时，突然它像酒醒了一样，把你刚才单击的所有操作全部都按顺序执行了一遍。

你上了公交车发现前排有两个空座位，而后排所有座位都已经坐满，你会怎么做？立马下车，并对自己说，后面没座了，我等下一辆？没这么笨的人，前面有座位，当然也是可以坐的。

人生，需要有队列精神的体现。南极到北极，不过是南纬90°到北纬90°的队列，如果你中途犹豫，临时转向，也许你就只能和企鹅相伴永远。可事实上，无论哪个方向，只要你坚持到底，你都可以到达终点。

第5章　串 ……………………………………………………………… 103

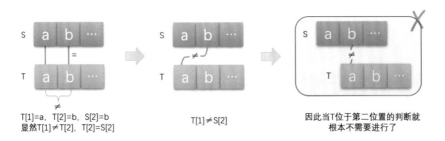

T[1]=a，T[2]=b，S[2]=b
显然T[1]≠T[2]，T[2]=S[2]

T[1]≠S[2]

因此当T位于第二位置的判断就根本不需要进行了

"枯眼望遥山隔水，往来曾见几心知？壶空怕酌一杯酒，笔下难成和韵诗。途路阻人离别久，讯音无雁寄回迟。孤灯夜守长寥寂，夫忆妻分父忆儿。"……可再仔细一读发现，这首诗竟然可以倒过来读。

我所提到的over、end、lie其实就是lover、friend、believe这些单词字符串的子串。

感情上发生了问题，为了向女友解释一下，我准备发一条短信，一共打了75个字，最后8个字是"我恨你是不可能的"，点发送。后来得知对方收到的，只有70个字，短信结尾是"……我恨你"。

主串为S="00000000000000000000000000000000000000000001"，而要匹配的子串为T="0000000001"，……在匹配时，每次都得将T中字符循环到最后一位才发现，哦，原来它们是不匹配的。

很多年前我们的科学家觉得像这种有多个0和1重复字符的字符串，却需要挨个遍历的算法，是非常糟糕的事情。

《璇玑图》共八百四十字，纵横各二十九字，纵、横、斜、交互、正、反读或退一字、迭一字读均可成诗，诗有三、四、五、六、七言不等，目前有人统计可组成七千九百五十八首诗。听清楚哦，是7958首。

第6章　树 ····································· 125

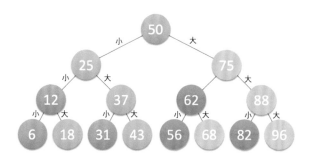

6.1 开场白 ·· 126

无论多高多大的树，那也是从小到大，由根到叶，一点点成长起来的。俗话说"十年树木，百年树人"，可一棵大树又何止是十年这样容易。

压缩而不出错是如何做到的呢？简单地说，就是把我们要压缩的文本进行重新编码，以达到减少不必要的空间的技术。压缩和解压缩技术就是基于哈夫曼的研究之上发展而来，我们应该记住他。

人受伤时会流下泪水，树受伤时，天将不会哭。希望我们的未来不要仅仅是钢筋水泥建造的高楼，也要有那郁郁葱葱的森林和草地，我们人类才可能与自然和谐共处。

第7章 图 ···181

如果你不善于规划，很有可能就会出现如玩好新疆后到海南，然后再冲向黑龙江这样的荒唐决策。

现实中，人与人之间的关系非常复杂，比如我认识的朋友，可能他们之间也互相认识，这就不是简单的一对一、一对多的关系了，这就是我们今天要研究的主题——图。

因为美国的黑夜就是中国的白天,利用互联网,他的员工白天上班就可以监控到美国仓库夜间的实际情况,如果发生了像火灾、偷盗这样的突发事件,及时打电话给美国当地相关人员进行处理。

我有一天早晨准备出门,发现钥匙不见了。一定是我儿子拿着玩,不知道丢到哪个犄角旮旯去了,你们说,我应该如何找?

如果你加班加点,没日没夜设计出的结果是方案一,我想你离被炒鱿鱼应该是不远了(同学微笑)。因为这个方案比后两个方案一半还多的成本会让老板气晕过去的。

有人为了省钱,需路程最短,但换乘站间距离长等原因并不省时间;另一些人,他为赶时间,最大的需求是总时间要短;还有一类人,他们不想多走路,关键是换乘要少,这样可以在车上好好休息一下。

电影制作不可能在人员到位进驻场地时,导演还没有找到,也不可能在拍摄过程中,场地都没有。这都会导致荒谬的结果。

假如造一个轮子要0.5天、造一个发动机要3天、造一个车底盘要2天、造一个外壳要2天、造其他零部件2天,全部零部件集中到一处要0.5天,组装成车要2天,请问,在汽车厂造一辆车,最短需要多少天呢?

世界上最遥远的距离,不是牛A与牛C之间的狭小空隙,而是你们当中,有人在通往牛×的路上一路狂奔,而有人步入大学校园就学会放弃。

要观察一个公司是否严谨，看他们如何开会就知道了。如果开会时每一个人都只是带一张嘴，即兴发言，这肯定是一家不严谨的公司。

你很想学太极拳，听说学校有个叫张三丰的人打得特别好，于是到学校学生处找人，工作人员拿出学生名单，最终告诉你，学校没这个人，并说张三丰几百年前就已经在武当山作古了。

我们每个人都希望身体健康，虽然疾病可以预防，但不可避免，没有任何人可以说，生下来到现在没有生过一次病。

如果我是个喜欢汽车的人，时常搜汽车信息。那么当我在搜索框中输入"甲壳虫""美洲虎"等关键词时，不要让动物和人物成为搜索的头条。

第 **1** 章 # 数据结构绪论

启示 | revelation

数据结构：是相互之间存在一种或多种特定关系的数据元素的集合。

1.1 开场白

If you give someone a program, you will frustrate them for a day; if you teach them how to program, you will frustrate them for a lifetime. （如果你交给某人一个程序，你将折磨他一整天；如果你教某人如何编写程序，你将折磨他一辈子。）

我可能就是要折磨你们一辈子的那个人。大家好！我是"数据结构"这门课的老师，我叫封清扬。同学私下里都叫我"疯子"，嘿嘿，疯子可是有思想的标志哦。

在座的大家给我面子，都来选修我的课，这点我很高兴。在上课前，有些话还是要先说一下。

"数据结构"是计算机专业的基础课程，但也是一门不太容易学好的课，它当中有很多费脑子的东西。之后在上课时，你若碰到了困惑不解的地方，都是很正常的，就像你想乘飞机去旅行，在飞机场晚点几个钟头，上了飞机后又颠簸恐慌了一把一样，别大惊小怪，都很平常，只要能安全到达就是成功。

如果你的学习目的是为了将来要做一个优秀的程序员，向国内外的顶级软件工程师们看齐，那么你应该要努力学好它，不单是来听课、看看教科书，还需要课后做题和上机练习。不过话说回来，如果你真有这样的志向，课前就可以开始研究了，这样来听我的课，就更加有针对性，收获也会更大。

如果你的目的是为了考计算机、软件方面的研究生，那么这门必考课，你现在就可以准备起来——更多情况，考研玩的并不是智商，而是一个人投入的时间而已。

如果你只是为了混个学分，那么你至少应该要坚持来上课。在我的课堂上听懂了，学明白了，考前适当地复习，拿下这几个学分应该不在话下。

如果你只是来打酱油的，当然也可以，我的课不妨碍你打酱油，但你也不要妨碍其他同学坐到好位子。所以请靠后坐，并且保持安静，睡觉的话打呼噜声一定要控制好哦！

如果，我是说真的，如果，你是一个对编程无比喜欢的人。你学数据结构的目的，既不是为了工作为了钱，也不是为了学位和考试，而只是因为热爱，只是想编出更优秀的代码，让自己快乐，顺便让世界变得美好。嗯！你应该得到我的欣赏和鼓励，我想我非常愿意与你成为朋友。这是我们共同的梦想！

职位 工作 **热爱** 考试 学位
金钱 专业

1.2 你数据结构怎么学的

早先我有一个学生叫蔡遥，绰号"小菜"。他前段时间一直通过E-mail与我交流，其中说起了他工作的一些经历，感慨万千。我在这里就讲讲小菜的故事。

```
1 •  SELECT * FROM QueueTable;
```

| 100% | 15:1 |

Result Grid	Filter Rows:
ID
3
4
5
6
7
NULL

他告诉我，在做我学生时，其实根本就没好好学数据结构，时常逃课，考试也是临时突击后勉强及格。毕业后，他几经求职，算是找到了一份程序员的工作。

工作中，有一次他们需要开发一个客服电话系统，他们项目开发经理安排小菜完成客户排队模块的代码工作。

小菜觉得这个很容易，用数据库设计了一张客户排队表，并且用一个自动递增的整型数字作为客户的编号。只要来一个客户，就给这张表的末尾插入一条数据。等客服系统一有空闲，就从这张表中取出最小编号的客户提交，并且删除这条记录。

你数据结构怎么学的？

花了两天时间，他完成开发并测试通过后，得意地提交了代码。谁知他们的项目开发经理看完代码后，跑到他的桌前，拍着桌子对他说："你数据结构怎么学的？这种实时的排队模块，用什么数据库呀，在内存中完成不就行了吗。赶快改，今天一定要完成，明天一早交给我。"

小菜吓得一身冷汗，这脸丢得有些大了，自己试用期都没结束，别因此失去工作。于是他当天加班加点，忙到晚上11点，用数组变量重新实现了这个功能，因为考虑到怕数组不够大而溢出，于是他设计100作为数组的长度。

回到家中，他害怕这个代码有问题，于是就和他的表哥大鸟说起了这个事。他表哥笑嘻嘻地对他说："你数据结构怎么学的？"
小菜惊讶地张着大口，一句话也说不出来。然后他表哥告诉他，这种实时的排队系统，通常用数据结构中的"队列结构"是比较好的，用数组虽然也可以，但是又要考虑溢出，又要考

数据结构可以这么用

虑新增和删除后的数据移动，总的说来很不方便。你只要这样……这样……就可以了。

小菜在大鸟的帮助下，忙到凌晨3点，重新用队列结构又写了一遍代码，上班时用U盘拷回公司，终于算是过了项目开发经理这一关。

之后，小菜开始重视数据结构，找回大学的课本重新学习。他还给我发了好些邮件，问了我不少他困惑的数据结构和算法的问题，我也一一给了他解答。终于有一天，他学完了整个课程的内容，并给我写了一封感谢信，信中是这么说的：

"封老师：您好！感谢您这段时间的帮助，在大学时没有好好上您的课真是我最大的遗憾。我现在已经学完了《数据结构》整本书的内容，收获还是很大的。可是我一直有这样的困惑想请教您，那就是我在工作中发现，我所需要的如栈、队列、链表、散列表等结构，以及查找、排序等算法，在编程语言的开发工具包中都有完美的实现，我只需要掌握如何使用它们就可以了，为什么还要去弄懂这里面的算法原理呢？"

我收到这封信时，立马跳了起来，马上拨通了他的手机，第一句话就是……你们猜猜看，我说了啥？

"你数据结构怎么学的？"（全场同学齐声大喊，大笑）

你数据结构怎么学的？

好了，我为什么这么讲，等你们学完我的课程就自然会明白。我只希望在将来，不要有某个人也对你们说出这句话，如果当真听到了这句话，就拜托你不要说你的数据结构老师是我封清扬，嘿嘿。

现在我们正式开始上课。

1.3 数据结构起源

早期人们都把计算机理解为数值计算工具，就是感觉计算机当然是用来计算的，所以计算机解决问题，应该是先从具体问题中抽象出一个适当的数据模型，设计出一个解此数据模型的算法，然后再编写程序，得到一个实际的软件。

可现实中，我们更多的不是解决数值计算的问题，而是需要一些更科学有效的手段（比如表、树和图等数据结构）的帮助，才能更好地处理问题。所以：

数据结构是一门研究非数值计算的程序设计问题中的操作对象，以及它们之间的关系和操作等相关问题的学科。

1968年，美国的高德纳（Donald E. Knuth）教授在其所写的《计算机程序设计艺术》第一卷《基本算法》中，较系统地阐述了数据的逻辑结构和存储结构及其操作，开创了数据结构的课程体系。同年，"数据结构"作为一门独立的课程，在计算机科学的学位课程中开始出现。也就是说，那之后计算机相关专业的学生开始接受"数据结构"的"折磨"——其实应该是享受才对。

之后，20世纪70年代初，出现了大型程序，软件也开始相对独立，结构程序设计成为程序设计方法学的主要内容，人们越来越重视

"数据结构"，认为程序设计的实质是对确定的问题选择一种好的结构，加上设计一种好的算法。可见，数据结构在程序设计当中占据了重要的地位。

1.4 基本概念和术语

说到数据结构是什么，我们得先来谈谈什么叫**数据**。

正所谓"巧妇难为无米之炊"，再强大的计算机，也是要有"米"下锅才可以干活的，否则就是一堆破铜烂铁。这个"米"就是数据。

1.4.1 数据

数据：是描述客观事物的符号，是计算机中可以操作的对象，是能被计算机识别，并输入给计算机处理的符号集合。数据不仅仅包括整型、实型等数值类型，还包括字符及声音、图像、视频等非数值类型。

比如我们现在常用的搜索引擎，一般会有网页、图片、音频、视频等分类。图片是图像数据、音频当然就是声音数据，视频就不用说了，而网页其实指的就是全部数据的搜索，包括最重要的数字和字符等文字数据。

再比如我们在学校里学习的各种知识都可以成为数据，分享给大家使用。

也就是说，我们这里说的数据，其实就是符号，而且这些符号必须具备两个前提：

- 可以输入到计算机中。
- 能被计算机程序处理。

对于整型、实型等数值类型，可以进行数值计算。

对于字符数据类型，就需要进行非数值的处理。而声音、图像、视频等其实是可以通过编码的手段变成字符数据来处理的。

1.4.2　数据元素

数据元素：是组成数据的、有一定意义的基本单位，在计算机中通常作为整体处理，也被称为记录。

比如，在人类中，什么是数据元素呀？当然是人了。

畜禽类呢？牛、马、羊、猪、鸡、鸭等动物当然就是畜禽类的数据元素。

1.4.3　数据项

数据项：一个数据元素可以由若干个数据项组成。

比如人这样的数据元素，可以有眼睛、耳朵、鼻子、嘴巴、手、脚这些数据项，也可以有姓名、年龄、性别、家庭地址、联系电话、邮政编码等数据项，具体有哪些数据项，要由你做的系统来决定。

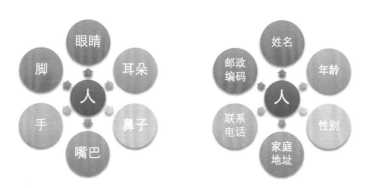

数据项是数据不可分割的最小单位。在"数据结构"这门课程中，我们把数据项定义为最小单位，是有助于我们更好地解决问题的。所以，记住了，数据项是数据的最小单位。但真正讨论问题时，数据元素才是数据结构中建立数据模型的着眼点。就像我们讨论一部电影时，是讨论这部电影角色这样的"数据元素"，而不是针对这个角色的姓名或者年龄这样的"数据项"去研究分析。

1.4.4　数据对象

数据对象：是性质相同的数据元素的集合，是数据的子集。

什么叫性质相同呢，是指数据元素具有相同数量和类型的数据项，比如，还是刚才的例子，人都有姓名、生日、性别等相同的数据项。

既然数据对象是数据的子集，在实际应用中，处理的数据元素通常具有相同性质，在不产生混淆的情况下，我们都将数据对象简称为数据。

好了，有了这些概念的铺垫，我们的主角登场了。

说了数据的定义，那么数据结构中的结构又是什么呢？

1.4.5　数据结构

结构，简单的理解就是关系，比如分子结构，就是说组成分子的原子之间的排列方式。严格点说，结构是指各个组成部分相互搭配和排列的方式。在现实世界中，**不同数据元素之间不是独立的，而是存在特定的关系，我们将这些关系称为结构。**那数据结构是什么？

数据结构：是相互之间存在一种或多种特定关系的数据元素的集合。

在计算机中，数据元素并不是孤立、杂乱无序的，而是具有内在联系的数据集合。数据元素之间存在的一种或多种特定关系，也就是数据的组织形式。

为编写出一个"好"的程序，必须分析待处理对象的特性及各处理对象之间存在的关系。这也就是研究数据结构的意义所在。

定义中提到了一种或多种特定关系，具体是什么样的关系，这正是我们下面要讨论的问题。

1.5 逻辑结构与物理结构

按照视点的不同，我们把数据结构分为逻辑结构和物理结构。

1.5.1 逻辑结构

逻辑结构：是指数据对象中数据元素之间的相互关系。其实这也是我们今后最需要关注的问题。有四种基本逻辑结构。

1. 集合结构

集合结构：集合结构中的数据元素除了同属于一个集合外，它们之间没有其他关系。各个数据元素是"平等"的，它们的共同属性是"同属于一个集合"。数据结构中的集合关系就类似于数学中的集合。如右图所示。

2. 线性结构

线性结构：线性结构中的数据元素之间是一对一的关系。如右图所示。

3. 树形结构

树形结构：树形结构中的数据元素之间存在一种一对多的层次关系。如右图所示。

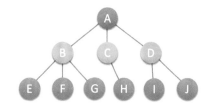

4. 图形结构

图形结构：图形结构的数据元素是多对多的关系。如右图所示。

我们在用示意图表示数据的逻辑结构时，要注意两点：

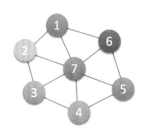

- 将每一个数据元素看作一个结点，用圆圈表示。
- 元素之间的逻辑关系用结点之间的连线表示，如果这个关系是有方向的，那么用带箭头的连线表示。

从之前的例子也可以看出，逻辑结构是针对具体问题的，是为了解决某个问题，在对问题理解的基础上，选择一个合适的数据结构表示数据元素之间的逻辑关系。

1.5.2 物理结构

说完了逻辑结构，我们再来说说数据的物理结构（很多书中也叫做存储结构，你只要在理解上把它们当一回事就可以了）。

物理结构：是指数据的逻辑结构在计算机中的存储形式。

数据是数据元素的集合，那么根据物理结构的定义，实际上就是如何把数据元素存储到计算机的存储器中。存储器主要是针对内存而言的，像硬盘、软盘、光盘等外部存储器的数据组织通常用文件结构来描述。

数据的存储结构应正确反映数据元素之间的逻辑关系，这才是最为关键的，如何存储数据元素之间的逻辑关系，是实现物理结构的重点和难点。

数据元素的存储结构形式主要有两种：顺序存储和链式存储。

1. 顺序存储结构

顺序存储结构：是把数据元素存放在地址连续的存储单元里，其数据间的逻辑关系和物理关系是一致的。

这种存储结构其实很简单，说白了，就是排队占位。大家都按顺序排好，每个人占一小段空间，大家谁也别插谁的队。我们之前学计算机语言时，数组就是这样的顺序存储结构。当你告诉计算机，你要建立一个有9个整型数据的数组时，计算机就在内存中找了片空地，按照一个整型所占位置的大小乘以9，开辟一段连续的空间，于是第一个数组数据就放在第一个位置，第二个数据放在第二个位置，这样依次摆放。如下图所示。

2. 链式存储结构

如果就是这么简单和有规律，一切就好办了。可实际上，总会有人插队，也会有人要上厕所、有人会放弃排队。所以这个队伍当中会添加新成员，也有可能会去掉老元素，整个结构时刻都处于变化中。显然，面对这样时常要变化的结构，顺序存储是不科学的。那怎么办呢？

现在如银行、医院等地方，设置了排队系统，也就是每个人去了，先领一个号，等着叫号，叫到时去办理业务或看病。在等待的时候，你爱在哪在哪，可以坐着、站着或者走动，甚至出去逛一圈，只要及时回来就行。你关注的是前一个号有没有被叫到，叫到了，下一个就轮到你了。

链式存储结构：是把数据元素存放在任意的存储单元里，这组存储单元可以是连续的，也可以是不连续的。数据元素的存储关系并不能反映其逻辑关系，因此需要用一个指针存放数据元素的地址，这样通过地址就可以找到相关联数据元素的位置。如右图所示。

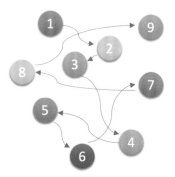

显然，链式存储就灵活多了，数据存在哪里不重要，只要有一个指针存放了相应的地址就能找到它了。

前几年香港有部电影叫《无间道》，大陆还有部电视剧叫《潜伏》，都很火，不知道大家有没有看过。大致说的是，某一方潜伏在敌人的内部，进行一些情报收集工作。为了不暴露每个潜伏人员的真实身份，往往都是单线联系，只有上线知道下线是谁，并且是通过暗号来联络的。正常情况下，情报是可以顺利地上传下达的，但是如果某个链条中结点的同志牺牲了，那就麻烦了，因为其他人不知道上线或者下线是谁，后果就很严重。比如在《无间道》中，陈永仁是警方在黑社会中的卧底，一直是与黄警官联络，可当黄遇害后，陈就无法证明自己是一个警察。所以影片的结尾，当陈用枪指着刘建明的头说，"对不起，我是警察。"刘建明马上反问道："谁知道呢？"是呀，当没有人可以证明你身份的时候，谁知道你是谁呢？影片看到这里，多少让人有些唏嘘感慨。这其实就是链式关系的一个现实样例。

逻辑结构是**面向问题**的，而物理结构就是**面向计算机**的，其基本的目标就是将数据及其逻辑关系存储到计算机的内存中。

1.6 数据类型

数据类型：是指一组性质相同的值的集合及定义在此集合上的一些操作的总称。

1.6.1 数据类型定义

数据类型是按照值的不同进行划分的。在高级语言中，每个变量、常量和表达式都有各自的取值范围。类型就用来说明变量或表达式的取值范围和所能进行的操作。

当年那些设计计算机语言的人，为什么会考虑到数据类型呢？

比如，大家都需要有房子住，也都希望房子越大越好。但显然，没有钱，考虑房子是没啥意义的。于是商品房就出现了各种各样的房型，有别墅的，有错层的，有单间的；有一百多平米的，也有几十平米的，甚至还有胶囊公寓——只有两平米的房间······这样就满足了不同人的需要。

同样，在计算机中，内存也不是无限大的，你要计算一个如1+1=2、3+5=8这样的整型数字的加减乘除运算，显然不需要开辟很大的适合小数甚至字符运算的内存空间。于是计算机的研究者们就考虑，要对数据进行分类，分出来多种数据类型。

在C语言中，按照取值的不同，数据类型可以分为两类：

> **原子类型**
>
> • 是不可以再分解的基本类型，包括整型、实型、字符型等。
>
> **结构类型**
>
> • 由若干个类型组合而成，是可以再分解的。例如，整型数组是由若干整型数据组成的。

比如，在C语言中变量声明int a，b，这就意味着，在给变量*a*和*b*赋值时不能超出int的取值范围，变量*a*和*b*之间的运算只能是int类型所允许的运算。

因为不同的计算机有不同的硬件系统，这就要求程序语言最终通过编译器或解释器转换成底层语言，如汇编语言甚至是通过机器语言的数据类型来实现的。可事实上，高级语言的编程者不管最终程序运行在什么计算机上，他的目的就是为了实现两个整型数字的运算，如$a+b$、$a-b$、$a\times b$和a/b等，他才不关心整数在计算机内部是如何表示的，也不想知道CPU为了实现1+2进行几次开关操作，这些操作是如何实现的，对高级语言开发者来讲根本不重要。于是我们就会考虑，无论什么计算机、什么计算机语言，大都会面临着如整数运算、实数运算、字符运算等操作，我们可以考虑把它们都抽象出来。

抽象是指抽取出事物具有的普遍性的本质。它是抽出问题的特征而忽略非本质的细节，是对具体事物的一个概括。抽象是一种思考问题的方式，它隐藏了繁杂的细节，只保留实现目标所必需的信息。

1.6.2　抽象数据类型

我们对已有的数据类型进行抽象，就有了抽象数据类型。

抽象数据类型（Abstract Data Type，ADT）：**一个数学模型及定义在该模型上的一组操作。**抽象数据类型的定义仅取决于它的一组逻辑特性，而与其在计算机内部如何表示和实现无关。

比如刚才的例子，各个计算机，不管是大型机、小型机、PC、平板电脑、PDA，甚至智能手机都拥有"整数"类型，也需要整数间的运算，那么整型其实就是一个抽象数据类型，尽管它在上面提到的这些在不同计算机中实现方法上可能不一样，但由于其定义的数学特性相同，在计算机编程者看来，它们都是相同的。因此，"抽象"的意义在于数据类型的数学抽象特性。

而且，抽象数据类型不仅仅指那些已经定义并实现的数据类型，还可以是计算机编程者在设计软件程序时自己定义的数据类型，比如我们编写关于计算机绘图或者地图类的软件系统，经常都会用到坐标。也就是说，总是有成对出现的x和y，在3D系统中还有z出现，既然这三个整型数字是始终在一起出现，我们就定义一个叫point的抽象数据类型，它有x、y、z三个整型变量，这样我们很方便地操作一个point数据变量就能知道这一点的坐标了。

根据抽象数据类型的定义，它还包括定义在该模型上的一组操作。

就像"超级玛丽"这个经典的任天堂游戏，里面的游戏主角是马里奥（Mario）。我们给他定义了几种基本操作，走（前进、后退、上、下）、跳、打子弹等。一个抽象数据类型定义了：一个数据对象、数据对象中各数据元素之间的关系及对数据元素的操作。至于，一个抽象数据类型到底需要哪些操作，这就只能由设计者根据实际需要来定。像马里奥，可能开始只有两种操作，走和跳，后来发现应该要增加一种打子弹的操作，再后来发现有些玩家希望它可以走得快一点，就有了按住打子弹键后前进就会"跑"的操作。这都是根据实际情况来设计的。

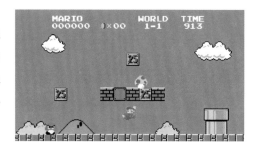

实际上，**抽象数据类型体现了程序设计中问题分解、抽象和信息隐藏的特性**。抽象数据类型把实际生活中的问题分解为多个规模小且容易处理的问题，然后建立一个计算机能处理的数据模型，并把每个功能模块的实现细节作为一个独立的单元，从而使具体实现过程隐藏起来。

为了便于在之后的讲解中对抽象数据类型进行规范的描述，我们给出了描述抽象数据类型的标准格式：

```
ADT  抽象数据类型名
Data
  数据元素之间逻辑关系的定义
Operation
 操作1
          初始条件
          操作结果描述
 操作2
     ……
 操作n
     ……
endADT
```

1.7 总结回顾

今天首先用我一个学生为例子，说明数据结构很重要。接着讲了数据结构的起源，推出"数据结构"这一课程，让所有学编程的人"享受它带来的乐趣"或者"体验被折磨后无尽的烦恼"。

接着，正式介绍了数据结构的一些相关概念。如下图所示。

由这些概念，给出了数据结构的定义：**数据结构是相互之间存在一种或多种特定关系的数据元素的集合。**同样是结构，从不同的角度来讨论，会有不同的分类。如下图所示。

逻辑结构	物理结构
•集合结构 •线性结构 •树形结构 •图形结构	•顺序存储结构 •链式存储结构

之后，我们还介绍了抽象数据类型及它的描述方法，为今后的课程打下基础。

1.8 结尾语

最后，我想对那些已经开始自学数据结构的同学说，可能你们会困惑、不懂、不理解、不会应用，甚至不知所云。可实际上，无论学什么，都是要努力才可以学到真东西的。只有真正掌握技术的人，才有可能去享用它。如果你中途放弃了，之前所有的努力和付出都会变得没有价值。学会游泳难吗？掌握英语口语难吗？可能是难，但在掌握了的人眼里，这根本不算什么，"就那么回事呀"。只要你相信自己一定可以学得会、学得好，既然无数人已经掌握了，你凭什么不行？

最终的结果一定是，你对着别人很牛地说："数据结构——就那么回事。"

哎，我如此口干舌燥地投众位所好，怎么还有人打瞌睡呢？罢了罢了，下课。

第2章 算法

启示 | revelation

算法：算法是解决特定问题求解步骤的描述，在计算机中表现为指令的有限序列，并且每条指令表示一个或多个操作。

2.1 开场白

各位同学大家好。

上次上完课后，有同学对我说：老师，我听了你的课，感觉数据结构没什么的，你也太夸大它的难度了。

是呀，我好像是强调了数据结构比较费脑子，而上次课，其实还没拿出复杂的东西来说道。不是不想，是没必要，第一次课就把你们糊弄晕，那以后还玩什么，逃课的不就更多了吗？你们看，今天来的人数和第一次差不多，而且暂时还没有睡觉的。

今天我们介绍的内容在难度上就有所增加，做好准备了吗？Let's go.

2.2 数据结构与算法的关系

我们这门课程叫"数据结构"，但很多时候我们会讲到算法，以及它们之间的关系。市场上也有不少书的书名为《数据结构与算法分析》。

有人可能就要问了，那你到底是只讲数据结构呢，还是和算法一起讲？它们之间是什么关系呢？干嘛要放在一起？

这问题怎么回答？打个比方吧，今天是你女友生日，你打算请女友去看爱情音乐剧，到了戏院，抬头一看——《梁山伯》18：00开演。嗯，怎么会是这样？一问才知，今天饰演祝英台的演员生病，所以梁山伯唱独角戏。真是搞笑了，这还有什么看头。于是你们打算去看爱情电影。到了电影院，一看海报——《罗密欧》，是不是名字写错了，问了才知，原来饰演朱丽叶的演员因为嫌弃演出费用太低，中途退演了。制片方考虑到已经开拍，于是就把电影名字定为《罗密欧》，主要讲男主角的心路旅程。哎，这电影还怎么看啊？

事实上，数据结构和算法也是类似的关系。只谈数据结构，当然是可以，我们可以在很短的时间就把几种重要的数据结构介绍完。听完后，很可能你没什么感觉，不知道这些数据结构有何用处。但如果我们再把相应的算法也拿来讲一讲，你就会发现，甚至开始感慨：哦，计算机界的前辈们，的确是一些很牛很牛的人，他们使得很多看似很难解决或者没法解决的问题，处理得如此美妙和神奇。

也许从这以后，慢慢地你们中的一些人会开始把你们的崇拜对象，从小鲜肉、小美女、什么"哥"、什么"姐"的，转移到这些大胡子或者秃顶的老头身上，那我就非常欣慰了。而且，这显然是一种成熟的表现，我期待你们中多一点这样的人，这样我们国家的软件行业，就会越来越厉害了。

不过话说回来，现在好多大学里，通常都是把"算法"分出一门课单独讲的，也就是说，在"数据结构"课程中，就算谈到算法，也是为了帮助理解好数据结构，并不会详细谈及算法的方方面面。我们的课程也是按这样的原则来展开的。

2.3 两种算法的比较

大家都已经学过一门计算机语言，不管学的是哪一门，学得好不好，好歹是可以写点小程序了。现在我要求你写一个求1+2+3+……+100结果的程序，你应该怎么写呢？

大多数人会马上写出下面的C语言代码（或者其他语言的代码）：

```
int i, sum = 0, n = 100;
for (i = 1; i <= n; i++)
{
    sum = sum + i;
}
printf ("%d", sum) ;
```

这是最简单的计算机程序之一，它就是一种算法，我不去解释这代码的含义了。问题在于，你的第一直觉是这样写的，但这样是不是真的很好？是不是最高效？

此时，我不得不把伟大数学家高斯的童年故事拿来说一遍，估计你们都早已听过，但不妨再感受一下——天才当年是如何展现天分和才华的。

据说18世纪生于德国小村庄的高斯，上小学的一天，课堂很乱，就像我们现在下面那些窃窃私语或者拿着手机不停摆弄的同学一样，老师非常生气，后果自然也很严重。于是老师在放学时，就要求每个学生都计算1+2+…+100的结果，谁先算出来谁先回家。

天才当然不会被这样的问题难倒，高斯很快就得出了答案，是5050。老师非常惊讶，因为他自己想必也是通过1+2=3，3+3=6，6+4=10，……，4950+100=5050这样算出来的，也算了很久很久。说不定为了怕错，还算了两三遍。可眼前这个少年，一个上小学的孩子，为何可以这么快地得出结果？

高斯解释道：

$$sum = \ \ 1+ \ \ 2+ \ \ 3+...+ \ 99+100$$
$$sum = 100+ \ 99+ \ 98+...+ \ \ 2+ \ \ 1$$
$$2×sum = 101+101+101+...+ \ 101+ \ 101$$

$$\underbrace{\qquad\qquad\qquad\qquad}_{\text{共 100 个}}$$

所以 sum=5050

用程序来实现如下：

```
int sum = 0,n = 100;
sum = (1 + n) * n / 2;
printf ("%d", sum) ;
```

神童就是神童，他用的方法相当于一种求等差数列的算法，不仅仅可以用于1加到100，就是加到1千、1万、1亿（需要更改整型变量类型为长整型，否则会溢出），也就是瞬间之事。但如果用刚才的那个挨个加的程序，显然计算机要循环1千、1万、1亿次的加法运算。人脑比电脑算得快，似乎成为了现实。

2.4 算法定义

什么是算法呢？算法是描述解决问题的方法。算法（Algorithm）这个单词最早出现在波斯数学家阿勒·花剌子密在公元825年（相当于我们中国的唐朝时期）所写的《印度数字算术》中。如今普遍认可的对算法的定义是：

算法是解决特定问题求解步骤的描述，在计算机中表现为指令的有限序列，并且每条指令表示一个或多个操作。

从刚才的例子我们也看到，对于给定的问题，是可以有多种算法来解决的。

那我就要问问你们，有没有通用的算法呀？这个问题其实很弱智，就像问有没有可以包治百病的药呀！

现实世界中的问题千奇百怪，算法当然也就千变万化，没有通用的算法可以解决所有的问题。就像大学教授并不一定教得好小学生一个道理。为解决一个很小的问题，行业排名最高、最优秀的算法反而不一定适合它。

算法定义中，提到了指令，指令能被人或机器等计算装置执行。它可以是计算机指令，也可以是我们平时的语言文字。

为了解决某个或某类问题，需要把指令表示成一定的操作序列，操作序列包括一组操作，每一个操作都完成特定的功能，这就是算法了。

2.5 算法的特性

算法具有五个基本特性：输入、输出、有穷性、确定性和可行性。

2.5.1 输入输出

输入输出特性比较容易理解，**算法具有零个或多个输入**。尽管对于绝大多数算法来说，输入参数都是必要的，但对于个别情况，如打印"hello world！"这样的代码，不需要任何输入参数，因此算法的输入可以是零个。**算法至少有一个或多个输出**，算法是一定需要输出的，不需要输出，你用这个算法干吗？输出的形式可以是打印输出，也可以是返回一个或多个值等。

2.5.2 有穷性

有穷性：指算法在执行有限的步骤之后，自动结束而不会出现无限循环，并且每

一个步骤在可接受的时间内完成。现实中经常会写出死循环的代码，这就是不满足有穷性。当然这里有穷的概念并不是纯数学意义的，而是在实际应用当中合理的、可以接受的"有边界"。你说你写一个算法，计算机需要算上个二十年，一定会结束，它在数学意义上是有穷了，可是媳妇都熬成婆了，算法的意义也就不大了。

2.5.3 确定性

确定性：算法的每一步骤都具有确定的含义，不会出现二义性。算法在一定条件下，只有一条执行路径，相同的输入只能有唯一的输出结果。算法的每个步骤被精确定义而无歧义。

2.5.4 可行性

可行性：算法的每一步都必须是可行的，也就是说，每一步都能够通过执行有限次数完成。可行性意味着算法可以转换为程序上机运行，并得到正确的结果。尽管在目前计算机界也存在那种没有实  现的极为复杂的算法，不是说理论上不能实现，而是因为过于复杂，我们当前的编程方法、工具和大脑限制了这个工作。不过这都是理论研究领域的问题，不属于我们现在要考虑的范围。

2.6 算法设计的要求

刚才我们谈到了，算法不是唯一的。也就是说，同一个问题，可以有多种解决问题的算法。这可能让那些常年只做有标准答案题目的同学失望了，他们多么希望存在标准答案，只有一个是正确的，把它背下来，需要的时候套用就可以了。不过话说回来，尽管算法不唯一，相对好的算法还是存在的。掌握好的算法，对我们解决问题很有帮助，否则前人的智慧我们不能利用，就都得自己从头研究了。那么什么才叫好的算法呢？

嗯，没错，有同学说，好的算法，起码要是正确的，连正确都谈不上，还谈什么别的要求？先看一下右图。

2.6.1　正确性

正确性：算法的正确性是指算法至少应该具有输入、输出和加工处理无歧义性，能正确反映问题的需求，能够得到问题的正确答案。

但是算法的"正确"通常在用法上有很大的差别，大体分为以下四个层次。

（1）算法程序没有语法错误。

（2）算法程序对于合法的输入数据能够产生满足要求的输出结果。

（3）算法程序对于非法的输入数据能够得出满足规格说明的结果。

（4）算法程序对于精心选择的，甚至刁难的测试数据都有满足要求的输出结果。

对于这四层含义，层次（1）要求最低，但是仅仅没有语法错误实在谈不上是好算法。这就如同仅仅解决温饱，不能算是生活幸福一样。而层次（4）是最困难的，我们几乎不可能逐一验证所有的输入都得到正确的结果。

因此算法的正确性在大部分情况下都不可能用程序来证明，而是用数学方法证明的。证明一个复杂算法在所有层次上都是正确的，代价非常高昂。所以一般情况下，我们把层次（3）作为一个算法是否正确的标准。

好算法还有什么特征呢？

很好，我听到了说算法容易理解。没错，就是它。

2.6.2　可读性

可读性：算法设计的另一目的是为了便于阅读、理解和交流。

可读性高有助于人们理解算法，晦涩难懂的算法往往隐含错误，不易被发现，并且难于调试和修改。

我在很久以前曾经看到过一个网友写的代码，他号称这程序是"用史上最少代码实现俄罗斯方块"。因为我自己也写过类似的小游戏程序，所以想研究一下他是如何写的。由于他追求的是"最少代码"这样的极致，使得他的代码真的不好理解。也许除了计算机和他自己，绝大多数人是看不懂他的代码的。

我们写代码的目的，一方面是为了让计算机执行，但还有一个重要的目的是为了便于他人阅读，让人理解和交流，自己将来也可能阅读，如果可读性不好，时间长了自己都不知道写了些什么。可读性是算法（也包括实现它的代码）好坏很重要的标志。

2.6.3　健壮性

一个好的算法还应该能对输入数据不合法的情况做适当的处理。比如输入的时间或者距离不应该是负数等。

健壮性：当输入数据不合法时，算法也能做出相关处理，而不是产生异常或莫名其妙的结果。

2.6.4　时间效率高和存储量低

最后，好的算法还应该具备时间效率高和存储量低的特点。

时间效率指的是算法的执行时间。对于同一个问题，如果有多个算法能够解决，执行时间短的算法效率高，执行时间长的效率低。存储量需求指的是算法在执行过程中需要的最大存储空间，主要指算法程序运行时所占用的内存或外部硬盘存储空间。**设计算法应该尽量满足时间效率高和存储量低的需求**。在生活中，人们都希望花最少的钱，用最短的时间，办最大的事，算法也是一样的思想，能用最少的存储空间，花最少的时间，办成同样的事就是好的算法。求100个人的高考成绩平均分，与求全省的所有考生的成绩平均分在占用时间和内存存储上是有非常大的差异的，我们自然是追求可以高效率和低存储量的算法来解决问题。

综上，好的算法，应该具有正确性、可读性、健壮性、高效率和低存储量的特征。

2.7　算法效率的度量方法

刚才我们提到设计算法要提高效率。这里效率大都指算法的执行时间。那么我们如何度量一个算法的执行时间呢？

正所谓"是骡子是马，拉出来遛遛"。比较容易想到的方法就是，我们通过对算法的数据测试，利用计算机的计时功能，来计算不同算法的效率是高还是低。

2.7.1　事后统计方法

事后统计方法：这种方法主要是通过设计好的测试程序和数据，利用计算机计时器对不同算法编制的程序的运行时间进行比较，从而确定算法效率的高低。

但这种方法显然是有很大缺陷的：

- 必须依据算法事先编制好程序，这通常需要花费大量的时间和精力。如果编制出来发现它根本就是很糟糕的算法，不是竹篮打水一场空吗？
- 时间的比较依赖计算机硬件和软件等环境因素，有时会掩盖算法本身的优劣。要知道，现在的一台四核处理器的计算机，跟当年286、386、486等老爷爷辈的机器相比，在处理算法的运算速度上，是不能相提并论的；而所用的操作系统、编译器、运行框架等软件的不同，也可以影响它们的结果；就算是同一台机器，CPU使用率和内存占用情况不一样，也会造成细微的差异。

■ 算法的测试数据设计困难，并且程序的运行时间往往还与测试数据的规模有很大关系，效率高的算法在小的测试数据面前往往得不到体现。比如10个数字的排序，不管用什么算法，差异几乎是零。而如果有一百万个随机数字排序，那不同算法的差异就非常大了，而随机的散乱程度有好有坏，会使得算法比较变得不够客观。那么我们为了比较算法，到底用多少数据来测试？测试多少次才算可以？这是很难判断的问题。

基于事后统计方法有这样那样的缺陷，我们考虑不予采纳。

2.7.2　事前分析估算方法

我们的计算机前辈们，为了对算法的评判更科学，研究出了一种叫做事前分析估算的方法。

事前分析估算方法：在计算机程序编制前，依据统计方法对算法进行估算。

经过分析，我们发现，一个用高级程序语言编写的程序在计算机上运行时所消耗的时间取决于下列因素：

第（1）条当然是算法好坏的根本，第（2）条要由软件来支持，第（4）条要看硬件性能。也就是说，抛开这些与计算机硬件、软件有关的因素，一个程序的运行时间，依赖于算法的好坏和问题的输入规模。所谓问题输入规模是指输入量的多少。

我们来看看今天刚上课时举的例子，两种求和的算法：

第一种算法：

```
int i, sum = 0, n = 100;    /* 执行1次 */
for (i = 1; i <= n; i++)     /* 执行了n+1次 */
{
    sum = sum + i;           /* 执行n次 */
}
printf ("%d", sum);          /* 执行1次 */
```

第二种算法：

```
int sum = 0,n = 100;         /* 执行1次 */
sum = (1 + n) * n/2;         /* 执行1次 */
printf ("%d", sum);          /* 执行1次 */
```

显然，第一种算法，执行了$1+(n+1)+n+1$次$=2n+3$次；而第二种算法，是$1+1+1=3$次。

事实上两个算法的第一条和最后一条语句是一样的，所以我们关注的代码其实是中间的那部分，我们把循环看作一个整体，忽略头尾循环判断的开销，那么这两个算法其实就是n次与1次的差距。算法好坏显而易见。

我们再来延伸一下上面这个例子：

```
int i, j, x = 0, sum = 0, n = 100;    /* 执行1次 */
for (i = 1; i <= n; i++)
{
    for (j = 1; j <= n; j++)
    {
        x++;                          /* 执行n×n次 */
        sum = sum + x;
    }
}
printf ("%d", sum) ;                  /* 执行1次 */
```

在这个例子中，i从1到100，每次都要让j循环100次，而当中的x++和sum = sum + x;其实就是1+2+3+…+10000，也就是100^2次，所以这个算法当中，循环部分的代码整体需要执行n^2（忽略循环体头尾的开销）次。显然这个算法的执行次数对于同样的输入规模n = 100，要多于前面两种算法，这个算法的执行时间随着n的增加也将远远多于前面两个。

此时你会看到，测定运行时间最可靠的方法就是计算对运行时间有消耗的基本操作的执行次数。运行时间与这个计数成正比。

我们不关心编写程序所用的程序设计语言是什么，也不关心这些程序将跑在什么样的计算机中，我们只关心它所实现的算法。这样，不计那些循环索引的递增和循环终止条件、变量声明、打印结果等操作，**最终，在分析程序的运行时间时，最重要的是把程序看成是独立于程序设计语言的算法或一系列步骤。**

可以从问题描述中得到启示，同样问题的输入规模是n，求和算法的第一种，求1+2+…+n需要一段代码运行n次。那么这个问题的输入规模使得操作数量是$f(n)=n$，显然运行100次的同一段代码规模是运算10次的10倍。而第二种，无论n为多少，运行次数都为1，即$f(n)=1$；第三种，运算100次是运算10次的100倍，因为它是$f(n)=n^2$。

我们在分析一个算法的运行时间时，重要的是把基本操作的数量与输入规模关联起来，即基本操作的数量必须表示成输入规模的函数（如下图所示）。

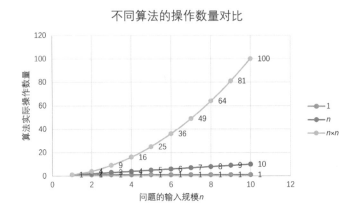

不同算法的操作数量对比

我们可以这样认为，随着n值的越来越大，它们在时间效率上的差异也就越来越大。好比你们当中有些人每天都在学习（我指有用的学习，而不是只为考试的死读书）每天都在进步，而另一些人，打打游戏，睡睡大觉。入校时大家都一样，但毕业时结果可能就大不一样，前者名企争抢着要，后者求职无门。

2.8 函数的渐近增长

我们现在来判断一下，以下两个算法A和B哪个更好。假设两个算法的输入规模都是n，算法A要做$2n + 3$次操作，你可以理解为先有一个n次的循环，执行完成后，再有一个n次循环，最后有三次赋值或运算，共$2n + 3$次操作。算法B要做$3n + 1$次操作。你觉得它们谁更快呢？

准确说来，答案是不一定的（如下表所示）。

次数	算法A（$2n + 3$）	算法A′（$2n$）	算法B（$3n + 1$）	算法B′（$3n$）
$n = 1$	5	2	4	3
$n = 2$	7	4	7	6
$n = 3$	9	6	10	9
$n = 10$	23	20	31	30
$n = 100$	203	200	301	300

当$n = 1$时，算法A效率不如算法B（次数比算法B要多一次）。而当$n = 2$时，两者效率相同；当$n > 2$时，算法A就开始优于算法B了，随着n的增加，算法A比算法B越来越好了（执行的次数比 B 要少）。于是我们可以得出结论，算法A总体上要好过算法B。

此时我们给出这样的定义，输入规模n在没有限制的情况下，只要超过一个数值N，这个函数就总是大于另一个函数，我们称函数是渐近增长的。

函数的渐近增长：给定两个函数$f(n)$和$g(n)$，如果存在一个整数N，使得对于所有的$n > N$，$f(n)$总是比$g(n)$大，那么，我们说$f(n)$的增长渐近快于$g(n)$。

从中我们发现，随着n的增大，后面的 +3还是 +1其实是不影响最终的算法变化的，例如算法A′与算法B′，所以，**我们可以忽略这些加法常数**。后面的例子，这样的常数被忽略的意义可能会更加明显。

我们来看第二个例子，算法C是$4n + 8$，算法D是$2n^2 + 1$。

次数	算法C（$4n+8$）	算法C′（n）	算法D（$2n^2+1$）	算法D′（n^2）
$n = 1$	12	1	3	1
$n = 2$	16	2	9	4
$n = 3$	20	3	19	9
$n = 10$	48	10	201	100
$n = 100$	408	100	20001	10000
$n = 1000$	4008	1000	2000001	1000000

当$n \leqslant 3$的时候，算法C要差于算法D（因为算法C次数比较多），但当$n > 3$后，算法C就越来越优于算法D了，到后来更是远远胜过。而当后面的常数去掉后，我们发现其实结果没有发生改变。甚至我们再观察发现，哪怕去掉与n相乘的常数，这样的结果也没发生改变，算法C′的次数随着n的增长，还是远小于算法D′。也就是说，**与最高次项相乘的常数并不重要**。

我们再来看第三个例子。算法E是$2n^2 + 3n + 1$，算法F是$2n^3 + 3n + 1$。

次数	算法E（$2n^2+3n+1$）	算法E′（n^2）	算法F（$2n^3+3n+1$）	算法F′（n^3）
$n = 1$	6	1	6	1
$n = 2$	15	4	23	8
$n = 3$	28	9	64	27
$n = 10$	231	100	2031	1000
$n = 100$	20301	10000	2000301	1000000

当$n = 1$的时候，算法E与算法F结果相同，但当$n > 1$后，算法E的优势就要开始优于算法F，随着n的增大，差异越来越明显。通过观察发现，最高次项的指数大的，函数随着n的增长，结果也会增长更快。

我们来看最后一个例子。算法G是$2n^2$，算法H是$3n + 1$，算法I是$2n^2 + 3n + 1$。

次数	算法G（$2n^2$）	算法H（$3n+1$）	算法I（$2n^2+3n+1$）
$n = 1$	2	4	6
$n = 2$	8	7	15
$n = 5$	50	16	66
$n = 10$	200	31	231
$n = 100$	20 000	301	20 301
$n = 1 000$	2 000 000	3 001	2 003 001
$n = 10 000$	200 000 000	30 001	200 030 001
$n = 100 000$	20 000 000 000	300 001	20 000 300 001
$n = 1 000 000$	2 000 000 000 000	3 000 001	2 000 003 000 001

这组数据应该就看得很清楚。当n的值越来越大时，你会发现，$3n+1$已经没法和$2n^2$的结果相比较，最终几乎可以忽略不计。也就是说，随着n值变得非常大以后，算法G其实已经很趋近于算法I。于是我们可以得到这样一个结论，**判断一个算法的效率时，函数中的常数和其他次要项常常可以忽略，而更应该关注主项（最高阶项）的阶数**。

$n=0$，同一起跑线

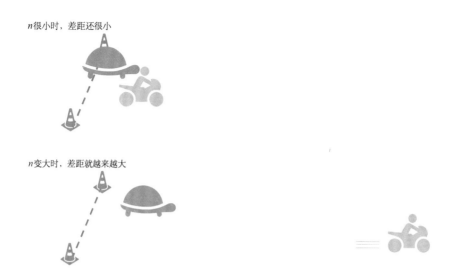

n很小时，差距还很小

n变大时，差距就越来越大

　　判断一个算法好不好，我们只通过少量的数据是不能做出准确判断的。根据刚才的几个样例，我们发现，如果我们可以对比这几个算法的关键执行次数函数的渐近增长性，基本就可以分析出：某个算法，随着n的增大，它会越来越优于另一算法，或者越来越差于另一算法。这其实就是事前估算方法的理论依据，通过算法时间复杂度来估算算法时间效率。

2.9 算法时间复杂度

2.9.1 算法时间复杂度定义

　　在进行算法分析时，语句总的执行次数$T(n)$是关于问题规模n的函数，进而分析$T(n)$随n的变化情况并确定$T(n)$的数量级。算法的时间复杂度，也就是算法的时间量度，记作$T(n) = O(f(n))$。它表示随问题规模n的增大，算法执行时间的增长率和$f(n)$的增长率相同，称作算法的渐近时间复杂度，简称为时间复杂度。其中$f(n)$是问题规模n的某个函数。

　　这样用大写$O()$来体现算法时间复杂度的记法，我们称之为**大O记法**。
　　一般情况下，随着n的增大，$T(n)$增长最慢的算法为最优算法。
　　显然，由此算法时间复杂度的定义可知，我们的三个求和算法的时间复杂度分别为$O(n)$，$O(1)$，$O(n^2)$。我们分别给它们取了非官方的名称，$O(1)$叫常数阶、$O(n)$叫线性阶、$O(n^2)$叫平方阶，当然，还有其他的一些阶，我们之后会介绍。

2.9.2 推导大 *O* 阶方法

那么如何分析一个算法的时间复杂度呢？即如何推导大 *O* 阶呢？我们给出了下面的推导方法，基本上，这也就是总结前面我们举的例子。

推导大 *O* 阶：

（1）用常数1取代运行时间中的所有加法常数。

（2）在修改后的运行次数函数中，只保留最高阶项。

（3）如果最高阶项存在且其系数不是1，则去除与这个项相乘的系数。

得到的结果就是大 *O* 阶。

哈，仿佛是得到了游戏攻略一样，我们好像已经得到了一个推导算法时间复杂度的万能公式。可事实上，分析一个算法的时间复杂度，没有这么简单，我们还需要多看几个例子。

2.9.3 常数阶

首先介绍顺序结构的时间复杂度。下面这个算法，也就是刚才的第二种算法（高斯算法），为什么时间复杂度不是 *O*(3)，而是 *O*(1)。

```
int sum = 0,n = 100;      /* 执行一次 */
sum = (1 + n) * n / 2;    /* 执行一次 */
printf ("%d", sum) ;      /* 执行一次 */
```

这个算法的运行次数函数是 *f*(*n*)=3。根据我们推导大 *O* 阶的方法，第一步就是把常数项3改为1。在保留最高阶项时发现，它根本没有最高阶项，所以这个算法的时间复杂度为 *O*(1)。

另外，我们试想一下，如果这个算法当中的语句 sum=(1+*n*)*n/2 有10句，即：

```
int sum = 0, n = 100;     /* 执行1次 */
sum = (1+n) *n/2;         /* 执行第1次 */
sum = (1+n) *n/2;         /* 执行第2次 */
sum = (1+n) *n/2;         /* 执行第3次 */
sum = (1+n) *n/2;         /* 执行第4次 */
sum = (1+n) *n/2;         /* 执行第5次 */
sum = (1+n) *n/2;         /* 执行第6次 */
sum = (1+n) *n/2;         /* 执行第7次 */
sum = (1+n) *n/2;         /* 执行第8次 */
sum = (1+n) *n/2;         /* 执行第9次 */
sum = (1+n) *n/2;         /* 执行第10次 */
printf ("%d",sum) ;       /* 执行1次 */
```

事实上无论 *n* 为多少，上面的两段代码就是3次和12次执行的差异。这种与问题的大小（*n* 的大小）无关，执行时间恒定的算法，我们称之为具有 *O*(1)的时间复杂度，又叫常数阶。

注意：不管这个常数是多少，我们都记作$O(1)$，而不能是$O(3)$、$O(12)$等其他任何数字，这是初学者常常犯的错误。

对于分支结构而言，无论是真，还是假，执行的次数都是恒定的，不会随着n的变大而发生变化，所以单纯的分支结构（不包含在循环结构中），其时间复杂度也是$O(1)$。

2.9.4　线性阶

线性阶的循环结构会复杂很多。要确定某个算法的阶次，我们常常需要确定某个特定语句或某个语句集运行的次数。因此，我们要**分析算法的复杂度，关键就是要分析循环结构的运行情况**。

下面这段代码，它的循环的时间复杂度为$O(n)$，因为循环体中的代码需要执行n次。

```
int i;
for (i = 0; i < n; i++)
{
    /* 时间复杂度为O(1)的程序步骤序列 */
}
```

2.9.5　对数阶

下面的这段代码，时间复杂度又是多少呢？

```
int count = 1;
while (count < n)
{
    count = count * 2;
    /* 时间复杂度为O(1)的程序步骤序列 */
}
```

由于每次count乘以2之后，就距离n更近了一分。也就是说，有多少个2相乘后大于n，则会退出循环。由$2^x=n$得到$x=\log_2 n$。所以这个循环的时间复杂度为$O(\log n)$。

2.9.6　平方阶

下面例子是一个循环嵌套，它的内循环刚才我们已经分析过，时间复杂度为$O(n)$。

```
int i,j;
for (i = 0; i < n; i++)
{
    for (j = 0; j < n; j++)
    {
        /* 时间复杂度为O(1)的程序步骤序列 */
    }
}
```

而对于外层的循环，不过是内部这个时间复杂度为$O(n)$的语句，再循环n次。所以这段代码的时间复杂度为$O(n^2)$。

如果外循环的循环次数改为了m，时间复杂度就变为$O(m \times n)$。

```
int i,j;
for (i = 0; i < m; i++)
{
    for (j = 0; j < n; j++)
    {
        /* 时间复杂度为O(1)的程序步骤序列 */
    }
}
```

所以我们可以总结得出，循环的时间复杂度等于循环体的复杂度乘以该循环运行的次数。

那么下面这个循环嵌套，它的时间复杂度是多少呢？

```
int i,j;
for (i = 0; i < n; i++)
{
    for (j = i; j < n; j++)    /* 注意j = i而不是0 */
    {
        /* 时间复杂度为O(1)的程序步骤序列 */
    }
}
```

由于当$i = 0$时，内循环执行了n次，当$i = 1$时，执行了$n-1$次，……当$i = n-1$时，执行了1次。所以总的执行次数为：

$$n + (n-1) + (n-2) + \cdots + 1 = \frac{n(n+1)}{2} = \frac{n^2}{2} + \frac{n}{2}$$

用我们推导大O阶的方法，第一条，没有加法常数不予考虑；第二条，只保留最高阶项，因此保留$n^2/2$；第三条，去除与这个项相乘的常数，也就是去除1/2，最终这段代码的时间复杂度为$O(n^2)$。

从这个例子，我们也可以得到一个经验，其实**理解大O阶推导不算难，难的是对数列的一些相关运算**，这更多的是考察你的数学知识和能力，所以想考研的朋友，要想在求算法时间复杂度这里不失分，可能需要强化你的数学，特别是数列方面的知识和解题能力。

我们继续看例子，对于方法调用的时间复杂度又如何分析。

```
int i,j;
for (i = 0; i < n; i++)
{
    function (i) ;
}
```

上面这段代码调用一个函数function()。

```
void function (int count)
{
    print (count) ;
}
```

函数体是打印count这个参数。其实这很好理解，function()函数的时间复杂度是$O(1)$。所以整体的时间复杂度为$O(n)$。

假如function()是下面这样的：

```
void function (int count)
{
    int j;
    for (j = count; j < n; j++)
    {
        /* 时间复杂度为O(1)的程序步骤序列 */
    }
}
```

事实上，这和刚才举的例子是一样的。只是因为把嵌套内循环放到了函数中，所以最终的时间复杂度为$O(n^2)$。

下面这段相对复杂的语句：

```
n++;                          /* 执行次数为1 */
function (n) ;                /* 执行次数为n */
int i,j;
for (i = 0; i < n; i++)       /* 执行次数为n×n */
{
    function (i) ;
}
for (i = 0; i < n; i++)       /* 执行次数为n (n + 1) /2 */
{
    for (j = i; j < n; j++)
    {
        /* 时间复杂度为O(1)的程序步骤序列 */
    }
}
```

它的执行次数$f(n) = 1 + n + n^2 + \dfrac{n(n+1)}{2} = \dfrac{3}{2}n^2 + \dfrac{3}{2}n + 1$，根据推导大$O$阶的方法，最终这段代码的时间复杂度也是$O(n^2)$。

2.10 常见的时间复杂度

常见的时间复杂度如下表所示。

执行次数函数	阶	非正式术语
12	$O(1)$	常数阶
$2n+3$	$O(n)$	线性阶
$3n^2+2n+1$	$O(n^2)$	平方阶
$5\log_2 n+20$	$O(\log n)$	对数阶
$2n+3n\log_2 n+19$	$O(n\log n)$	$n\log n$阶
$6n^3+2n^2+3n+4$	$O(n^3)$	立方阶
2^n	$O(2^n)$	指数阶

常用的时间复杂度所耗费的时间从小到大依次是:

$$O(1)<O(\log n)<O(n)<O(n\log n)<O(n^2)<O(n^3)<O(2^n)<O(n!)<O(n^n)$$

我们前面已经谈到了$O(1)$常数阶、$O(\log n)$对数阶、$O(n)$线性阶、$O(n^2)$平方阶等,至于$O(n\log n)$我们将会在以后的课程中介绍,而像$O(n^3)$,过大的n都会使得结果变得不现实,同样指数阶$O(2^n)$和阶乘阶$O(n!)$等除非是得小的n值,否则哪怕n只是100,都是噩梦般的运行时间。所以这种不切实际的算法时间复杂度,一般我们都不去讨论。

$O(1)$ $O(\log n)$ $O(n)$ $O(n\log n)$ $O(n^2)$

2.11 最坏情况与平均情况

你早晨上班出门后突然想起来,手机忘记带了,这年头,钥匙、钱包、手机三大件,出门哪件也不能少呀。于是回家找。打开门一看,手机就在门口玄关的台子上,原来是出门穿鞋时忘记拿了。这当然是比较好,基本没花什么时间寻找。可如果不是放在那里,你就得进去到处找,找完客厅找卧室、找完卧室找厨房、找完厨房找卫生间,就是找不到,时间一分一秒地过去,你突然想起来,可以用家里座机打一下手机,循着手机铃声来找呀,真是笨。终于找到了,在床上枕头下面。你再去上班,迟到。见鬼,这一年的全勤奖,就因为找手机给黄了。

找东西有运气好的时候,也有怎么也找不到的时候。但在现实中,通常我们碰到的绝大多数既不是最好的也不是最坏的,所以算下来是平均情况居多。

算法的分析也是类似,我们查找一个有n个随机数字数组中的某个数字,最好的情况是第一个数字就是,那么算法的时间复杂度为$O(1)$,但也有可能这个数字就在最后一个位置上待着,那么算法的时间复杂度就是$O(n)$,这是最坏的一种情况了。

最坏情况运行时间是一种保证,那就是运行时间不会再坏了。在应用中,这是一种最重要的需求。通常,除非特别指定,我们提到的运行时间都是最坏情况的运行时间。

而平均运行时间也就是从概率的角度看，这个数字在每一个位置的可能性是相同的，所以平均的查找时间为(n+1)/2次后发现这个目标元素。

平均运行时间是所有情况中最有意义的，因为它是期望的运行时间。 也就是说，我们运行一段程序代码时，是希望看到平均运行时间的。可现实中，平均运行时间很难通过分析得到，一般都是通过运行一定数量的实验数据后估算出来的。

对算法的分析，一种方法是计算所有情况的平均值，这种时间复杂度的计算方法称为平均时间复杂度。另一种方法是计算最坏情况下的时间复杂度，这种方法称为最坏时间复杂度。**一般在没有特殊说明的情况下，都是指最坏时间复杂度。**

2.12 算法空间复杂度

我们在写代码时，完全可以用空间来换取时间，比如说，要判断某某年是不是闰年，你可能会花一点心思写了一个算法，而且由于是一个算法，也就意味着，每次给一个年份，都是要通过计算得到是否是闰年的结果。还有另一个办法就是，事先建立一个有2050个元素的数组（年数略比现实多一点），然后把所有的年份按下标的数字对应，如果是闰年，此数组项的值就是1，如果不是则值为0。这样，所谓的判断某一年是否是闰年，就变成了查找这个数组的某一项的值是多少的问题。此时，我们的运算是最小化了，但是硬盘上或者内存中需要存储这2050个0或1的数字。

这是以存储空间来换取计算时间的小技巧。到底哪一个好，其实要看你用在什么地方。

算法的空间复杂度通过计算算法所需的存储空间实现，算法空间复杂度的计算公式记作：$S(n)= O(f(n))$，其中，n为问题的规模，$f(n)$为语句关于n所占存储空间的函数。

一般情况下，一个程序在机器上执行时，除了需要存储程序本身的指令、常数、变量和输入数据外，还需要存储对数据操作的存储单元。若输入数据所占空间只取决于问题本身，和算法无关，这样只需要分析该算法在实现时所需的辅助单元即可。若算法执行时所需的辅助空间相对于输入数据量而言是个常数，则称此算法为原地工作，空间复杂度为$O(1)$。

通常，我们都使用"时间复杂度"来指运行时间的需求，使用"空间复杂度"指空间需求。当不用限定词地使用"复杂度"时，通常都是指时间复杂度。显然我们这本书重点要讲的还是算法的时间复杂度的问题。

2.13 总结回顾

不容易，终于又到了总结的时间。

我们这一章主要谈了算法的一些基本概念。谈到了数据结构与算法的关系是相互依赖不可分割的。

算法的定义：算法是解决特定问题求解步骤的描述，在计算机中为指令的有限序列，并且每条指令表示一个或多个操作。

算法的特性：有穷性、确定性、可行性、输入、输出。

算法的设计的要求：正确性、可读性、健壮性、高效率和低存储量需求。

算法特性与算法设计容易混，需要对比记忆。

算法的度量方法：事后统计方法（不科学、不准确）、事前分析估算方法。

在讲解如何用事前分析估算方法之前，我们先给出了函数渐近增长的定义。

函数的渐近增长：给定两个函数$f(n)$和$g(n)$，如果存在一个整数N，使得对于所有的$n>N$，$f(n)$总是比$g(n)$大，那么，我们说$f(n)$的增长渐近快于$g(n)$。于是我们可以得出一个结论，判断一个算法好不好，我们只通过少量的数据是不能做出准确判断的，如果我们可以对比算法的关键执行次数函数的渐近增长性，基本就可以分析出：某个算法，随着n的变大，它会越来越优于另一算法，或者越来越差于另一算法。

然后给出了算法时间复杂度的定义和推导大O阶的步骤。

推导大O阶：

（1）用常数1取代运行时间中的所有加法常数。

（2）在修改后的运行次数函数中，只保留最高阶项。

（3）如果最高阶项存在且其系数不是1，则去除与这个项相乘的系数。

得到的结果就是大O阶。

通过这些步骤，我们可以在得到算法的运行次数表达式后，很快得到它的时间复杂度，即大O阶。同时我也提醒了大家，其实推导大O阶很容易，但如何得到运行次数的表达式却是需要数学功底的。

接着我们给出了常见的时间复杂度所耗时间的大小排列：

$$O(1)<O(\log n)<O(n)<O(n\log n)<O(n^2)<O(n^3)<O(2^n)<O(n!)<O(n^n)$$

最后，我们给出了关于算法最坏情况和平均情况的概念，以及空间复杂度的概念。

2.14 结尾语

很多学生，学了四年计算机专业，很多程序员，做了很长时间的编程工作，却始终弄不明白算法的时间复杂度的估算，这是很可悲的一件事。因为弄不清楚，所以也就从不深究自己写的代码是否效率低下，是不是可以通过优化让计算机更加快速高效。

他们通常的借口是，现在CPU越来越快，根本不用考虑算法的优劣，实现功能即可，用户感觉不到算法好坏造成的快慢。可事实真是这样吗？还是让我们用数据来说话吧。

假设CPU在短短几年间，速度提高到了原来的100倍，这其实已经很夸张了。而我们的某个算法本可以写出时间复杂度是$O(1)$的程序，却写出了$O(n)$的程序。比如我们前面提到的高斯使用的算法和数字循环加和算法，仅仅因为后者容易想到，也容易写。那么结果就是同样计算结果，前者无论多大的数字都是零点几秒出答案，后者即使CPU提高100倍依然可能慢到无法忍受。

也就是说，一台老式CPU的计算机运行$O(1)$的程序和一台速度提高100倍新式CPU运行$O(n)$的程序，最终效率高的胜利方却是老式CPU的计算机。原因就在于算法的优劣直接决定了程序运行的效率。

也许你已经深刻地感受到，愚公移山固然可敬，但发明炸药和推土机，可能更加实在和聪明（如下图所示）。

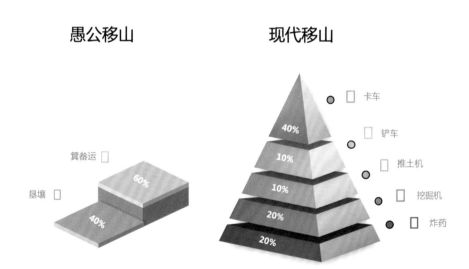

希望大家在今后的学习中，好好利用算法分析的工具，改进自己的代码，让计算机轻松一点，这样你就能胜人一筹。

第3章 线性表

启示 | revelation

线性表：零个或多个数据元素的有限序列。

3.1 开场白

各位同学，大家好。

今天我们要开始学习数据结构中最常用和最简单的一种结构，在介绍它之前先讲个例子。

我经常下午去幼儿园接儿子，每次都能在门口看到老师带着小朋友们，一个拉着另一个的衣服，依次从教室出来。而且我发现很有规律的是，每次他们的次序都是一样的。比如我儿子排在第5个，每天他出来都是在第5个，前面同样是那个小女孩，后面一直是那个小男孩。这点让我很奇怪，为什么一定要这样？

有一天我就问老师原因。她告诉我，为了保障小朋友的安全，避免漏掉小朋友，所以给他们安排了出门的次序，事先规定好了，谁在谁的前面，谁在谁的后面。这样养成习惯后，如果有谁没到位，他前面和后面的小朋友就会主动报告老师，某人不在。即使以后如果要外出到公园或博物馆等情况下，老师也可以很快地清点人数，万一有人走丢，也能在最短时间知道，及时去寻找。

我琢磨了一下，还真是这样。小朋友们始终按照次序排队做事，出意外的情况就可能会少很多。毕竟，遵守秩序是文明的标志，应该从娃娃抓起。而且，真要有人丢失，小孩子反而是最认真负责的监督员。

再看看门外的这帮家长们，都挤在大门口，哪个分得清他们谁是谁呀。与小孩子们的井然有序形成了鲜明的对比。哎，有时大人的所作所为，其实还不如孩子。

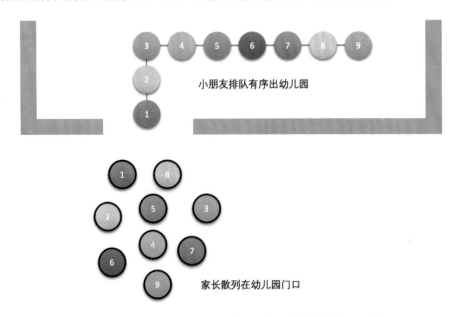

小朋友排队有序出幼儿园

家长散列在幼儿园门口

这种排好队的组织方式，其实就是今天我们要介绍的数据结构：**线性表**。

3.2 线性表的定义

线性表，从名字上你就能感觉到，是具有像线一样的性质的表。在广场上，有很多人分散在各处，当中有些是小朋友，可也有很多大人，甚至还有不少宠物，这些小朋友的数据对于整个广场人群来说，不能算是线性表的结构。但像刚才提到的那样，一个班级的小朋友，一个跟着一个排着队，有一个打头，有一个收尾，当中的小朋友每一个都知道他前面一个是谁，他后面一个是谁，这样如同有一根线把他们串联起来了。就可以称之为线性表。

线性表（List）：零个或多个数据元素的有限序列。

这里需要强调几个关键的地方。

首先它是一个序列。也就是说，元素之间是有顺序的，若元素存在多个，则第一个元素无前驱，最后一个元素无后继，其他每个元素都有且只有一个前驱和后继。如果一个小朋友去拉两个小朋友后面的衣服，那就不可以排成一队了；同样，如果一个小朋友后面的衣服，被两个甚至多个小朋友拉扯，这其实是在打架，而不是有序排队。

然后，线性表强调是有限的，小朋友班级人数是有限的，元素个数当然也是有限的。事实上，在计算机中处理的对象都是有限的，那种无限的数列，只存在于数学的概念中。

如果用数学语言来进行定义。可如下：

若将线性表记为 $(a_1, \cdots, a_{i-1}, a_i, a_{i+1}, \cdots, a_n)$，则表中 a_{i-1} 领先于 a_i，a_i 领先于 a_{i+1}，称 a_{i-1} 是 a_i 的**直接前驱元素**，a_{i+1} 是 a_i 的**直接后继元素**。当 $i=1,2,\cdots,n-1$ 时，a_i 有且仅有一个直接后继，当 $i=2,3,\cdots,n$ 时，a_i 有且仅有一个直接前驱。如下图所示。

所以线性表元素的个数 n $(n \geqslant 0)$ 定义为**线性表的长度**，当 $n=0$ 时，称为**空表**。

在非空表中的每个数据元素都有一个确定的位置，如 a_1 是第一个数据元素，a_n 是最后一个数据元素，a_i 是第 i 个数据元素，称 i 为数据元素 a_i 在线性表中的**位序**。

我现在说一些数据集，大家来判断一下是否是线性表。

先来一个大家最感兴趣的，一年里的星座列表，是不是线性表呢？如下图所示。

白羊 ⇨ 金牛 ⇨ 双子 ⇨ 巨蟹 ⇨ 狮子 ⇨ 处女 ⇨ 天秤 ⇨ 天蝎 ⇨ 射手 ⇨ 摩羯 ⇨ 水瓶 ⇨ 双鱼

当然是，星座通常都是用白羊座打头，双鱼座收尾，当中的星座都有前驱和后继，而且一共也只有12个，所以它完全符合线性表的定义。

公司的组织架构，总经理管理几个总监，每个总监管理几个经理，每个经理都有各自的下属员工。这样的组织架构是不是线性关系呢？

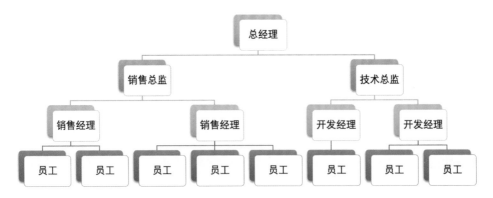

不是，为什么不是呢？哦，因为每一个元素，都有不只一个后继，所以它不是线性表。那种让一个总经理只管一个总监，一个总监只管一个经理，一个经理只管一个员工的公司，俗称皮包公司，岗位设置就是在忽悠外人。

班级同学之间的友谊关系，是不是线性关系？哈哈，不是，因为每个人都可以和多个同学建立友谊，不满足线性的定义。嗯？有人说爱情关系就是了。胡扯，难道每个人都要有一个爱的人和一个爱自己的人，而且他们还都不可以重复爱同一个人这样的情况出现，最终形成一个班级情感人物串联？这怎么可能，也许网络小说里可能出现，但现实中是不可能的。

班级同学的花名册，是不是线性表？是，这和刚才的友谊关系是完全不同了，因为它是有限序列，也满足类型相同的特点。这个花名册（如下表所示）中，每一个元素除学生的学号外，还可以有同学的姓名、性别、出生年月什么的，这其实就是我们之前讲的数据项。在较复杂的**线性表中，一个数据元素可以由若干个数据项组成。**

学号	姓名	性别	出生年月	家庭地址
1	张三	男	1995.3	东街西巷1号203室
2	李四	女	1994.8	北路4弄5号6室
3	王五	女	1994.12	南大道789号
……	……	……	……	……

一群同学排队买演唱会门票，每人限购一张，此时排队的人群是不是线性表？是，对的。此时来了三个同学要插当中一个同学A的队，说同学A之前拿着的三个书包就是用来占位的，书包也算是在排队。如果你是后面早已来排队的同学，你愿不愿意？肯定不愿意，书包怎么能算排队的人呢，如果这也算，我浑身上下的衣服裤子都在排队了。于是不让这三个人进来。

这里用线性表的定义来说，是什么理由？嗯，因为要相同类型的数据，书包根本不算是人，当然排队无效，三个人想不劳而获，自然遭到大家的谴责。看来大家的线性表学得都不错。

3.3 线性表的抽象数据类型

前面我们已经给了线性表的定义，现在我们来分析一下，线性表应该有一些什么样的操作呢？

还是回到刚才幼儿园小朋友的例子，老师为了让小朋友有秩序地出入，所以就考虑给他们排一个队，并且是长期使用的顺序，这个考虑和安排的过程其实就是一个线性表的创建和初始化的过程。

一开始没经验，把小朋友排好队后，发现有的高有的矮，队伍很难看，于是就让小朋友解散重新排——这是一个线性表重置为空表的操作。

排好了队，我们随时可以叫出队伍某一位置的小朋友名字及他的具体情况。比如有家长问，队伍里第五个孩子，怎么这么调皮，他叫什么名字呀，老师可以很快告诉这位家长，这就是封清扬的儿子，叫封云卡。我在旁边就非常扭捏，看来是我给儿子的名字没取好，儿子让班级"风云突变"了。这种可以根据位序得到数据元素也是一种很重要的线性表操作。

还有什么呢？有时我们想知道，某个小朋友，比如麦兜是否是班里的小朋友，老师会告诉我说，不是，麦兜在春田花花幼儿园里，不在我们幼儿园。这种查找某个元素是否存在的操作很常用。

而后有家长问老师，班里现在到底有多少个小朋友呀，这种获得线性表长度的问题也很普遍。

显然，对于一个幼儿园来说，加入一个新的小朋友到队列中，或因某个小朋友生病，需要移除某个位置，都是很正常的情况。对于一个线性表来说，插入数据和删除数据都是必须的操作。

所以，线性表的抽象数据类型定义如下：

ADT 线性表(List)

Data

线性表的数据对象集合为 $\{a_1, a_2, \cdots\cdots, a_n\}$，每个元素的类型均为 DataType。其中，除第一个元素 a_1 外，每一个元素有且只有一个直接前驱元素，除了最后一个元素 a_n 外，每一个元素有且只有一个直接后继元素。数据元素之间的关系是一对一的关系。

Operation

InitList(*L)：初始化操作，建立一个空的线性表 L。

ListEmpty(L)：若线性表为空，返回 true，否则返回 false。

ClearList(*L)：将线性表清空。

GetElem(L,i,*e):将线性表L中的第i个位置元素值返回给e。
LocateElem(L,e):在线性表L中查找与给定值e相等的元素,如果查找成功,返回
                 该元素在表中序号表示成功;否则,返回0表示失败。
ListInsert(*L,i,e):在线性表L中的第i个位置插入新元素e。
ListDelete(*L,i,*e):删除线性表L中第i个位置元素,并用e返回其值。
ListLength(L):返回线性表L的元素个数。
endADT

对于不同的应用,线性表的基本操作是不同的,上述操作是最基本的,对于实际问题中涉及的关于线性表的更复杂操作,完全可以用这些基本操作的组合来实现。

比如,要实现两个线性表集合A和B的并集操作。即要使得集合A=A∪B。说白了,就是把存在集合B中但并不存在集合A中的数据元素插入到集合A中即可。

仔细分析一下这个操作,发现我们只要循环集合B中的每个元素,判断当前元素是否存在集合A中,若不存在,则插入到集合A中即可。思路应该是很容易想到的。

我们假设La表示集合A,Lb表示集合B,则实现的代码如下:

```
/* 将所有的在线性表Lb中但不在La中的数据元素插入到La中 */
void unionL(SqList *La,SqList Lb)
{
    int La_len,Lb_len,i;
    ElemType e;                     /* 声明与La和Lb相同的数据元素e */
    La_len=ListLength(*La);         /* 求线性表的长度 */
    Lb_len=ListLength(Lb);
    for (i=1;i<=Lb_len;i++)
    {
        GetElem(Lb,i,&e);           /* 取Lb中第i个数据元素赋给e */
        if (!LocateElem(*La,e))     /* La中不存在和e相同数据元素 */
            ListInsert(La,++La_len,e); /* 插入 */
    }
}
```

> 注:线性表顺序存储相关代码请参看代码目录下"/第3章线性表/01线性表顺序存储_List.c"。

这里,我们对于union操作,用到了前面线性表基本操作ListLength、GetElem、LocateElem、ListInsert等,可见,对于复杂的个性化的操作,其实就是把基本操作组合起来实现的。

注意一个很容易混淆的地方:

> 当你传递一个参数给函数的时候,这个参数会不会在函数内被改动决定了使用什么参数形式。
>
> 如果需要被改动,则需要传递指向这个参数的指针。
>
> 如果不用被改动,可以直接传递这个参数。

上面这个原则请大家抄写在笔记本上，一产生疑惑就反复读几遍。这是相当多同学学完本课程也没搞明白的地方。

3.4 线性表的顺序存储结构

3.4.1 顺序存储定义

说这么多的线性表，我们来看看线性表的两种物理结构的第一种——顺序存储结构。

线性表的顺序存储结构，指的是用一段地址连续的存储单元依次存储线性表的数据元素。

线性表（$a_1,a_2,\cdots,a_n$）的顺序存储示意图如下。

3.4.2 顺序存储方式

我们在第1章已经讲过顺序存储结构。今天我再举一个例子。

记得大学时，我们同宿舍有一个同学，人特别老实、热心，我们时常会让他帮我们去图书馆占座，他总是答应，你想想，我们一个宿舍连他共有九个人，这其实明摆着是欺负人的事。他每次一吃完早饭就冲去图书馆，挑一个好地儿，把他书包里的书，一本一本地按座位放好，若书包里的书不够，他会把他的饭盒、水杯、水笔都用上，长长一排，九个座硬是被他占了，后来有一次因占座的事弄得差点都要打架。

线性表的顺序存储结构，说白了，和上面例子一样，就是在内存中找了块地儿，通过占位的形式，把一定内存空间给占了，然后把相同数据类型的数据元素依次存放在这

块空地中。既然线性表的每个数据元素的类型都相同，所以可以用C语言（其他语言也相同）的**一维数组来实现顺序存储结构**，即把第一个数据元素存到数组下标为0的位置中，接着把线性表相邻的元素存储在数组中相邻的位置。

我那同学占座时，如果图书馆里空座很多，他当然不必一定要选择第一排第一个位子，而是可以选择环境好的地儿。找到后，放一个书包在第一个位置，就表示从这开始，这地方暂时归我了。为了建立一个线性表，要在内存中找一块地，于是这块地的第一个位置就非常关键，它是存储空间的起始位置。

接着，因为我们一共九个人，所以他需要占九个座。线性表中，我们估算这个线性表的最大存储容量，建立一个数组，数组的长度就是这个最大存储容量。

可现实中，我们宿舍总有那么几个不是很好学的人，为了游戏，为了恋爱，就不去图书馆自习了。假设我们九个人，去了六个，真正被使用的座位也就只是六个，另三个是空的。同样地，我们已经有了起始的位置，也有了最大的容量，于是我们可以在里面增加数据了。随着数据的插入，我们线性表的长度开始变大，不过线性表的当前长度不能超过存储容量，即数组的长度。想想也是，如果我们有十个人，只有九个座，自然是坐不下的。

来看线性表的顺序存储的结构代码。

```
#define MAXSIZE 20          /* 存储空间初始分配量 */
typedef int ElemType;       /* ElemType类型根据实际情况而定，这里为int */
typedef struct
{
    ElemType data[MAXSIZE]; /* 数组，存储数据元素 */
    int length;             /* 线性表当前长度 */
}SqList;
```

这里，我们就发现描述顺序存储结构需要三个属性：

- 存储空间的起始位置：数组data，它的存储位置就是存储空间的存储位置。
- 线性表的最大存储容量：数组长度MAXSIZE。
- 线性表的当前长度：length。

3.4.3　数组长度与线性表长度的区别

注意哦，这里有两个概念"数组的长度"和"线性表的长度"需要区分一下。

数组的长度是存放线性表的存储空间的长度，存储分配后这个量一般是不变的。有个别同学可能会问，数组的大小一定不可以变吗？我怎么看到有书中谈到可以动态分配的一维数组。是的，一般高级语言，比如C、VB、C++都可以用编程手段实现动态分配数组，不过这会带来性能上的损耗。

线性表的长度是线性表中数据元素的个数，随着线性表插入和删除操作的进行，这个量是变化的。

在任意时刻，线性表的长度应该小于等于数组的长度。

3.4.4　地址计算方法

由于我们数数都是从1开始数的，线性表的定义也不能免俗，起始也是1，可C语言中的数组却是从0开始第一个下标的，于是线性表的第i个元素是要存储在数组下标为$i-1$的位置，即数据元素的序号和存放它的数组下标之间存在对应关系。

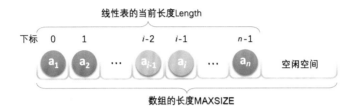

用数组存储顺序表意味着要分配固定长度的数组空间，由于线性表中可以进行插入和删除操作，因此分配的数组空间要大于等于当前线性表的长度。

其实，内存中的地址，就和图书馆或电影院里的座位一样，都是有编号的。存储器中的每个存储单元都有自己的编号，这个编号称为地址。当我们占座后，占座的第一个位置确定后，后面的位置都是可以计算的。试想一下，我是班级成绩第五名，我后面的10名同学成绩名次是多少呢？当然是6，7，…，15，由于每个数据元素，不管它是整型、实型还是字符型，它都是需要占用一定的存储单元空间的。假设每个数据元素占用的是c个存储单元，那么线性表中第$i+1$个数据元素的存储位置和第i个数据元素的存储位置满足下列关系（LOC表示获得存储位置的函数）。

$$LOC(a_{i+1})=LOC(a_i)+c$$

所以对于第i个数据元素a_i的存储位置可以由a_1推算得出：

$$LOC(a_i)=LOC(a_1)+(i-1)* c$$

从下图来理解：

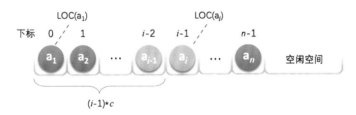

通过这个公式，你可以随时算出线性表中任意位置的地址，不管它是第一个还是最后一个，都是相同的时间。那么我们对每个线性表位置的存入或者取出数据，对于计算机来说都是相等的时间，也就是一个常数，因此用我们算法中学到的时间复杂度的概念来说，它的存取时间性能为$O(1)$。我们通常把具有这一特点的存储结构称为**随机存取结构**。

3.5 顺序存储结构的插入与删除

3.5.1 获得元素操作

对于线性表的顺序存储结构来说，如果我们要实现GetElem操作，即将线性表L中的第i个位置元素值返回，其实是非常简单的。就程序而言，只要i的数值在数组下标范围内，就是把数组第$i-1$下标的值返回即可。来看代码：

```
#define OK 1
#define ERROR 0
/* Status是函数的类型,其值是函数结果状态代码, 如OK等 */
typedef int Status;

/* 初始条件: 顺序线性表L已存在, 1≤i≤ListLength(L) */
/* 操作结果: 用e返回L中第i个数据元素的值,注意i是指位置, 第1个位置的数组是从0开始 */
Status GetElem(SqList L,int i,ElemType *e)
{
    if(L.length==0 || i<1 || i>L.length)
        return ERROR;
    *e=L.data[i-1];

    return OK;
}
```

注意，这里我们是把指针*e的值给修改成L.data[i-1]，这就是真正要返回的数据。函数返回值只不过是函数处理的状态，返回类型Status是一个整型，返回OK代表1，ERROR代表0。之后代码中出现就不再详述。以上代码看不懂，请再去复习C语言的相关知识。

3.5.2 插入操作

刚才我们也谈到，这里的时间复杂度为$O(1)$。我们现在来考虑，如果要实现ListInsert(*L,i,e)，即在线性表L中的第i个位置插入新元素e，应该如何操作？

举个例子，本来我们在春运时去买火车票，大家都排队排得好好的。这时来了一个抱着孩子的年轻妈妈，对着队伍中排在第三位的你说，"大哥，求求你帮帮忙，我家母亲有病，我得急着回去看她，你看我还抱着孩子，这队伍这么长，你可否让我排在你的前面？"你心一软，就同意了。这时，你必须得退后一步，否则她是没法进到队伍里来的。这可不得了，后面的人像蠕虫一样，全部都得退一步。骂声四起。但后面的人也不清楚这加塞是怎么回事，没什么办法。

这个例子其实已经说明了线性表的顺序存储结构，在插入数据时的实现过程（如下图所示）。

插入算法的思路：

（1）如果插入位置不合理，抛出异常；

（2）如果线性表长度大于等于数组长度，则抛出异常或动态增加容量；

（3）从最后一个元素开始向前遍历到第*i*个位置，分别将它们都向后移动一个位置；

（4）将要插入元素填入位置*i*处；

（5）表长加1。

实现代码如下：

```
/* 初始条件: 顺序线性表L已存在,1≤i≤ListLength(L), */
/* 操作结果: 在L中第i个位置之前插入新的数据元素e, L的长度加1 */
Status ListInsert(SqList *L,int i,ElemType e)
{
    int k;
    if (L->length==MAXSIZE)              /* 顺序线性表已经满 */
        return ERROR;
    if (i<1 || i>L->length+1)            /* 当i比第一位置小或者比最后一位置后一位置还要大时 */
        return ERROR;

    if (i<=L->length)                    /* 若插入数据位置不在表尾 */
    {
        for(k=L->length-1;k>=i-1;k--)    /* 将要插入位置后的元素向后移一位 */
            L->data[k+1]=L->data[k];
    }
    L->data[i-1]=e;                      /* 将新元素插入 */
    L->length++;

    return OK;
}
```

应该说这代码不难理解。如果是以前学习其他语言的同学，可以考虑把它转换成你熟悉的语言再实现一遍，只要思路相同就可以了。

3.5.3　删除操作

接着刚才的例子。此时后面排队的人群意见都很大，都说怎么可以这样，不管什么原因，插队就是不行，有本事，找火车站开后门去。就在这时，远处跑来一胖子，对着这美女喊，可找到你了，你这骗子，还我钱。只见这女子二话不说，突然就冲出了队伍，胖子追在其后，消失在人群中。哦，原来她是倒卖火车票的黄牛，刚才还装可怜。于是排队的人群，又像蠕虫一样，均向前移动了一步，骂声渐息，队伍又恢复了平静。

这就是线性表的顺序存储结构删除元素的过程（如下图所示）。

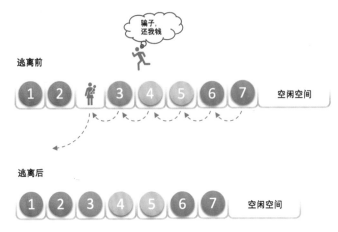

删除算法的思路：

（1）如果删除位置不合理，抛出异常；

（2）取出删除元素；

（3）从删除元素位置开始遍历到最后一个元素位置，分别将它们都向前移动一个位置；

（4）表长减1。

实现代码如下：

```
/* 初始条件: 顺序线性表L已存在, 1≤i≤ListLength(L) */
/* 操作结果: 删除L的第i个数据元素，并用e返回其值，L的长度减1 */
Status ListDelete(SqList *L,int i,ElemType *e)
{
    int k;
    if (L->length==0)              /* 线性表为空 */
        return ERROR;
    if (i<1 || i>L->length)        /* 删除位置不正确 */
        return ERROR;
    *e=L->data[i-1];
    if (i<L->length)               /* 如果删除不是最后位置 */
    {
        for(k=i;k<L->length;k++)   /* 将删除位置后继元素前移 */
            L->data[k-1]=L->data[k];
    }
    L->length--;
    return OK;
}
```

现在我们来分析一下，插入和删除的时间复杂度。

先来看最好的情况，如果元素要插入到最后一个位置，或者删除最后一个元素，此时时间复杂度为$O(1)$，因为不需要移动元素，就如同来了一个新人要正常排队，当然是排在最后，如果此时他又不想排了，那么他一个人离开就好了，不影响任何人。

最坏的情况呢，如果元素要插入到第一个位置或者删除第一个元素，此时时间复杂度是多少呢？这就意味着要移动所有的元素向后或者向前，所以这个时间复杂度为$O(n)$。

至于平均的情况，由于元素插入到第i个位置，需要移动 $n-i+1$个元素，或删除第i个元素，需要移动$n-i+1$个元素。根据概率原理，每个位置插入或删除元素的可能性是相同的，也就说位置靠前，移动元素多，位置靠后，移动元素少。最终平均移动次数和最中间的那个元素的移动次数相等，为$\frac{n-1}{2}$。

我们前面讨论过时间复杂度的推导，可以得出，平均时间复杂度还是$O(n)$。

这说明什么？线性表的顺序存储结构，在读数据时，不管是哪个位置，时间复杂度都是$O(1)$；而插入或删除时，时间复杂度都是$O(n)$。这就说明，它比较适合元素个数不太变化，而更多是存取数据的应用。当然，它的优缺点还不只这些……

3.5.4 线性表顺序存储结构的优缺点

线性表的顺序存储结构的优缺点如下图所示。

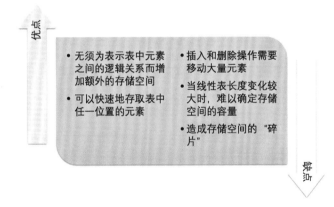

好了，大家休息一下，我们等会儿接着讲另一个存储结构。

3.6 线性表的链式存储结构

3.6.1 顺序存储结构不足的解决办法

前面我们讲的线性表的顺序存储结构。它是有缺点的，最大的缺点就是插入和删除时需要移动大量元素，这显然就需要耗费时间。能不能想办法解决呢？

要解决这个问题，我们就得考虑一下导致这个问题的原因。

为什么当插入和删除时，就要移动大量元素，仔细分析后，发现原因就在于相邻两元素的存储位置也具有邻居关系。它们编号是1，2，3，…，n，它们在内存中的位置也是挨着的，中间没有空隙，当然就无法快速插入，而删除后，当中就会留出空隙，自然需要弥补。问题就出在这里。

A同学思路：让当中每个元素之间都留有一个空位置，这样要插入时，就不至于移动。可一个空位置如何解决多个相同位置插入数据的问题呢？所以这个想法显然不行。

B同学思路：那就让当中每个元素之间都留足够多的位置，根据实际情况制定空隙大小，比如10个，这样插入时，就不需要移动了。万一10个空位用完了，再考虑移动使得每个位置之间都有10个空位置。如果删除，就直接删掉，把位置留空即可。这样似乎暂时解决了插入和删除的移动数据问题。可这对于超过10个同位置数据的插入，效率上还是存在问题。对于数据的遍历，也会因为空位置太多而造成判断时间上的浪费。而且显然这里空间复杂度还增加了，因为每个元素之间都有若干个空位置。

C同学思路：我们反正也是要让相邻元素间留有足够余地，那干脆所有的元素都不要考虑相邻位置了，哪有空位就到哪里，而只是让每个元素知道它下一个元素的位置在哪里，这样，我们可以在第一个元素时，就知道第二个元素的位置（内存地址），而找到它；在第二个元素时，再找到第三个元素的位置（内存地址）。这样所有的元素我们就都可以通过遍历而找到。

好！太棒了，这个想法非常好！C同学，你可惜生晚了几十年，不然，你的想法对于数据结构来讲就是划时代的意义。我们要的就是这个思路。

3.6.2　线性表链式存储结构定义

在解释这个思路之前，我们先来谈另一个话题。前几年，有一本书风靡了全世界，它叫《达·芬奇密码》，成为世界上最畅销的小说之一，书的内容集合了侦探、惊悚和阴谋论等多种风格，很好看。

我由于看的时间太过于久远，情节都忘记得差不多了，不过这本书和绝大部分侦探小说一样，都是同一种处理办法。那就是，作者不会让你事先知道整个过程的全部，而是在一步一步地到达某个环节，才根据现场的信息，获得或推断出下一步是什么，也就是说，每一步除了对侦破的信息进一步确认外（之前信息也不一定都是对的，有时就是证明某个信息不正确），还有就是对下一步如何操作或行动的指引。

不过，这个例子也不完全与线性表相符合。因为案件侦破的线索可能是错综复杂的，有点像我们之后要讲到的树和图的数据结构。今天我们要谈的是单线索，无分支的情况。即线性表的链式存储结构。

线性表的链式存储结构的特点是用一组任意的存储单元存储线性表的数据元素，这组存储单元可以是连续的，也可以是不连续的。这就意味着，这些数据元素可以存在内存未被占用的任意位置（如右图所示）。

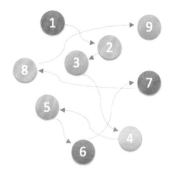

以前在顺序结构中，每个数据元素只需要存储数据元素信息就可以了。现在链式结构中，除了要存储数据元素信息外，还要存储它的后继元素的存储地址。

因此，为了表示每个数据元素a_i与其直接后继数据元素a_{i+1}之间的逻辑关系，对数据元素a_i来说，除了存储其本身的信息之外，还需存储一个指示其直接后继的信息（即直接后继的存储位置）。我们把存储数据元素信息的域称为**数据域**，把存储直接后继位置的域称为**指针域**。指针域中存储的信息称作**指针**或**链**。这两部分信息组成数据元素a_i的存储映像，称为**结点**（Node）。

n个结点（a_i的存储映像）链结成一个链表，即为线性表（$a_1,a_2,\cdots,a_n$）的链式存储结构，因为此链表的每个结点中只包含一个指针域，所以叫做**单链表**。单链表正是通过每个结点的指针域将线性表的数据元素按其逻辑次序链接在一起。

对于线性表来说，总得有个头有个尾，链表也不例外。我们把链表中第一个结点的存储位置叫做头指针，那么整个链表的存取就必须是从头指针开始进行了。之后的每一个结点，其实就是上一个的后继指针指向的位置。想象一下，最后一个结点，它的指针指向哪里？

最后一个，当然就意味着直接后继不存在了，所以我们规定，线性链表的最后一个结点指针为"空"（通常用NULL或"^"符号表示，如下图所示）。

有时，我们为了更加方便地对链表进行操作，会在单链表的第一个结点前附设一个结点，称为**头结点**。头结点的数据域可以不存储任何信息，谁叫它是第一个呢，有这个特权。也可以存储如线性表的长度等附加信息，头结点的指针域存储指向第一个结点的指针，如下图所示。

可存线性表长度等公共数据

3.6.3 头指针与头结点的异同

头指针与头结点的异同点，如下图所示。

头指针	头结点
• 头指针是指链表指向第一个结点的指针，若链表有头结点，则是指向头结点的指针 • 头指针具有标志作用，所以常用头指针冠以链表的名字 • 无论链表是否为空，头指针均不为空。头指针是链表的必要元素	• 头结点是为了操作的统一和方便而设立的，放在第一元素的结点之前，其数据域一般无意义（也可存放链表的长度） • 有了头结点，对在第一元素结点前插入结点和删除第一结点，其操作与其他结点的操作就统一了 • 头结点不一定是链表必需要素

3.6.4 线性表链式存储结构代码描述

若线性表为空表，则头结点的指针域为"空"，如下图所示。

表示空链表

这里我们大概地用图示表达了内存中单链表的存储状态。看着满图的省略号"……"，你就知道是多么不方便。而我们真正关心它在内存中的实际位置吗？不是的，这只是它所表示的线性表中的数据元素及数据元素之间的逻辑关系。所以我们改用更方便的存储示意图来表示单链表，如下图所示。

若带有头结点的单链表，则如下图所示。

空链表如下图所示。

单链表中，我们在C语言中可用结构指针来描述。

```c
/* 线性表的单链表存储结构 */
typedef struct Node
{
    ElemType data;
    struct Node *next;
}Node;
typedef struct Node *LinkList; /* 定义LinkList */
```

> 注：线性表链式存储相关代码请参看代码目录下"/第3章线性表/02线性表链式存储_LinkList.c"。

从这个结构定义中，我们也就知道，**结点由存放数据元素的数据域和存放后继结点地址的指针域组成**。假设p是指向线性表第i个元素的指针，则该结点a_i的数据域我们可以用p->data来表示，p->data的值是一个数据元素，结点a_i的指针域可以用p->next来表示，p->next的值是一个指针。p->next指向谁呢？当然是指向第i+1个元素，即指向a_{i+1}的指针。也就是说，如果p->data等于a_i，那么p->next->data等于a_{i+1}（如下图所示）。

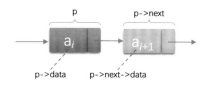

3.7 单链表的读取

在线性表的顺序存储结构中，我们要计算任意一个元素的存储位置是很容易的。但在单链表中，由于第i个元素到底在哪没办法一开始就知道，必须得从头开始找。因此，对于单链表实现获取第i个元素的数据的操作GetElem，在算法上，相对要麻烦一些。

获得链表第i个数据的算法思路：

（1）声明一个指针p指向链表第一个结点，初始化j从1开始；

（2）当$j<i$时，就遍历链表，让p的指针向后移动，不断指向下一结点，j累加1；

（3）若到链表末尾p为空，则说明第i个结点不存在；

（4）否则查找成功，返回结点p的数据。

实现代码算法如下：

```
/* 初始条件: 链式线性表L已存在, 1≤i≤ListLength(L) */
/* 操作结果: 用e返回L中第i个数据元素的值 */
Status GetElem(LinkList L,int i,ElemType *e)
{
    int j;
    LinkList p;            /* 声明一结点p */
    p = L->next;           /* 让p指向链表L的第一个结点 */
    j = 1;                 /* j为计数器 */
    while (p && j<i)       /* p不为空或者计数器j还没有等于i时, 循环继续 */
    {
        p = p->next;       /* 让p指向下一个结点 */
        ++j;
    }
    if ( !p || j>i )
        return ERROR;      /* 第i个元素不存在 */
    *e = p->data;          /* 取第i个元素的数据 */
    return OK;
}
```

说白了，就是从头开始找，直到第i个结点为止。由于这个算法的时间复杂度取决于i的位置，当$i=1$时，则不需遍历，第一个就取出数据了，而当$i=n$时则遍历$n-1$次才可以。因此最坏情况的时间复杂度是$O(n)$。

由于单链表的结构中没有定义表长，所以不能事先知道要循环多少次，因此也就不方便使用for来控制循环。其主要核心思想就是"工作指针后移"，这其实也是很多算法的常用技术。

此时就有人说，这么麻烦，这数据结构有什么意思！还不如顺序存储结构呢。

哈，世间万物总是两面的，有好自然有不足，有差自然就有优势。下面我们来看一下在单链表中如何实现"插入"和"删除"。

3.8 单链表的插入与删除

3.8.1 单链表的插入

先来看单链表的插入。假设存储元素e的结点为s，要实现结点p、p->next和s之间逻辑关系的变化，只需将结点s插入到结点p和p->next之间即可。可如何插入呢（如下图所示）？

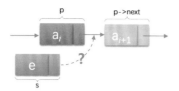

根本用不着惊动其他结点，只需要让s->next和p->next的指针做一点改变即可。

```
s->next = p->next;    /* 将p的后继结点赋值给s的后继 */
p->next = s;          /* 将s赋值给p的后继 */
```

解读这两句代码，也就是说让p的后继结点改成s的后继结点，再把结点s变成p的后继结点（如下图所示）。

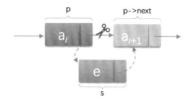

考虑一下，这两句的顺序可不可以交换？

如果先p->next=s；再s->next=p->next；会怎么样？因为此时第一句会将p->next给覆盖成s的地址了。那么s->next=p->next，其实就等于s->next=s，这样真正的拥有a_{i+1}数据元素的结点就没了上级。这样的插入操作就是失败的，造成了临场掉链子的尴尬局面。所以这两句是无论如何不能反的，这点初学者一定要注意。

插入结点s后，链表如下图所示。

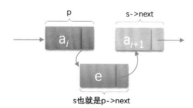

s也就是p->next

对于单链表的表头和表尾的特殊情况，操作是相同的，如下图所示。

单链表第i个数据插入结点的算法思路：

（1）声明一指针p指向链表头结点，初始化j从1开始；

（2）当*j*<*i*时，就遍历链表，让p的指针向后移动，不断指向下一结点，*j*累加1；

（3）若到链表末尾p为空，则说明第*i*个结点不存在；

（4）否则查找成功，在系统中生成一个空结点s；

（5）将数据元素e赋值给s->data；

（6）单链表的插入标准语句 s->next=p->next;   p->next=s；

（7）返回成功。

实现代码算法如下：

```
/* 初始条件: 链式线性表L已存在,1≤i≤ListLength(L) */
/* 操作结果: 在L中第i个位置之前插入新的数据元素e, L的长度加1 */
Status ListInsert(LinkList *L,int i,ElemType e)
{
    int j;
    LinkList p,s;
    p = *L;
    j = 1;
    while (p && j < i)                 /* 寻找第i个结点 */
    {
        p = p->next;
        ++j;
    }
    if (!p || j > i)
        return ERROR;                  /* 第i个元素不存在 */

    s = (LinkList)malloc(sizeof(Node)); /* 生成新结点(C语言标准函数) */
    s->data = e;
    s->next = p->next;                 /* 将p的后继结点赋值给s的后继 */
    p->next = s;                       /* 将s赋值给p的后继 */
    return OK;
}
```

在这段算法代码中，我们用到了C语言的malloc标准函数，它的作用就是生成一个新的结点，其类型与Node是一样的，其实质就是在内存中找了一小块空地，准备用来存放数据e的s结点。

3.8.2 单链表的删除

现在我们再来看单链表的删除。设存储元素a_i的结点为q，要实现将结点q删除单链表的操作，其实就是将它的前继结点的指针绕过，指向它的后继结点即可。

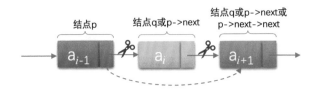

我们所要做的，实际上就是一步，p->next=p->next->next，用q来取代p->next，即是

```
q = p->next;
p->next = q->next;                 /* 将q的后继赋值给p的后继 */
```

解读这两句代码，也就是说把p的后继结点改成p的后继的后继结点。有点拗口呀，那我再打个形象的比方。本来是爸爸左手牵着妈妈的手，右手牵着宝宝的手在马路边散步。突然迎面走来一美女，爸爸一下子看呆了，此情景被妈妈逮个正着，于是她生气地甩开牵着的爸爸的手，绕过他，扯开父子俩，拉起宝宝的左手就快步朝前走去。此时妈妈是p结点，妈妈的后继是爸爸p->next，也可以叫q结点，妈妈的后继的后继是儿子p->next->next，即q->next。当妈妈去牵儿子的手时，这个爸爸就已经与母子俩没有牵手联系了，如下图所示。

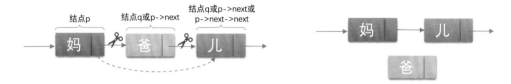

单链表第*i*个数据删除结点的算法思路：

（1）声明一指针p指向链表头结点，初始化*j*从1开始；

（2）当*j*<*i*时，就遍历链表，让p的指针向后移动，不断指向下一个结点，*j*累加1；

（3）若到链表末尾p为空，则说明第*i*个结点不存在；

（4）否则查找成功，将欲删除的结点p->next赋值给q；

（5）单链表的删除标准语句 p->next=q->next；

（6）将q结点中的数据赋值给e，作为返回；

（7）释放q结点；

（8）返回成功。

实现代码算法如下：

```
/* 初始条件：链式线性表L已存在，1≤i≤ListLength(L) */
/* 操作结果：删除L的第i个数据元素，并用e返回其值，L的长度减1 */
Status ListDelete(LinkList *L,int i,ElemType *e)
{
    int j;
    LinkList p,q;
    p = *L;
    j = 1;
    while (p->next && j < i)        /* 遍历寻找第i个元素 */
    {
        p = p->next;
        ++j;
    }
    if (!(p->next) || j > i)
        return ERROR;               /* 第i个元素不存在 */
    q = p->next;
    p->next = q->next;              /* 将q的后继赋值给p的后继 */
    *e = q->data;                   /* 将q结点中的数据给e */
    free(q);                        /* 让系统回收此结点，释放内存 */
    return OK;
}
```

这段算法代码里，我们又用到了另一个C语言的标准函数free。它的作用就是让系统回收一个Node结点，释放内存。

分析一下刚才我们讲解的单链表插入和删除算法，可以发现，它们其实都是由两部分组成：第一部分就是遍历查找第i个结点；第二部分就是插入和删除结点。

从整个算法来说，我们很容易推导出：它们的时间复杂度都是$O(n)$。如果我们不知道第i个结点的指针位置，单链表数据结构在插入和删除操作上，与线性表的顺序存储结构是没有太大优势的。但如果我们希望从第i个位置，插入10个结点，对于顺序存储结构意味着，每一次插入都需要移动$n-i$个结点，每次都是$O(n)$。而单链表，我们只需要在第一次时，找到第i个位置的指针，此时为$O(n)$，接下来只是简单地通过赋值移动指针而已，时间复杂度都是$O(1)$。显然，对于插入或删除数据越频繁的操作，单链表的效率优势就越明显。

3.9 单链表的整表创建

回顾一下，顺序存储结构的创建，其实就是一个数组的初始化，即声明一个类型和大小的数组并赋值的过程。而单链表和顺序存储结构就不一样，它不像顺序存储结构这么集中，它可以很散，是一种动态结构。对于每个链表来说，它所占用空间的大小和位置是不需要预先分配划定的，可以根据系统的情况和实际的需求即时生成。

所以创建单链表的过程就是一个动态生成链表的过程。即从"空表"的初始状态起，依次建立各元素结点，并逐个插入链表。

单链表整表创建的算法思路：

（1）声明一指针p和计数器变量i。

（2）初始化一空链表L。

（3）让L的头结点的指针指向NULL，即建立一个带头结点的单链表。

（4）循环：

① 生成一新结点赋值给p；

② 随机生成一数字赋值给p的数据域p->data；

③ 将p插入到头结点与前一新结点之间。

实现代码算法如下：

```
/* 随机产生n个元素的值，建立带表头结点的单链线性表L（头插法）*/
void CreateListHead(LinkList *L, int n)
{
    LinkList p;
    int i;
    srand(time(0));                          /* 初始化随机数种子 */
    *L = (LinkList)malloc(sizeof(Node));
    (*L)->next = NULL;                        /* 先建立一个带头结点的单链表 */
    for (i=0; i<n; i++)
    {
```

```
        p = (LinkList)malloc(sizeof(Node));    /* 生成新结点 */
        p->data = rand()%100+1;                 /* 随机生成100以内的数字 */
        p->next = (*L)->next;
        (*L)->next = p;                         /* 插入到表头 */
    }
}
```

这段算法代码里，我们其实用的是插队的办法，就是始终让新结点在第一的位置。我也可以把这种算法简称为头插法。

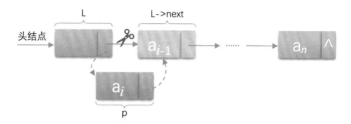

可事实上，我们还是可以不这样干，为什么不把新结点都放到最后呢，这才是排队时的正常思维，所谓的先来后到。我们把每次新结点都插在终端结点的后面，这种算法称之为尾插法。

实现代码算法如下：

```
/* 随机产生n个元素的值，建立带表头结点的单链线性表L（尾插法）*/
void CreateListTail(LinkList *L, int n)
{
    LinkList p,r;
    int i;
    srand(time(0));                        /* 初始化随机数种子 */
    *L = (LinkList)malloc(sizeof(Node));    /* L为整个线性表 */
    r=*L;                                   /* r为指向尾部的结点 */
    for (i=0; i<n; i++)
    {
        p = (Node *)malloc(sizeof(Node));   /* 生成新结点 */
        p->data = rand()%100+1;             /* 随机生成100以内的数字 */
        r->next=p;                          /* 将表尾终端结点的指针指向新结点 */
        r = p;                              /* 将当前的新结点定义为表尾终端结点 */
    }
    r->next = NULL;                         /* 表示当前链表结束 */
}
```

注意L与r的关系，L是指整个单链表，而r是指向尾结点的变量，r会随着循环不断地变化结点，而L则是随着循环增长为一个多结点的链表。

这里需解释一下，r->next=p;的意思，其实就是将刚才的表尾终端结点r的指针指向新结点p，如下图所示，当中①位置的连线就是表示这个意思。

r->next=p;这一句应该还好理解，我以前很多学生不理解的就是后面这一句 r=p;是什么意思？请看下图。

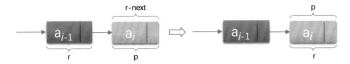

它的意思，就是本来r是在a_{i-1}元素的结点，可现在它已经不是最后的结点了，现在最后的结点是a_i，所以应该让p结点这个最后的结点赋值给r。此时r又是最终的尾结点了。

循环结束后，那么应该让这个结点的指针域置空，因此有了"r->next=NULL;"，以便以后遍历时可以确认其是尾部。

3.10 单链表的整表删除

当我们不打算使用这个单链表时，我们需要把它销毁，其实也就是在内存中将它释放掉，以便于留出空间给其他程序或软件使用。

单链表整表删除的算法思路如下：

（1）声明一指针p和q。

（2）将第一个结点赋值给p。

（3）循环：

① 将下一结点赋值给q；

② 释放p；

③ 将q赋值给p。

实现代码算法如下：

```
/* 初始条件：链式线性表L已存在。操作结果：将L重置为空表 */
Status ClearList(LinkList *L)
{
    LinkList p,q;
    p=(*L)->next;              /* p指向第一个结点 */
    while(p)                   /* 没到表尾 */
    {
        q=p->next;
        free(p);
        p=q;
    }
    (*L)->next=NULL;           /* 头结点指针域为空 */
    return OK;
}
```

这段算法代码里，常见的错误就是有同学会觉得 q变量没有存在的必要。在循环体内直接写free(p);p=p->next;即可。可这样会带来什么问题？

要知道p指向一个结点，它除了有数据域，还有指针域。你在做free(p);时，其实是在对它整个结点进行删除和内存释放的工作。这就好比皇帝快要病死了，却还没有册封太子，他儿子五六个，你说要是你脚一蹬倒是解脱了，这国家咋办，你那几个儿子咋办？这要是为了皇位，什么亲兄弟血肉情都成了浮云，一定会打起来。所以不行，皇帝不能马上死，得先把遗嘱写好，说清楚，哪个儿子做太子才行。而这个遗嘱就是变量q的作用，它使得下一个结点是谁得到了记录，以便于等当前结点释放后，把下一结点拿回来补充。明白了吗？

好了，说了这么多，我们可以来简单总结一下。

3.11 单链表结构与顺序存储结构的优缺点

简单地对单链表结构和顺序存储结构做对比：

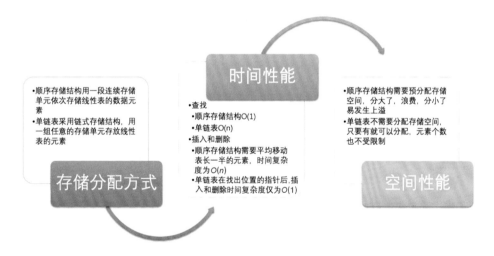

通过上面的对比，我们可以得出一些经验性的结论：

- **若线性表需要频繁查找，很少进行插入和删除操作时，宜采用顺序存储结构。**
  若需要频繁插入和删除时，宜采用单链表结构。比如说游戏开发中，对于用户注册的个人信息，除了注册时插入数据外，绝大多数情况都是读取，所以应该考虑用顺序存储结构。而游戏中的玩家的武器或者装备列表，随着玩家的游戏过程，可能会随时增加或删除，此时再用顺序存储就不太合适了，单链表结构就可以大展拳脚。当然，这只是简单的类比，现实中的软件开发，要考虑的问题会复杂得多。

- 当线性表中的元素个数变化较大或者根本不知道有多大时，最好用单链表结构。这样可以不需要考虑存储空间的大小问题。而如果事先知道线性表的大致长度，比如一年12个月，一周就是星期一至星期日共七天，这种用顺序存储结构效率会高很多。

总之，线性表的顺序存储结构和单链表结构各有其优缺点，不能简单地说哪个好，哪个不好，需要根据实际情况，来综合平衡采用哪种数据结构更能满足和达到需求和性能。

休息一下，我们再来看看其他的链表结构。

3.12 静态链表

其实C语言真是好东西，它具有的指针能力，使得它可以非常容易地操作内存中的地址和数据，这比其他高级语言更加灵活方便。后来的面向对象语言，如Java、C#等，虽不使用指针，但因为启用了对象引用机制，从某种角度也间接实现了指针的某些作用。但对于一些语言，如Basic、Fortran等早期的编程高级语言，由于没有指针，链表结构按照前面我们的讲法，它就没法实现了。怎么办呢？

有人就想出来用数组来代替指针描述单链表。真是不得不佩服他们的智慧，我们来看看他是怎么做到的。

首先我们让数组的元素都是由两个数据域组成，data和cur。也就是说，数组的每个下标都对应一个data和一个cur。数据域data，用来存放数据元素，也就是通常我们要处理的数据；而cur相当于单链表中的next指针，存放该元素的后继在数组中的下标，我们把cur叫做游标。

我们把这种用数组描述的链表叫做静态链表，这种描述方法还有起名叫做游标实现法。

为了方便插入数据，我们通常会把数组建立得大一些，以便有一些空闲空间可以便于插入时不至于溢出。

```
#define MAXSIZE 1000     /* 存储空间初始分配量 */

/* 线性表的静态链表存储结构 */
typedef struct
{
    ElemType data;
    int cur;                /* 游标(Cursor)，为0时表示无指向 */
} Component,StaticLinkList[MAXSIZE];
```

注：线性表静态链表相关代码请参看代码目录下 "/第3章线性表/03静态链表_StaticLinkList.c"。

另外我们对数组第一个和最后一个元素作为特殊元素处理，不存数据。我们通常把未被使用的数组元素称为备用链表。而数组第一个元素，即下标为0的元素的cur就存放备用链表的第一个结点的下标；而数组的最后一个元素的cur则存放第一个有数值的元素的下标，相当于单链表中的头结点作用，当整个链表为空时，则为0[①]。

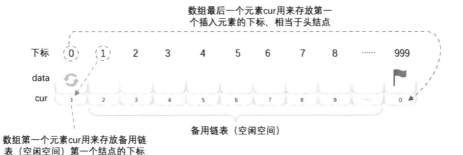

此时的图示相当于初始化的数组状态，见下面代码：

```
/* 将一维数组space中各分量链成一个备用链表，space[0].cur为头指针，"0"表示空指针 */
Status InitList(StaticLinkList space)
{
    int i;
    for (i=0; i<MAXSIZE-1; i++)
        space[i].cur = i+1;
    space[MAXSIZE-1].cur = 0;    /* 目前静态链表为空，最后一个元素的cur为0 */
    return OK;
}
```

假设我们已经将数据存入静态链表，比如分别存放着"甲""乙""丁""戊""己""庚"等数据，则它将处于如下图所示这种状态。

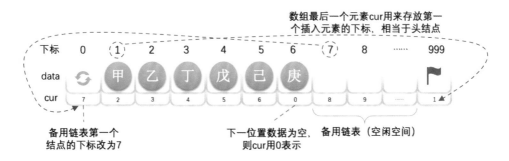

此时"甲"这里就存有下一元素"乙"的下标2，"乙"则存有下一元素"丁"的下标3。而"庚"是最后一个有值元素，所以它的cur设置为0。而最后一个元素的cur则因"甲"是第一有值元素而存有它的下标为1。而第一个元素则因空闲空间的第一个元素下标为7，所以它的cur存有7。

---

① 注：有些书中把数组的第二个元素作为头结点，实现原理相同，只不过是存放位置不同。

3.12.1　静态链表的插入操作

现在我们来看看如何实现元素的插入。

静态链表中要解决的是：如何用静态模拟动态链表结构的存储空间的分配，需要时申请，无用时释放。

我们前面说过，在动态链表中，结点的申请和释放分别借用malloc()和free()两个函数来实现。在静态链表中，操作的是数组，不存在像动态链表的结点申请和释放问题，所以我们需要自己实现这两个函数，才可以做插入和删除的操作。

为了辨明数组中哪些分量未被使用，解决的办法是将所有未被使用过的及已被删除的分量用游标链成一个备用的链表，每当进行插入时，便可以从备用链表上取得第一个结点作为待插入的新结点。

```
/* 若备用空间链表非空，则返回分配的结点下标，否则返回0 */
int Malloc_SSL(StaticLinkList space)
{
    int i = space[0].cur;              /* 当前数组第一个元素的cur存的值 */
                                       /* 就是要返回的第一个备用空闲的下标 */
    if (space[0]. cur)
        space[0]. cur = space[i].cur;  /* 由于要拿出一个分量来使用了 */
                                       /* 所以我们就得把它的下一个 */
                                       /* 分量用来做备用 */

    return i;
}
```

这段代码有意思，一方面它的作用就是返回一个下标值，这个值就是数组头元素的cur存的第一个空闲的下标。从上面的图示例子来看，其实就是返回7。

那么既然下标为7的分量准备要使用了，就得有接替者，所以就把分量7的cur值赋值给头元素，也就是把8给space[0].cur，之后就可以继续分配新的空闲分量，实现类似malloc()函数的作用。

现在我们如果需要在"乙"和"丁"之间，插入一个值为"丙"的元素，按照以前顺序存储结构的做法，应该要把"丁""戊""己""庚"这些元素都往后移一位。但目前不需要，因为我们有了新的手段。

新元素"丙"，想插队是吧？可以，你先悄悄地在队伍最后一排第7个游标位置待着，我一会就能帮你搞定。我接着找到了"乙"，告诉他，你的cur不是游标为3的"丁"了，你把你的下一位的游标改为7就可以了。"乙"把cur值改了。此时再回到"丙"那里，说你把你的cur改为3。就这样，在绝大多数人都不知道的情况下，整个排队的次序发生了改变（如65页图所示）。

实现代码如下，代码左侧数字为行号。

```
1    Status ListInsert(StaticLinkList L, int i, ElemType e)
2    {
3        int j, k, l;
4        k = MAXSIZE - 1;                /* 注意k首先是最后一个元素的下标 */
5        if (i < 1 || i > ListLength(L) + 1)
6            return ERROR;
```

```
7        j = Malloc_SSL(L);                    /* 获得空闲分量的下标 */
8        if (j)
9        {
10           L[j].data = e;                    /* 将数据赋值给此分量的data */
11           for(l = 1; l <= i - 1; l++)        /* 找到第i个元素之前的位置 */
12              k = L[k].cur;
13           L[j].cur = L[k].cur;               /* 把第i个元素之前的cur赋值给新元素的cur */
14           L[k].cur = j;                      /* 把新元素的下标赋值给第i个元素之前元素的ur */
15           return OK;
16        }
17        return ERROR;
18   }
```

（1）当我们执行插入语句时，我们的目的是要在"乙"和"丁"之间插入"丙"。调用代码时，输入i值为3。

（2）第4行让k=MAX_SIZE-1=999。

（3）第7行，j=Malloc_SSL(L)=7。此时下标为0的cur也因为7要被占用而更改备用链表的值为8。

（4）第11和第12行，for循环由1到2，执行两次。代码k = L[k].cur; 使得k=999，得到k=L[999].cur=1，再得到k=L[1].cur=2。

（5）第13行，L[j].cur = L[k].cur;因j=7，而k=2得到L[7].cur=L[2].cur=3。这就是刚才我说的让"丙"把它的cur改为3的意思。

（6）第14行，L[k].cur = j;意思就是L[2].cur=7。也就是让"乙"把它的cur改为指向"丙"的下标7。

就这样，我们实现了在数组中，实现不移动元素，却插入了数据的操作（如下图所示）。没理解可能觉得有些复杂，理解了，也就那么回事。

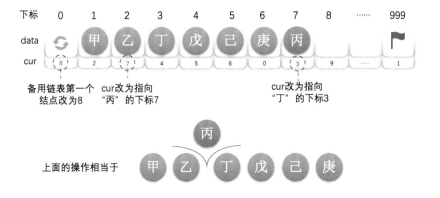

3.12.2 静态链表的删除操作

故事没完，接着，排在第一个的甲突然接到一电话，看着很急，多半不是家里有紧急情况，就是单位有突发状况，反正稍有犹豫之后就急匆匆离开。这意味着第一位空出来了，那么自然刚才那个收了好处的乙就成了第一位——有人走运起来，喝水都长肉。

和前面一样，删除元素时，原来是需要释放结点的函数free()。现在我们也得自己实现它：

```
/* 删除在L中第i个数据元素 */
Status ListDelete(StaticLinkList L, int i)
{
    int j, k;
    if (i < 1 || i > ListLength(L))
        return ERROR;
    k = MAXSIZE - 1;
    for (j = 1; j <= i - 1; j++)
        k = L[k].cur;
    j = L[k].cur;
    L[k].cur = L[j].cur;
    Free_SSL(L, j);
    return OK;
}
```

有了刚才的基础，这段代码就很容易理解了。前面代码都一样，for循环因为i=1而不操作，j=L[999].cur=1，L[k].cur=L[j].cur也就是L[999].cur=L[1].cur=2。这其实就是告诉计算机现在"甲"已经离开了，"乙"才是第一个元素。Free_SSL(L, j);是什么意思呢？来看代码：

```
/* 将下标为k的空闲结点回收到备用链表 */
void Free_SSL(StaticLinkList space, int k)
{
    space[k].cur = space[0].cur;          /* 把第一个元素的cur值赋给要删除的分量cur */
    space[0].cur = k;                     /* 把要删除的分量下标赋值给第一个元素的cur */
}
```

意思就是"甲"现在要走，这个位置就空出来了，也就是，未来如果有新人来，最优先考虑这里，所以原来的第一个空位分量，即下标是8的分量，它降级了，把8给"甲"所在下标为1的分量的cur，也就是space[1].cur=space[0].cur=8，而space[0].cur=k=1其实就是让这个删除的位置成为第一个优先空位，把它存入第一个元素的cur中，如下图所示。

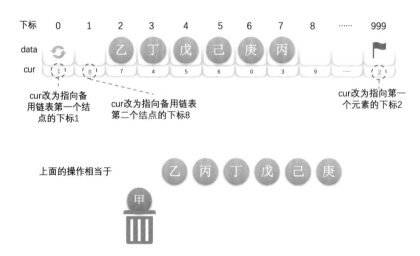

当然，静态链表也有相应的其他操作的相关实现。比如我们代码中的ListLength就是一个，来看代码。

```
/* 初始条件：静态链表L已存在。操作结果：返回L中数据元素的个数 */
int ListLength(StaticLinkList L)
{
    int j=0;
    int i=L[MAXSIZE-1].cur;
    while(i)
    {
        i=L[i].cur;
        j++;
    }
    return j;
}
```

另外一些操作和线性表的基本操作相同，实现也不复杂，我们在课堂上就不讲解了。

3.12.3 静态链表的优缺点

总结一下静态链表的优缺点（见下图）：

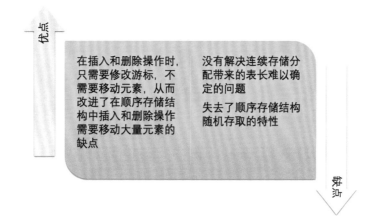

总的来说，静态链表其实是为了给没有指针的高级语言设计的一种实现单链表能力的方法。尽管大家不一定会用得上，但这样的思考方式是非常巧妙的，应该理解其思想，以备不时之需。

3.13 循环链表

在座的各位都很年轻，不会觉得日月如梭。可上了点年纪的人，比如我的父辈们，就常常感慨，要是可以回到从前该多好。网上也盛传，所谓的成功男人就是3岁时能不尿裤子，5岁时能自己吃饭……80岁时能自己吃饭，90岁时能不尿裤子。

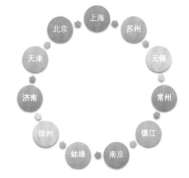

对于单链表，由于每个结点只存储了向后的指针，到了尾标志就停止了向后链的操作，这样，当中某一结点就无法找到它的前驱结点了，就像我们刚才说的，不能回到从前。

比如，你是一业务员，家在上海。需要经常出差，行程就是上海到北京一路上的城市，找客户谈生意或分公司办理业务。你从上海出发，乘火车途经多个城市停留后，再乘飞机返回上海，以后，每隔一段时间，你基本还要按照这样的行程开展业务，如左下图所示。

有一次，你先到南京开会，接下来要将以上的城市走一遍，此时有人对你说，不行，你得从上海开始，因为上海是第一站。你会对这人说什么？神经病。哪有这么傻的，直接回上海根本没有必要，你可以从南京开始，下一站蚌埠，直到北京，之后再考虑走完上海及苏南的几个城市。显然这表示你是从当中一结点开始遍历整个链表，这都是原来的单链表结构解决不了的问题。

事实上，把北京和上海之间连起来，形成一个环就解决了前面所面临的困难。如右上图所示。这就是我们现在要讲的循环链表。

将单链表中终端结点的指针端由空指针改为指向头结点，就使整个单链表形成一个环，这种头尾相接的单链表称为单循环链表，简称循环链表（circular linked list）。

从刚才的例子可以总结出，循环链表解决了一个很麻烦的问题。如何从当中一个结点出发，访问到链表的全部结点。

为了使空链表与非空链表处理一致，我们通常设一个头结点，当然，这并不是说，循环链表一定要头结点，这需要注意。循环链表带有头结点的空链表如下图所示。

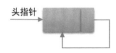

头指针

对于非空的循环链表就如下图所示。

其实循环链表和单链表的主要差异就在于循环的判断条件上，原来是判断p->next是否为空，现在则是p -> next不等于头结点，则循环未结束。

在单链表中，我们有了头结点时，我们可以用$O(1)$的时间访问第一个结点，但对于要访问到最后一个结点，却需要$O(n)$时间，因为我们需要将单链表全部扫描一遍。

有没有可能用$O(1)$的时间由链表指针访问到最后一个结点呢？当然可以。

不过我们需要改造一下这个循环链表，不用头指针，而是用指向终端结点的尾指针来表示循环链表（如下图所示），此时查找开始结点和终端结点都很方便了。

从上图中可以看到，终端结点用尾指针rear指示，则查找终端结点的时间复杂度是$O(1)$，而开始结点，其实就是rear->next->next，其时间复杂也为$O(1)$。

举个程序的例子，要将两个循环链表合并成一个表时，有了尾指针就非常简单了。比如下面的这两个循环链表，它们的尾指针分别是rearA和rearB，如下图所示。

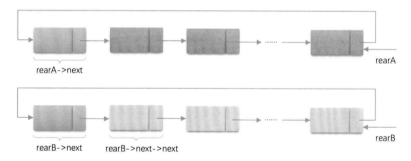

要想把它们合并，只需要如下的操作即可。

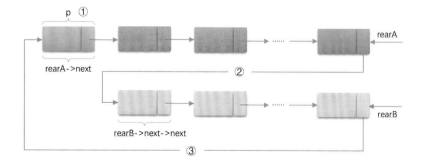

```
p=rearA->next;                     /* 保存A表的头结点，即① */
rearA->next=rearB->next->next;     /* 将本是指向B表的第一个结点（不是头结点）*/
                                   /* 赋值给rearA->next，即② */

q=rearB->next;
rearB->next=p;                     /* 将原A表的头结点赋值给rearB->next，即③ */
free (q) ;                         /* 释放q */
```

3.14 双向链表

继续我们刚才的例子，你平时都是从上海一路停留到北京的，可是这一次，你得先到北京开会，谁叫北京是首都呢，会就是多。开完会后，你需要例行公事，走访各个城市，此时你怎么办？

有人又出主意了，你可以先飞回上海，一路再乘火车走遍这几个城市，到了北京后，你再飞回上海，如下图所示。

你会感慨，人生中为什么总会有这样出馊主意的人存在呢？真要气死人才行。哪有这么麻烦，我一路从北京坐火车或汽车倒着一个城市一个城市回去不就完了嘛。如下图所示。

对呀，其实生活中类似的小智慧比比皆是，并不会那么的死板教条。我们的单链表，总是从头到尾找结点，难道就不可以正反遍历都可以吗？当然可以，只不过需要加点东西而已。

我们在单链表中，有了next指针，这就使得我们要查找下一结点的时间复杂度为

$O(1)$。可是如果我们要查找的是上一结点的话，那最坏的时间复杂度就是$O(n)$了，因为我们每次都要从头开始遍历查找。

为了克服单向性这一缺点，我们的老科学家们，设计出了双向链表。**双向链表（double linked list）是在单链表的每个结点中，再设置一个指向其前驱结点的指针域。**所以在双向链表中的结点都有两个指针域，一个指向直接后继，另一个指向直接前驱。例如刚才那个例子，我们可以双向连接。如右图所示。

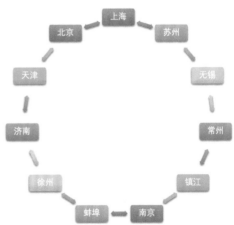

```
/* 线性表的双向链表存储结构 */
typedef struct DulNode
{
        ElemType data;
        struct DulNode *prior;          /* 直接前驱指针 */
        struct DulNode *next;           /* 直接后继指针 */
} DulNode, *DuLinkList;
```

既然单链表也可以有循环链表，那么双向链表当然也可以是循环表。

双向链表的循环带头结点的空链表如下图所示。

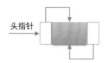

非空的循环带头结点的双向链表如下图所示。

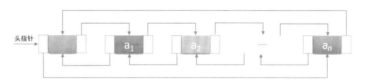

由于这是双向链表，那么对于链表中的某一个结点p，它的后继的前驱是谁？当然还是它自己。它的前驱的后继自然也是它自己，即：

```
p->next->prior = p = p->prior->next
```

这就如同上海的下一站是苏州，那么上海的下一站的前一站是哪里？哈哈，有点废话的感觉。

双向链表是单链表中扩展出来的结构，所以它的很多操作是和单链表相同的，比如求长度的ListLength，查找元素的GetElem，获得元素位置的LocateElem等，这些操作都只要涉及一个方向的指针即可，另一指针多了也不能提供什么帮助。

就像人生一样，想享乐就得先努力，欲收获就得付代价。双向链表既然是比单链表多了如可以反向遍历查找等数据结构，那么也就需要付出一些小的代价：在插入和删除时，需要更改两个指针变量。

插入操作时，其实并不复杂，不过顺序很重要，千万不能写反了。

我们现在假设存储元素e的结点为s，要实现将结点s插入到结点p和p -> next之间需要下面几步，如下图所示。

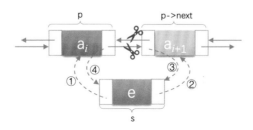

```
s - >prior = p;              /* 把p赋值给s的前驱，如图中① */
s -> next = p -> next;       /* 把p->next赋值给s的后继，如图中② */
p -> next -> prior = s;      /* 把s赋值给p->next的前驱，如图中③ */
p -> next = s;               /* 把s赋值给p的后继，如图中④ */
```

关键在于它们的顺序，由于第②步和第③步都用到了p->next。如果第④步先执行，则会使得p->next提前变成了s，使得插入的工作完不成。所以我们不妨把上面这张图在理解的基础上记忆，顺序是先搞定s的前驱和后继，再搞定后结点的前驱，最后解决前结点的后继。

如果插入操作理解了，那么删除操作，就比较简单了。

若要删除结点p，只需要下面两个步骤，如下图所示。

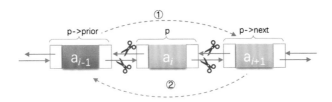

```
p->prior->next=p->next;      /* 把p->next赋值给p->prior的后继，如图中① */
p->next->prior=p->prior;     /* 把p->prior赋值给p->next的前驱，如图中② */
free (p) ;                   /* 释放结点 */
```

好了，简单总结一下，双向链表相对于单链表来说，要更复杂一些，毕竟它多了prior指针，对于插入和删除，需要格外小心。另外它由于每个结点都需要记录两份指针，所以在空间上是要占用略多一些的。不过，由于它良好的对称性，使得为某个结点的前后结点的操作带来了方便，可以有效提高算法的时间性能。说白了，就是用空间来换时间。

3.15 总结回顾

这一章，我们主要讲的是线性表。

先谈了它的定义，线性表是零个或多个具有相同类型的数据元素的有限序列。然后谈了线性表的抽象数据类型，如它的一些基本操作。

之后我们就线性表的两大结构做了讲述，先讲的是比较容易的顺序存储结构，指的是用一段地址连续的存储单元依次存储线性表的数据元素。通常我们都是用数组来实现这一结构的。

后来是我们的重点，由顺序存储结构的插入和删除操作不方便，引出了链式存储结构。它具有不受固定的存储空间限制，可以比较快捷地插入和删除操作的特点。然后我们分别就链式存储结构的不同形式，如单链表、循环链表和双向链表做了讲解，另外我们还讲了若不使用指针如何处理链表结构的静态链表方法。

总的来说，线性表的这两种结构（如下图所示）其实是后面其他数据结构的基础，把它们学明白了，对后面的学习有着至关重要的作用。

3.16 结尾语

知道为什么河里钓起来的鱼要比鱼塘里养的鱼好吃吗？因为鱼塘里的鱼，天天有人喂，没有天敌追，就等着养肥给人吃，一天到晚游快游慢都一样，身上鱼肉不多，鱼油不少。而河里的鱼，为了吃饱，为了避免被更大的鱼吃掉，它必须要不断地游。这样生存下来的鱼，那鱼肉吃起来自然有营养、爽口。

20世纪五六十年代出生的人，应该也就是我们父母那一辈，当年计划经济制度下，他们的生活被社会安排好了，先科员再科长、后处长再局长，混到哪算哪；学徒、技工、高级技工；教师、中级教师、高级教师，总之无论哪个行业都论资排辈。这样的生活如何让人奋发努力，所以经济发展缓慢。就像我们的线性表的顺序存储结构一样，位置是排好的，一切都得慢慢来。

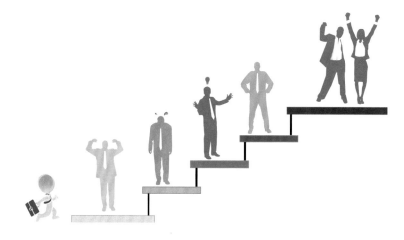

可见，舒适环境很难培养出坚强品格，被安排好的人生，也很难做出伟大事业。

市场经济社会下，机会就大多了，你可以从社会的任何一个位置开始起步，只要你真有决心，没有人可以拦着你。事实也证明，无论出身是什么，之前是凄苦还是富足，都有出人头地的一天。当然，这也就意味着，面临的竞争也是空前激烈的，一不小心，你的位置就可能被人插足，甚至你就得出局。这也多像我们线性表的链式存储结构，任何位置都可以插入和删除。

不怕苦，吃苦半辈子，怕吃苦，吃苦一辈子。如果你觉得上学读书是受罪，假设你可以活到80岁，其实你最多也就吃了20年苦。用人生四分之一的时间来换取其余时间的幸福生活，这点苦不算啥。再说了，跟着我学习，这也能算是吃苦？

好了，今天课就到这，下课。

第**4**章 栈与队列

启示 | revelation

栈与队列：栈是限定仅在表尾进行插入和删除操作的线性表。

队列是只允许在一端进行插入操作、而在另一端进行删除操作的线性表。

4.1 开场白

同学们，大家好！我们又见面了。

不知道大家有没有玩过手枪，估计都没有。现在和平年代，上哪去玩这种危险的真东西，就是仿真玩具也大都被限制了。我小时候在军训时，也算是一次机会，几个老兵和我们学生聊天，让我们学习了一下关于枪的知识。

当时那个老兵告诉我们，早先军官们都爱用左轮手枪，而非弹夹式手枪，问我们为什么，我们谁也说不上来。现在我要问问你们，知道为什么吗？（下面一脸茫然）

哈，我听到下面有同学说是因为左轮手枪好看，酷呀。嘿，当然不是这个原因。算了，估计你也很难猜得到。他那时告诉我们说，因为子弹质量不过关，有个别可能是臭弹——也就是有问题的、打不出来的子弹。弹夹式手枪（如下图所示），如果当中有一颗是卡住了的臭弹，那么后面的子弹就都打不了了。想想看，在你准备用枪的时候，那基本到了不是你死就是我亡的时刻，突然这手枪明明有子弹却打不出来，这不是要命吗？而左轮手枪就不存在这问题，这一颗不行，转到下一颗就可以了，人总不会倒霉到六颗全是臭弹。当然，后来子弹质量基本过关了，由于弹夹可以放8颗甚至20颗子弹，比左轮手枪的只能放6颗子弹要多，所以后来普及率更高的还是弹夹式的手枪。

哦，原来如此。我当时自认为聪明地说道：那很好办呀，这弹夹不是先放进去的子弹，最后才可以打出来吗？你可以把臭弹最先放进去，好子弹留在后面，这样就不会影响了呀。

他笑骂道："笨蛋，如果真的知道哪一颗是臭弹，还放进去干吗，早就扔了。"（大家大笑）

哎，我其实一直都是有点笨笨的。

4.2 栈的定义

4.2.1 栈的定义

好了，说这个例子目的不是要告诉你们我当年有多笨，而是为了引出今天的主题，就是类似弹夹中的子弹一样先进去，却要后出来，而后进的，反而可以先出来的数据结构——**栈**。

在我们软件应用中，栈这种后进先出的数据结构的应用是非常普遍的。比如你用浏览器上网时，不管什么浏览器都有一个"后退"键，你单击后可以按访问顺序的逆序加载浏览过的网页。比如你本来看着新闻好好的，突然看到一个链接说，有个可以让你年薪百万的工作，你毫不犹豫单击它，跳转进去一看，这都是啥呀，具体内容我也就不说了，骗人骗得一点水平都没有。此时你还想回去继续看新闻，就可以单击左上角的"后退"键。即使你从一个网页开始，连续单击了几十个链接跳转，你单击"后退"时，还是可以像历史倒退一样，回到之前浏览过的某个页面，如下图所示。

"后退"键 ➡ 〈　　　　C　⌂　证 京东商城 🔒 https://search.jd.

★ 收藏　▾　🖵手机收藏夹　📄谷歌　🖾网址大全　◯ 360搜索 Ｇ

⌂ 京东首页　♥ 北京

京东

很多类似软件，比如Word、Photoshop等文档或图像编辑软件，都有撤销（undo）的操作，也是用栈这种方式来实现的，当然不同的软件具体实现代码会有很大差异，不过原理其实都是一样的。

栈（stack）是限定仅在表尾进行插入和删除操作的线性表。

我们把**允许插入和删除的一端称为栈顶（top），另一端称为栈底（bottom），不含任何数据元素的栈称为空栈。栈又称为后进先出（Last In First Out）的线性表**，简称LIFO结构。

理解栈的定义需要注意：

首先它是一个**线性表**，也就是说，栈元素具有线性关系，即前驱后继关系。只不过它是一种特殊的线性表而已。定义中说是在线性表的表尾进行插入和删除操作，这里表尾是指栈顶，而不是栈底。

它的特殊之处就在于限制了这个线性表的插入和删除位置，它始终只在栈顶进行。这也就使得：栈底是固定的，最先进栈的只能在栈底。

栈的插入操作，叫作进栈，也称压栈、入栈。类似子弹入弹夹，如左下图所示。

栈的删除操作，叫作出栈，有的也叫作弹栈。如同弹夹中的子弹出夹，如右下图所示。

4.2.2　进栈出栈变化形式

现在我要问问大家，这个最先进栈的元素，是不是就只能是最后出栈呢？

答案是不一定，要看什么情况。栈对线性表的插入和删除的位置进行了限制，并没有对元素进出的时间进行限制，也就是说，在不是所有元素都进栈的情况下，事先进去的元素也可以出栈，只要保证是栈顶元素出栈就可以。

举例来说，如果我们现在是有3个整型数字元素1、2、3依次进栈，会有哪些出栈次序呢？

- 第一种：1、2、3进，再3、2、1出。这是最简单最好理解的一种，出栈次序为3、2、1。
- 第二种：1进，1出，2进，2出，3进，3出。也就是进一个就出一个，出栈次序为1、2、3。
- 第三种：1进，2进，2出，1出，3进，3出。出栈次序为2、1、3。
- 第四种：1进，1出，2进，3进，3出，2出。出栈次序为1、3、2。
- 第五种：1进，2进，2出，3进，3出，1出。出栈次序为2、3、1。

有没有可能是3、1、2这样的次序出栈呢？答案是肯定不会。因为3先出栈，就意味着，3曾经进栈，既然3都进栈了，那也就意味着，1和2已经进栈了，此时，2一定是在1的上面，就是更接近栈顶，那么出栈只可能是3、2、1，不然不满足1、2、3依次进栈的要求，所以此时不会发生1比2先出栈的情况。

从这个简单的例子就能看出，只是3个元素，就有5种可能的出栈次序，如果元素数量多，其实出栈的变化将会更多。这个知识点一定要弄明白。

4.3 栈的抽象数据类型

对于栈来讲，理论上线性表的操作特性它都具备，可由于它的特殊性，所以针对它在操作上会有些变化。特别是插入和删除操作，我们改名为push和pop，英文直译的话是压和弹，更容易理解。你就把它当成是弹夹的子弹压入和弹出就好记忆了，我们一般叫进栈和出栈。

```
ADT 栈(stack)
Data
        同线性表。元素具有相同的类型，相邻元素具有前驱和后继关系。
Operation
        InitStack(*S):初始化操作，建立一个空栈S。
        DestroyStack(*S):若栈存在，则销毁它。
```

```
ClearStack(*S): 将栈清空。
StackEmpty(S): 若栈为空, 返回 true, 否则返回 false。
GetTop(S,*e): 若栈存在且非空, 用 e 返回 S 的栈顶元素。
Push(*S,e): 若栈 S 存在, 插入新元素 e 到栈 S 中并成为栈顶元素。
Pop(*S,*e): 删除栈 S 中栈顶元素, 并用 e 返回其值。
StackLength(S): 返回栈 S 的元素个数。
```
endADT

　　由于栈本身就是一个线性表, 那么上一章我们讨论的线性表的顺序存储和链式存储, 对于栈来说, 也是同样适用的。

4.4 栈的顺序存储结构及实现

4.4.1 栈的顺序存储结构

　　既然栈是线性表的特例, 那么**栈的顺序存储**其实也是线性表顺序存储的简化, 我们简称为**顺序栈**。顺序表是用数组来实现的, 想想看, 对于栈这种只能一头插入删除的线性表来说, 用数组哪一端来作为栈顶和栈底比较好?

　　对, 没错, 下标为0的一端作为栈底比较好, 因为首元素都存在栈底, 变化最小, 所以让它作栈底。

　　我们定义一个top变量来指示栈顶元素在数组中的位置, top就如同中学物理学过的游标卡尺的游标, 如下图, 它可以来回移动, 意味着栈顶的top可以变大变小, 但无论如何游标不能超出尺的长度。同理, 若存储栈的长度为StackSize, 则栈顶位置top必须小于StackSize。当栈存在一个元素时, top等于0, 因此通常把空栈的判定条件定为top等于-1。

来看栈的结构定义：

```
typedef int SElemType;    /* SElemType类型根据实际情况而定，这里假设为int */

/* 顺序栈结构 */
typedef struct
{
        SElemType data[MAXSIZE];
        int top;            /* 用于栈顶指针 */
}SqStack;
```

> 注：栈的顺序存储相关代码请参看代码目录下"/第4章栈与队列/01顺序栈_Stack.c"。

若现在有一个栈，StackSize是5，则栈普通情况、空栈和栈满的情况示意图如下图所示。

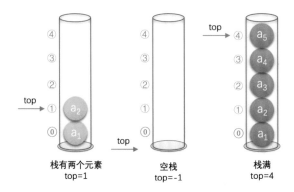

4.4.2　栈的顺序存储结构——进栈操作

对于栈的插入，即进栈操作，其实就是做了如下图所示的处理。

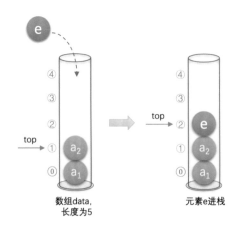

因此对于进栈操作push，其代码如下：

```
/* 插入元素e为新的栈顶元素 */
Status Push(SqStack *S,SElemType e)
{
    if(S->top == MAXSIZE -1)    /* 栈满 */
    {
        return ERROR;
    }
    S->top++;                   /* 栈顶指针增加一 */
    S->data[S->top]=e;          /* 将新插入元素赋值给栈顶空间 */
    return OK;
}
```

4.4.3 栈的顺序存储结构——出栈操作

出栈操作pop，代码如下：

```
/* 若栈不空, 则删除S的栈顶元素, 用e返回其值, 并返回OK; 否则返回ERROR */
Status Pop(SqStack *S,SElemType *e)
{
    if(S->top==-1)
        return ERROR;
    *e=S->data[S->top];         /* 将要删除的栈顶元素赋值给e */
    S->top--;                   /* 栈顶指针减一 */
    return OK;
}
```

两者没有涉及任何循环语句，因此时间复杂度均是$O(1)$。

4.5 两栈共享空间

其实栈的顺序存储还是很方便的，因为它只准栈顶进出元素，所以不存在线性表插入和删除时需要移动元素的问题。不过它有一个很大的缺陷，就是必须事先确定数组存储空间大小，万一不够用了，就需要用编程手段来扩展数组的容量，非常麻烦。对于一个栈，我们也只能尽量考虑周全，设计出合适大小的数组来处理，但对于两个相同类型的栈，我们却可以做到最大限度地利用其事先开辟的存储空间来进行操作。

打个比方，两个大学室友毕业同时到北京工作，开始时，他们觉得住了这么多年学校的集体宿舍，现在工作了一定要有自己的私密空间。于是他们都希望租房时能找到独住的一居室，可找来找去却发现，最便宜的一居室也要每月1500元，地段还不好，实在是承受不起，最终他俩还是合租了一套两居室，一共2000元，各出一半，还不错。

如果是两个一居室，都有独立的卫生间和厨房，是私密了，但大部分空间的利用率却不高。换成一个两居室，两个人各有卧室，还共享了客厅、厨房和卫生间，房间的利用率就显著提高，而且租房成本也大大下降了。

同样的道理，如果我们有两个相同类型的栈，我们为它们各自开辟了数组空间，极有可能是第一个栈已经满了，再进栈就溢出了，而另一个栈还有很多存储空间空闲。这又何必呢？我们完全可以用一个数组来存储两个栈，充分利用这个数组占用的内存空间。只不过如何实现需要点小技巧。

我们的做法如下图，数组有两个端点，两个栈有两个栈底，让一个栈的栈底为数组的始端，即下标为0处，另一个栈为数组的末端，即下标为数组长度$n-1$处。这样，两个栈如果增加元素，就是两端点向中间延伸。

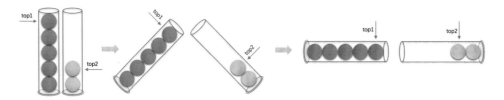

其实关键思路是：它们是在数组的两端，向中间靠拢。top1和top2是栈1和栈2的栈顶指针，可以想象，只要它俩不见面，两个栈就可以一直使用。

从这里也就可以分析出来，栈1为空时，就是top1等于-1时；而当top2等于n时，即是栈2为空时，那什么时候栈满呢？

想想极端的情况，若栈2是空栈，栈1的top1等于$n-1$时，就是栈1满了。反之，当栈1为空栈时，top2等于0时，栈2满。但更多的情况，其实就是我刚才说的，两个栈见面之时，也就是两个指针之间相差1时，即top1 + 1 == top2为栈满。

两栈共享空间结构的代码如下：

```
/* 两栈共享空间结构 */
typedef struct
{
        SElemType data[MAXSIZE];
        int top1;    /* 栈1栈顶指针 */
        int top2;    /* 栈2栈顶指针 */
}SqDoubleStack;
```

注：栈的两栈共享空间相关代码请参看代码目录下"/第4章栈与队列/02两栈共享空间_DoubleStack.c"。

对于两栈共享空间的push方法，我们除了要插入元素值参数外，还需要有一个判断是栈1还是栈2的栈号参数stackNumber。插入元素的代码如下：

```
/* 插入元素e为新的栈顶元素 */
Status Push(SqDoubleStack *S,SElemType e,int stackNumber)
{
    if (S->top1+1==S->top2)      /* 栈已满，不能再push新元素了 */
        return ERROR;
    if (stackNumber==1)          /* 栈1有元素进栈 */
        S->data[++S->top1]=e;    /* 若是栈1则先top1+1后给数组元素赋值 */
```

```
    else if (stackNumber==2)        /* 栈2有元素进栈 */
        S->data[--S->top2]=e;       /* 若是栈2则先top2-1后给数组元素赋值 */
    return OK;
}
```

因为在代码开始时已经判断了是否有栈满的情况，所以后面的top1+1或top2-1是不担心溢出问题的。

对于两栈共享空间的pop方法，参数就只是判断栈1栈2的参数stackNumber，代码如下：

```
/* 若栈不空，则删除S的栈顶元素，用e返回其值，并返回OK；否则返回ERROR */
Status Pop(SqDoubleStack *S,SElemType *e,int stackNumber)
{
    if (stackNumber==1)
    {
        if (S->top1==-1)
            return ERROR;               /* 说明栈1已经是空栈，溢出 */
        *e=S->data[S->top1--];          /* 将栈1的栈顶元素出栈 */
    }
    else if (stackNumber==2)
    {
        if (S->top2==MAXSIZE)
            return ERROR;               /* 说明栈2已经是空栈，溢出 */
        *e=S->data[S->top2++];          /* 将栈2的栈顶元素出栈 */
    }
    return OK;
}
```

事实上，使用这样的数据结构，通常都是当两个栈的空间需求有相反关系时，也就是一个栈增长时另一个栈在缩短的情况。就像买卖股票一样，你买入时，一定是有一个你不知道的人在做卖出操作。有人赚钱，就一定是有人赔钱。这样使用两栈共享空间存储方法才有比较大的意义。否则两个栈都在不停地增长，那很快就会因栈满而溢出了。

当然，这只是针对两个具有相同数据类型的栈的一个设计上的技巧，如果是不相同数据类型的栈，这种办法不但不能更好地处理问题，反而会使问题变得更复杂，大家要注意这个前提。

4.6 栈的链式存储结构及实现

4.6.1 栈的链式存储结构

讲完了栈的顺序存储结构，我们现在来看看栈的链式存储结构，简称为链栈。

想想看，栈只是栈顶来做插入和删除操作，栈顶放在链表的头部还是尾部呢？由于单链表有头指针，而栈顶指针也是必需的，那干嘛不让它俩合二为一呢？所以比较好的办法是把栈顶放在单链表的头部（如右图所示）。另外，都已经有了栈顶在头部了，单链表中比较常用的头结点也就失去了意义，通常对于链栈来说，是不需要头结点的。

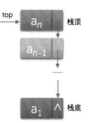

对于链栈来说，基本不存在栈满的情况，除非内存已经没有可以使用的空间，如果真的发生，那此时的计算机操作系统已经面临死机崩溃的情况，而不是这个链栈是否溢出的问题。

但对于空栈来说，链表原定义是头指针指向空，那么链栈的空其实就是top=NULL的时候。

链栈的结构代码如下：

```
/* 链栈结构 */
typedef struct StackNode
{
    SElemType data;
    struct StackNode *next;
}StackNode,*LinkStackPtr;


typedef struct
{
    LinkStackPtr top;
    int count;
}LinkStack;
```

> 注：栈的链栈相关代码请参看代码目录下"/第4章栈与队列/03链栈_LinkStack.c"。

链栈的操作绝大部分都和单链表类似，只是在插入和删除上，特殊一些。

4.6.2 栈的链式存储结构——进栈操作

对于链栈的进栈push操作，假设元素值为e的新结点是s，top为栈顶指针，示意图如右图所示，代码如下。

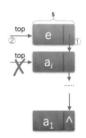

```
/* 插入元素e为新的栈顶元素 */
Status Push(LinkStack *S,SElemType e)
{
    LinkStackPtr s=(LinkStackPtr)malloc(sizeof(StackNode));
    s->data=e;
    s->next=S->top; /* 把当前的栈顶元素赋值给新结点的直接后继，见图中① */
    S->top=s;       /* 将新的结点s赋值给栈顶指针，见图中② */
    S->count++;
    return OK;
}
```

4.6.3　栈的链式存储结构——出栈操作

至于链栈的出栈pop操作，也是很简单的三句操作。假设变量p用来存储要删除的栈顶结点，将栈顶指针下移一位，最后释放p即可，如右图所示。

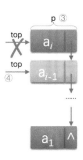

```
/* 若栈不空，则删除S的栈顶元素，用e返回其值，并返回OK；否则返回ERROR */
Status Pop(LinkStack *S,SElemType *e)
{
    LinkStackPtr p;
    if(StackEmpty(*S))
        return ERROR;
    *e=S->top->data;
    p=S->top;                    /* 将栈顶结点赋值给p，见图中③ */
    S->top=S->top->next;         /* 使得栈顶指针下移一位，指向后一结点，见图中④ */
    free(p);                     /* 释放结点p */
    S->count--;
    return OK;
}
```

链栈的进栈push和出栈pop操作都很简单，没有任何循环操作，时间复杂度均为$O(1)$。

对比一下顺序栈与链栈，它们在时间复杂度上是一样的，均为$O(1)$。对于空间性能，顺序栈需要事先确定一个固定的长度，可能会存在内存空间浪费的问题，但它的优势是存取时定位很方便，而链栈则要求每个元素都有指针域，这同时也增加了一些内存开销，但对于栈的长度无限制。所以它们的区别和线性表中讨论的一样，**如果栈的使用过程中元素变化不可预料，有时很小，有时非常大，那么最好是用链栈，反之，如果它的变化在可控范围内，建议使用顺序栈会更好一些。**

4.7 栈的作用

有的同学可能会觉得，用数组或链表直接实现功能不就行了吗？干嘛要引入栈这样的数据结构呢？这个问题问得好。

其实这和我们明明有两只脚可以走路，干嘛还要乘汽车、火车、飞机一样。理论上，陆地上的任何地方，你都是可以靠双脚走到的，可那需要多少时间和精力呢？我们更关注的是到达而不是如何去的过程。

栈的引入简化了程序设计的问题，划分了不同关注层次，使得思考范围缩小，更加

聚焦于我们要解决的问题核心。而像线性表顺序存储结构用到的数组，因为要分散精力去考虑数组的下标增减等细节问题，反而掩盖了问题的本质。

所以现在的许多高级语言，比如Java、C#等都有对栈结构的封装，你可以不用关注它的实现细节，直接使用Stack的push和pop方法，非常方便。

4.8 栈的应用——递归

栈有一个很重要的应用：在程序设计语言中实现了递归。那么什么是递归呢？

当你往镜子前面一站，镜子里面就有一个你的像。但你试过两面镜子对着一起照吗?如果A、B两面镜子相互面对面放着，你往中间一站，嘿，两面镜子里都有你的千百个"化身"。为什么会有这么奇妙的现象呢？原来，A镜子里有B镜子的像，B镜子里也有A镜子的像，这样反反复复，就会产生一连串的"像中像"。这是一种递归现象，如右图所示。

我们先来看一个经典的递归例子：斐波那契数列（Fibonacci）。为了说明这个数列，这位斐老还举了一个很形象的例子。

4.8.1 斐波那契数列的实现

斐老说如果兔子在出生两个月后，就有繁殖能力，一对兔子每个月能生出一对小兔子来。假设所有兔子都不死，那么一年以后可以繁殖多少对兔子呢？

我们拿新出生的一对小兔子分析一下：第一个月小兔子没有繁殖能力，所以还是一对；两个月后，生下一对小兔子共有两对；三个月以后，老兔子又生下一对，因为小兔子还没有繁殖能力，所以一共是三对……以此类推可以列出下表。

所经过的月数	1	2	3	4	5	6	7	8	9	10	11	12
兔子对数	1	1	2	3	5	8	13	21	34	55	89	144

表中数字1，1，2，3，5，8，13，…构成了一个序列。这个数列有个十分明显的特点，那就是：前面相邻两项之和，构成了后一项，如下图所示。

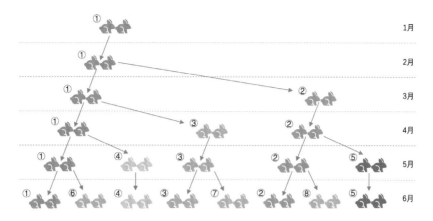

1月
2月
3月
4月
5月
6月

可以发现，编号①的一对兔子经过6个月就变成8对兔子了。如果我们用数学函数来定义就是：

$$F(n)=\begin{cases} 0, & \text{当}n=0 \\ 1, & \text{当}n=1 \\ F(n-1)+F(n-2), & \text{当}n>1 \end{cases}$$

先考虑一下，如果我们要实现这样的数列用常规的迭代的办法如何实现？假设我们需要打印出前40位的斐波那契数列。代码如下：

```c
int main()
{
    int i;
    int a[40];
    a[0]=0;
    a[1]=1;
    printf("%d ",a[0]);
    printf("%d ",a[1]);
    for(i = 2;i < 40;i++)
    {
        a[i] = a[i-1] + a[i-2];
        printf("%d ",a[i]);
    }
    return 0;
}
```

> 注：斐波那契递归函数相关代码请参看代码目录下"/第4章栈与队列/04斐波那契函数_Fibonacci.c"。

代码很简单，几乎不用做什么解释。但其实我们的代码，如果用递归来实现，还可以更简单。

```
/* 斐波那契的递归函数 */
int Fbi(int i)
{
    if( i < 2 )
        return i == 0 ? 0 : 1;
    return Fbi(i-1)+Fbi(i-2);   /* 这里Fbi就是函数自己，等于在调用自己 */
}

int main()
{
    int i;
    printf("递归显示斐波那契数列: \n");
    for(i = 0;i < 40;i++)
        printf("%d ", Fbi(i));
    return 0;
}
```

怎么样？相比较迭代的代码，是不是干净很多？嘿嘿，不过要弄懂它得费点脑子。

函数怎么可以自己调用自己？听起来有些难以理解，不过你可以不要把一个递归函数中调用自己的函数看作是在调用自己，就当它是在调用另一个函数。只不过，这个函数和自己长得一样而已。

我们来模拟代码中的Fbi(i)函数当$i = 5$的执行过程，如下图所示。

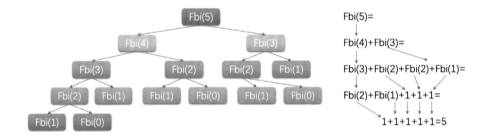

4.8.2 递归的定义

在高级语言中，调用自己和其他函数并没有本质的不同。我们把一个直接调用自己或通过一系列的调用语句间接地调用自己的函数，称做递归函数。

当然，写递归程序最怕的就是陷入永不结束的无穷递归中，所以，**每个递归定义必须至少有一个条件，满足时递归不再进行，即不再引用自身而是返回值退出。**比如刚才的例子，总有一次递归会使得$i<2$的，这样就可以执行return i的语句而不用继续递归了。

对比了两种实现斐波那契的代码。迭代和递归的区别是：迭代使用的是循环结构，递归使用的是选择结构。递归能使程序的结构更清晰、更简洁、更容易让人理解，从而减少读懂代码的时间。但是大量的递归调用会建立函数的副本，会耗费大量的时间和内存。迭代则不需要反复调用函数和占用额外的内存。因此我们应该视不同情况选择不同的代码实现方式。

那么我们讲了这么多递归的内容，和栈有什么关系呢？这得从计算机系统的内部说起。

前面我们已经看到递归是如何执行它的前行和退回阶段的。递归过程退回的顺序是它前行顺序的逆序。在退回过程中，可能要执行某些动作，包括恢复在前行过程中存储起来的某些数据。

这种存储某些数据，并在后面又以存储的逆序恢复这些数据，以提供之后使用的需求，显然很符合栈这样的数据结构，因此，编译器使用栈实现递归就没什么好惊讶的了。

简单地说，就是在前行阶段，对于每一层递归，函数的局部变量、参数值以及返回地址都被压入栈中。在退回阶段，位于栈顶的局部变量、参数值和返回地址被弹出，用于返回调用层次中执行代码的其余部分，也就是恢复了调用的状态。

当然，对于现在的高级语言，这样的递归问题是不需要用户来管理这个栈的，一切都由系统代劳了。[①]

4.9 栈的应用——四则运算表达式求值

4.9.1 后缀（逆波兰）表示法的定义

栈的现实应用也很多，我们再来重点讲一个比较常见的应用：数学表达式的求值。

我们小学学数学的时候，有一句话是老师反复强调的，"先乘除，后加减，从左算到右，先括号内后括号外"。这个大家都不陌生。我记得我小时候，天天做这种加减乘除的数学作业，很烦，于是就偷偷拿了老爸的计算器来帮着算答案，对于单纯的两个数的加减乘除，的确是省心不少，我也因此潇洒了一两年。可后来要求做加减乘除，甚至还有带有大中小括号的四则运算，我发现老爸那个简陋的计算器不好使了。比如9+(3-1)×3+10÷2，这是一个非常简单的题目，心算也可以很快算出是20。可就这么简单的题目，计算器却不能在一次输入后马上得出结果，很是不方便。

当然，后来出的计算器就高级多了，它引入了四则运算表达式的概念，也可以输入括号了，所以现在的00后的小朋友们，更加容易偷懒、抄近路做数学作业了。

那么在新式计算器中或者计算机中，它是如何实现的呢？如果让你用C语言或其他高级语言实现对数学表达式的求值，你打算如何做？

这里面的困难就在于乘除在加减的后面，却要先运算，而加入了括号后，就变得更加复杂。不知道该如何处理。

但仔细观察后发现，括号都是成对出现的，有左括号就一定会有右括号，对于多重括号，最终也是完全嵌套匹配的。这用栈结构正好合适，只要碰到左括号，就将此左括号进栈，不管表达式有多少重括号，反正遇到左括号就进栈，而后面出现右括号时，就让栈顶的左括号出栈，期间让数字运算，这样，最终有括号的表达式从左到右巡查一

[①] 关于递归的更详细的说明，请参阅《数据结构——从应用到实现（Java版）》第8章"递归"。

遍，栈应该是由空到有元素，最终再因全部匹配成功后成为空栈。

但对于四则运算，括号也只是当中的一部分，先乘除后加减使得问题依然复杂，如何有效地处理它们呢？我们伟大的科学家想到了好办法。

20世纪50年代，波兰逻辑学家Jan Łukasiewicz，当时也和我们现在的同学们一样，困惑于如何才可以搞定这个四则运算，不知道他是否也像牛顿被苹果砸到头而想到万有引力的原理，或者还是阿基米德在浴缸中洗澡时想到判断皇冠是否纯金的办法，总之他也是灵感突现，想到了**一种不需要括号的后缀表达法，我们也把它称为逆波兰（Reverse Polish Notation，RPN）表示**。我想可能是他的名字太复杂了，所以后人只用他的国籍而不是姓名来命名，实在可惜。这也告诉我们，想要流芳百世，名字还要起得朗朗上口才行。这种后缀表示法，是表达式的一种新的显示方式，非常巧妙地解决了程序实现四则运算的难题。

我们先来看看，对于"9+(3-1)×3+10÷2"，要用后缀表示法应该是什么样子。

正常数学表达式：9+(3-1)×3+10÷2

后缀表达式：9 3 1 -3 * + 10 2 / +

"9 3 1 -3 * + 10 2 / +"，这样的表达式称为**后缀表达式**[①]，叫后缀的原因在于**所有的符号都是在要运算数字的后面出现**。显然，这里没有了括号。对于从来没有接触过后缀表达式的同学来讲，这样的表述是很难受的。不过你不喜欢，有"人"喜欢，比如我们聪明的计算机。

4.9.2　后缀表达式的计算结果

为了解释后缀表达式的好处，我们先来看看，计算机如何应用后缀表达式计算出最终的结果20的。

后缀表达式：9 3 1 -3 * + 10 2 / +

规则：从左到右遍历表达式的每个数字和符号，遇到是数字就进栈，遇到是符号，就将处于栈顶两个数字出栈，进行运算，运算结果进栈，一直到最终获得结果。

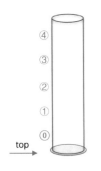

（1）初始化一个空栈。此栈用来对要运算的数字进出使用。如左图所示。

（2）后缀表达式中前三个都是数字，所以9、3、1进栈，如右图所示。

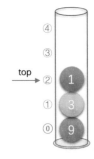

---

① 在数学中的"×"与"÷"在计算机中分别用"*"与"/"代替。

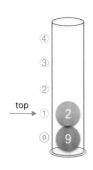

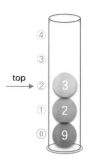

（3）接下来是"-"，所以将栈中的1出栈作为减数，3出栈作为被减数，并运算3-1得到2，再将2进栈，如左图所示。

（4）接着是数字3进栈，如右图所示。

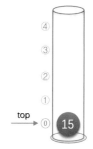

（5）后面是"*"，也就意味着栈中3和2出栈，2与3相乘，得到6，并将6进栈，如左图所示。

（6）下面是"+"，所以栈中6和9出栈，9与6相加，得到15，将15进栈，如右图所示。

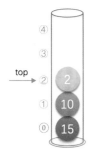

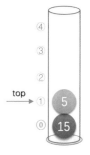

（7）接着是10与2两数字进栈，如左图所示。

（8）接下来是符号"/"，因此，栈顶的2与10出栈，10与2相除，得到5，将5进栈，如右图所示。

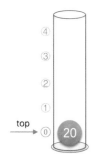

（9）最后一个是符号"+"，所以15与5出栈并相加，得到20，将20进栈，如左图所示。

（10）结果是20出栈，栈变为空，如右图所示。

果然，后缀表达法可以很顺利地解决计算的问题。现在除了睡觉的同学，应该都有同样的疑问，就是这个后缀表达式"9 3 1-3 * + 10 2 / +"是怎么出来的？这个问题不搞清楚，等于没有解决。所以下面我们就来推导如何让"9+(3-1)×3+10÷2"转化为"9 3 1-3 * + 10 2 / +"。

4.9.3 中缀表达式转后缀表达式

我们把平时所用的**标准四则运算表达式**，即"9+(3-1)×3+10÷2"叫做中缀表达式。因为所有的运算符号都在两数字的中间，现在我们的问题就是中缀到后缀的转化。

中缀表达式"9+(3-1)×3+10÷2"转化为后缀表达式"9 3 1-3 * + 10 2 / +"。

规则：从左到右遍历中缀表达式的每个数字和符号，若是数字就输出，即成为后缀表达式的一部分；若是符号，则判断其与栈顶符号的优先级，是右括号或优先级不高于栈顶符号（乘除优先加减）则栈顶元素依次出栈并输出，并将当前符号进栈，一直到最终输出后缀表达式为止。

输出（无）

（1）初始化一空栈，用来对符号进出栈使用。如左图所示。

（2）第一个字符是数字9，输出9，后面是符号"+"，进栈。如右图所示。

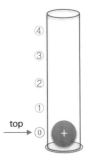
输出 9

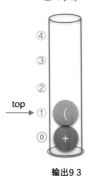
输出 9 3

（3）第三个字符是"（"，依然是符号，因其只是左括号，还未配对，故进栈。如左图所示。

（4）第四个字符是数字3，输出，总表达式为9 3，接着是"-"，进栈。如右图所示。

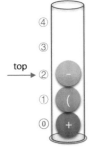
输出 9 3 1

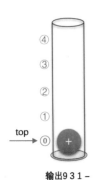
输出 9 3 1 –

（5）接下来是数字1，输出，总表达式为 9 3 1，后面是符号"）"，此时，我们需要去匹配此前的"（"，所以栈顶依次出栈，并输出，直到"（"出栈为止。此时左括号上方只有"-"，因此输出"-"。总的输出表达式为 9 3 1-。如左图所示。

（6）紧接着是符号"×"，因为此时的栈顶符号为"+"，优先级低于"×"，因此不输出，"*"进栈。接着是数字3，输出，总的表达式为 9 3 1－3。如右图所示。

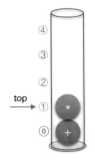
输出 9 3 1－3

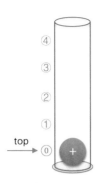

输出 9 3 1 – 3 * +

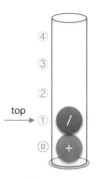

输出 9 3 1 – 3 * + 10

（7）之后是符号"+"，此时当前栈顶元素"*"比这个"+"的优先级高，因此栈中元素出栈并输出（没有比"+"更低的优先级，所以全部出栈），总输出表达式为 9 3 1-3 * +。然后将当前这个符号"+"进栈。也就是说，前6张图的栈底的"+"是指中缀表达式中开头的9后面那个"+"，而左图中的栈底（也是栈顶）的"+"是指"9+(3-1)×3+"中的最后一个"+"。

（8）紧接着数字10，输出，总表达式变为 9 3 1-3 * + 10。后是符号"÷"，所以"/"进栈。如右图所示。

（9）最后一个数字2，输出，总的表达式为 9 3 1-3 * + 10 2。如左图所示。

（10）因为已经到最后，所以将栈中符号全部出栈并输出。最终输出的后缀表达式结果为 9 3 1 – 3 * + 10 2 / +。如右图所示。

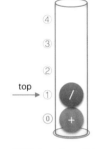

输出 9 3 1 – 3 * + 10 2

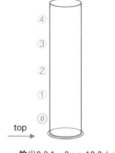

输出 9 3 1 – 3 * + 10 2 / +

从刚才的推导中你会发现，要想让计算机具有处理我们通常的标准（中缀）表达式的能力，最重要的就是以下两步：

（1）将中缀表达式转化为后缀表达式（栈用来进出运算的符号）。

（2）将后缀表达式进行运算得出结果（栈用来进出运算的数字）。

整个过程，都充分利用了栈的后进先出特性来处理，理解好它其实也就理解好了栈这个数据结构。

好了，休息一下，一会儿我们继续，接下来会讲栈的兄弟数据结构——队列。

4.10 队列的定义

你们在用电脑时有没有经历过，机器有时会处于疑似死机的状态，鼠标点什么似乎都没用，双击任何快捷方式都不动弹。就当你失去耐心，打算reset时，突然它像酒醒了一样，把你刚才单击的所有操作全部都按顺序执行了一遍。这是因为操作系统在当时可能CPU一时忙不过来，等前面的事忙完后，后面多个指令需要通过一个通道输出，按先后次序排队执行造成的结果。

再比如像移动、联通、电信等客服电话，客服人员与客户相比总是少数，在所有的客服人员都占线的情况下，客户会被要求等待，直到有某个客服人员空下来，才能让最先等待的客户接通电话。这里也是将所有当前拨打客服电话的客户进行了排队处理。

操作系统和客服系统中，都是应用了一种数据结构来实现刚才提到的先进先出的排队功能，这就是队列。

队列（queue）是只允许在一端进行插入操作，而在另一端进行删除操作的线性表。

队列是一种先进先出（First In First Out）的线性表，简称FIFO。允许插入的一端称为队尾，允许删除的一端称为队头。假设队列是$q=(a_1,a_2,\cdots,a_n)$，那么a_1就是队头元素，而a_n是队尾元素。这样我们就可以删除时总是从a_1开始，而插入时，列在最后。这也比较符合我们通常生活中的习惯，排在第一个的优先出列，最后来的当然排在队伍最后，如下图所示。

队列在程序设计中用得非常频繁。前面我们已经举了两个例子，再比如用键盘进行各种字母或数字的输入，到显示器上如记事本软件上的输出，其实就是队列的典型应用，假如你本来和女友聊天，想表达你是我的上帝，输入的是god，而屏幕上却显示dog发了出去，这真是要气死人了。

4.11 队列的抽象数据类型

同样是线性表，队列也有类似线性表的各种操作，不同的就是插入数据只能在队尾进行，删除数据只能在队头进行。

```
ADT 队列(Queue)
Data
      同线性表。元素具有相同的类型，相邻元素具有前驱和后继关系。
Operation
      InitQueue(*Q):初始化操作,建立一个空队列Q。
      DestroyQueue(*Q):若队列Q存在,则销毁它。
```

ClearQueue(*Q)：将队列Q清空。

QueueEmpty(Q)：若队列Q为空，返回true，否则返回false。

GetHead(Q,*e)：若队列Q存在且非空，用e返回队列Q的队头元素。

EnQueue(*Q,e)：若队列Q存在，插入新元素e到队列Q中并成为队尾元素。

DeQueue(*Q,*e)：删除队列Q中队头元素，并用e返回其值。

QueueLength(Q)：返回队列Q的元素个数。

endADT

4.12 循环队列

线性表有顺序存储和链式存储，栈是线性表，具有这两种存储方式。同样，队列作为一种特殊的线性表，也同样存在这两种存储方式。我们先来看队列的顺序存储结构。

4.12.1 队列顺序存储的不足

我们假设一个队列有n个元素，则顺序存储的队列需建立一个大于n的数组，并把队列的所有元素存储在数组的前n个单元，数组下标为0的一端即是队头。所谓的入队列操作，其实就是在队尾追加一个元素，不需要移动任何元素，因此时间复杂度为$O(1)$，如下图所示。

与栈不同的是，队列元素的出列是在队头，即下标为0的位置，那也就意味着，队列中的所有元素都得向前移动，以保证队列的队头，也就是下标为0的位置不为空，此时时间复杂度为$O(n)$，如下图所示。

这里的实现和线性表的顺序存储结构完全相同，不再详述。

在现实中也是如此，一群人在排队买票，前面的人买好了离开，后面的人就要全部向前一步，补上空位，似乎这也没什么不好。

可有时想想，为什么出队列时一定要全部移动呢，如果不去限制队列的元素必须存储在数组的前*n*个单元这一条件，出队的性能就会大大增加。也就是说，队头不需要一定在下标为0的位置，如下图所示。

为了避免当只有一个元素时，队头和队尾重合使处理变得麻烦，所以引入两个指针，front指针指向队头元素，rear指针指向队尾元素的下一个位置，这样当front等于rear时，此队列不是还剩一个元素，而是空队列。

假设是长度为5的数组，初始状态，空队列如左下图所示，front与rear指针均指向下标为0的位置。然后入队a_1、a_2、a_3、a_4，front指针依然指向下标为0位置，而rear指针指向下标为4的位置，如右下图所示。

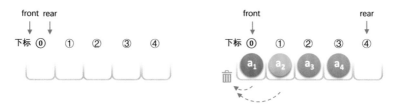

出队a_1、a_2，则front指针指向下标为2的位置，rear不变，如左下图所示，再入队a_5，此时front指针不变，rear指针移动到数组之外。嗯？数组之外，那将是哪里？如右下图所示。

问题还不止于此。假设这个队列的总个数不超过5个，但目前如果接着入队的话，因数组末尾元素已经占用，再向后加，就会产生数组越界的错误，可实际上，我们的队列在下标为0和1的地方还是空闲的。我们把这种现象叫做"假溢出"。

现实当中，你上了公交车，发现前排有两个空座位，而后排所有座位都已经坐满，你会怎么做？立马下车，并对自己说，后面没座了，我等下一辆？

没有这么笨的人，前面有座位，当然也是可以坐的，除非坐满了，才会考虑下一辆。

4.12.2　循环队列的定义

所以解决假溢出的办法就是后面满了，就再从头开始，也就是头尾相接的循环。我们把队列的这种头尾相接的顺序存储结构称为循环队列。

刚才的例子继续，上图的rear可以改为指向下标为0的位置，这样就不会造成指针指向不明的问题了，如下图所示。

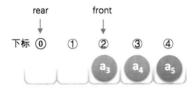

接着入队a_6，将它放置于下标为0处，rear指针指向下标为1处，如左下图所示。若再入队a_7，则rear指针就与front指针重合，同时指向下标为2的位置，如右下图所示。

- 此时问题又出来了，我们刚才说，空队列时，front等于rear，现在当队列满时，也是front等于rear，那么如何判断此时的队列究竟是空还是满呢？
- 办法一是设置一个标志变量flag，当front = rear，且flag = 0时为队列空，当front = rear，且flag = 1时为队列满。
- 办法二是当队列空时，条件就是front = rear，当队列满时，我们修改其条件，保留一个元素空间。也就是说，队列满时，数组中还有一个空闲单元。例如左下图所示，我们就认为此队列已经满了，也就是说，我们不允许右上图情况出现。

我们重点来讨论第二种方法，由于rear可能比front大，也可能比front小，所以尽管它们只相差一个位置时就是满的情况，但也可能是相差整整一圈。所以若队列的最大尺寸为QueueSize，那么**队列满的条件是**（rear+1）%QueueSize == front（取模"%"的目的就是为了整合rear与front大小为一个问题）。比如上面这个例子，QueueSize = 5，左上图中front=0，而rear=4，(4+1)%5 = 0，所以此时队列满。再比如右上图，front = 2而rear = 1。(1 + 1)%5 = 2，所以此时队列也是满的。而对于下图，front = 2而rear = 0，(0+1)%5 = 1，1 ≠ 2，所以此时队列并没有满。

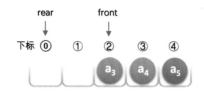

另外，当rear > front时，即下图的图1和图2，此时队列的长度为rear - front。但当rear < front时，如上图和下图的图3，队列长度分为两段，一段是QueueSize - front，另一段是0 + rear，加在一起，队列长度为rear - front + QueueSize。

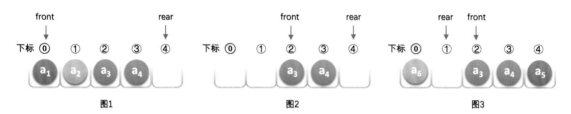

图1　　　　　　　　　　图2　　　　　　　　　　图3

因此通用的计算队列长度的公式为：

(rear - front + QueueSize)%QueueSize

有了这些讲解，现在实现循环队列的代码就不难了。

循环队列的顺序存储结构代码如下：

```c
typedef int QElemType;  /* QElemType类型根据实际情况而定，这里假设为int */
/* 循环队列的顺序存储结构 */
typedef struct
{
    QElemType data[MAXSIZE];
    int front;          /* 头指针 */
    int rear;           /* 尾指针，若队列不空，指向队列尾元素的下一个位置 */
}SqQueue;
```

> 注：循环队列顺序存储相关代码请参看代码目录下"/第4章栈与队列/ 05顺序队列_Queue.c"。

循环队列的初始化代码如下：

```c
/* 初始化一个空队列Q */
Status InitQueue(SqQueue *Q)
{
    Q->front=0;
    Q->rear=0;
    return  OK;
}
```

循环队列求队列长度的代码如下：

```
/* 返回Q的元素个数，也就是队列的当前长度 */
int QueueLength(SqQueue Q)
{
    return  (Q.rear-Q.front+MAXSIZE)%MAXSIZE;
}
```

循环队列的入队列操作代码如下：

```
/* 若队列未满，则插入元素e为Q新的队尾元素 */
Status EnQueue(SqQueue *Q,QElemType e)
{
    if ((Q->rear+1)%MAXSIZE == Q->front)      /* 队列满的判断 */
        return ERROR;
    Q->data[Q->rear]=e;                       /* 将元素e赋值给队尾 */
    Q->rear=(Q->rear+1)%MAXSIZE;              /* rear指针向后移一位置 */
                                              /* 若到最后则转到数组头部 */
    return  OK;
}
```

循环队列的出队列操作代码如下：

```
/* 若队列不空，则删除Q中队头元素，用e返回其值 */
Status DeQueue(SqQueue *Q,QElemType *e)
{
    if (Q->front == Q->rear)                  /* 队列空的判断 */
        return ERROR;
    *e=Q->data[Q->front];                     /* 将队头元素赋值给e */
    Q->front=(Q->front+1)%MAXSIZE;            /* front指针向后移一位置 */
                                              /* 若到最后则转到数组头部 */
    return  OK;
}
```

从这一段讲解大家应该发现，单是顺序存储，若不是循环队列，算法的时间性能是不高的，但循环队列又面临着数组可能会溢出的问题，所以我们还需要研究一下不需要担心队列长度的链式存储结构。

4.13 队列的链式存储结构及实现

队列的链式存储结构，其实就是线性表的单链表，只不过它只能尾进头出而已，我们把它简称为链队列。为了操作上的方便，我们将队头指针指向链队列的头结点，而队尾指针指向终端结点，如右图所示。

空队列时，front和rear都指向头结点，如下图所示。

链队列的结构为：

```
typedef int QElemType;   /* QElemType类型根据实际情况而定，这里假设为int */

typedef struct QNode     /* 结点结构 */
{
    QElemType data;
    struct QNode *next;
}QNode,*QueuePtr;

typedef struct           /* 队列的链表结构 */
{
    QueuePtr front,rear;  /* 队头、队尾指针 */
}LinkQueue;
```

> 注：循环队列链式存储相关代码请参看代码目录下“/第4章栈与队列/ 06链队列_
> LinkQueue.c”。

4.13.1 队列的链式存储结构——入队操作

入队操作时，其实就是在链表尾部插入结点，如下图所示。

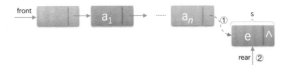

其代码如下：

```
/* 插入元素e为Q的新的队尾元素 */
Status EnQueue(LinkQueue *Q,QElemType e)
{
    QueuePtr s=(QueuePtr)malloc(sizeof(QNode));
    if(!s)                 /* 存储分配失败 */
        exit(OVERFLOW);
    s->data=e;
    s->next=NULL;
    Q->rear->next=s;       /* 把拥有元素e的新结点s赋值给原队尾结点的后继，见图中① */
    Q->rear=s;             /* 把当前的s设置为队尾结点，rear指向s，见图中② */
    return OK;
}
```

4.13.2 队列的链式存储结构——出队操作

出队操作时，就是头结点的后继结点出队，将头结点的后继改为它后面的结点，若链表除头结点外只剩一个元素，则需将rear指向头结点，如下图所示。

代码如下:

```
/* 若队列不空,删除Q的队头元素,用e返回其值,并返回OK,否则返回ERROR */
Status DeQueue(LinkQueue *Q,QElemType *e)
{
    QueuePtr p;
    if(Q->front==Q->rear)
        return ERROR;
    p=Q->front->next;           /* 将欲删除的队头结点暂存给p,见图中① */
    *e=p->data;                 /* 将欲删除的队头结点的值赋值给e */
    Q->front->next=p->next;     /* 将原队头结点的后继p->next赋值给头结点后继,见图中② */
    if(Q->rear==p)              /* 若队头就是队尾,则删除后将rear指向头结点,见图中③ */
        Q->rear=Q->front;
    free(p);
    return OK;
}
```

对于循环队列与链队列的比较,可以从两方面来考虑,从时间上,其实它们的基本操作都是常数时间,即都为$O(1)$的,不过循环队列是事先申请好空间,使用期间不释放,而对于链队列,每次申请和释放结点也会存在一些时间开销,如果入队出队频繁,则两者还是有细微差异。对于空间上来说,循环队列必须有一个固定的长度,所以就有了存储元素个数和空间浪费的问题。而链队列不存在这个问题,尽管它需要一个指针域,会产生一些空间上的开销,但也可以接受。所以在空间上,链队列更加灵活。

总的来说,在可以确定队列长度最大值的情况下,建议用循环队列,如果你无法预估队列的长度,则用链队列。

4.14 总结回顾

又到了总结回顾的时间。我们这一章讲的是栈和队列,它们都是特殊的线性表,只不过对插入和删除操作做了限制。

栈(stack)是限定仅在表尾进行插入和删除操作的线性表。

队列(queue)是只允许在一端进行插入操作,而在另一端进行删除操作的线性表。

它们均可以用线性表的顺序存储结构来实现,但都存在着顺序存储的一些弊端。因此它们各自有各自的技巧来解决这个问题。

对于栈来说,如果是两个相同数据类型的栈,则可以用数组的两端作栈底的方法来让两个栈共享数据,这就可以最大化地利用数组的空间。

对于队列来说,为了避免数组插入和删除时需要移动数据,于是就引入了循环队列,使得队头和队尾可以在数组中循环变化。解决了移动数据的时间损耗,使得本来插入和删除是$O(n)$的时间复杂度变成了$O(1)$。

它们也都可以通过链式存储结构来实现,实现原则上与线性表基本相同,如下图所示。

栈	队列
•顺序栈	•顺序队列
•两栈共享空间	•循环队列
•链栈	•链队列

4.15 结尾语

好了，最后两分钟，念几句我在初学栈和队列时写的人生感悟的小诗，希望也能引起你们的共鸣。

人生，就像是一个很大的栈演变。出生时你赤条条地来到人世，慢慢地长大，渐渐地变老，最终还得赤条条地离开世间。

人生，又仿佛是一天一天小小的栈重现。童年父母每天抱你不断地进出家门，壮年你每天奔波于家与事业之间，老年你每天独自蹒跚于养老院的门里屋前。

人生，更需要有进栈出栈精神的体现。在哪里跌倒，就应该在哪里爬起来。无论陷入何等困境，只要抬头能仰望蓝天，就有希望，不断进取，你就可以让出头之日重现。困难不会永远存在，强者才能勇往直前。

人生，其实就是一个大大的队列演变。无知童年、快乐少年，稚傲青年，成熟中年，安逸晚年。

人生，又是一个又一个小小的队列重现。春夏秋冬轮回年年，早中晚夜循环天天。变化的是时间，不变的是你对未来执着的信念。

人生，更需要有队列精神的体现。南极到北极，不过是南纬90°到北纬90°的队列，如果你中途犹豫，临时转向，也许你就只能和企鹅相伴永远。可事实上，无论哪个方向，只要你坚持到底，你都可以到达终点。

谢谢大家，下课。

第5章 串

启示 | revelation

串：串（string）是由零个或多个字符组成的有限序列，又叫字符串。

黄山叶落松落叶山黄

5.1 开场白

同学们，大家好！我们开始上新的一课。

我们古人没有电影电视，没有游戏网络，所以文人们就会想出一些文字游戏来娱乐。比如宋代的李禺写了这样一首诗："枯眼望遥山隔水，往来曾见几心知？壶空怕酌一杯酒，笔下难成和韵诗。途路阻人离别久，讯音无雁寄回迟。孤灯夜守长寥寂，夫忆妻兮父忆儿。"显然这是老公想念老婆和儿子的诗句。曾经和妻儿在一起，尽享天伦之乐，现在一个人长久没有回家，也不见书信返回，望着油灯想念亲人，能不伤感吗？

可再仔细一读发现，这首诗竟然可以倒过来读："儿忆父兮妻忆夫，寂寥长守夜灯孤。迟回寄雁无音讯，久别离人阻路途。诗韵和成难下笔，酒杯一酌怕空壶。知心几见曾来往，水隔山遥望眼枯。"这表达了什么意思呢？呵呵，表达了妻子对丈夫的思念。老公离开好久，路途遥远，难以相见。写信不知道写什么，独自喝酒也没什么兴致。只能和儿子夜夜守在家里一盏孤灯下，苦等老公的归来。

这种诗体叫做回文诗。它是一种可以倒读或反复回旋阅读的诗体。刚才这首就是正读是丈夫思念妻子，倒读是妻子思念丈夫的古诗。是不是感觉很奇妙呢？

在英语单词中，同样有神奇的地方。"即使是lover也有个over，即使是friend也有个end，即使是believe也有个lie。"你会发现，本来不相干，甚至对立的两个词，却有某种神奇的联系。这可能是创造这几个单词的那些智者们也没有想到的问题。

今天我们就来谈谈这些单词或句子组成字符串的相关问题。

5.2 串的定义

早先的计算机在被发明时，主要作用是做一些科学和工程的计算工作，也就是现在我们理解的计算器，只不过它比小小计算器功能更强大、速度更快一些。后来发现，在计算机上作非数值处理的工作越来越多，使得我们不得不引入对字符的处理。于是就有了字符串的概念。

比如我们现在常用的搜索引擎，当我们在文本框中输入"数据"时，它已经把我们想要的"数据结构"列在下面了。显然这里网站作了一个字符串查找匹配的工作，如下图所示。

```
数据
数据库
数据恢复软件
数据恢复
数据结构
数据银行
数据恢复软件 easyrecovery
数据古城
数据库软件
数据挖掘
数据透视表
```

今天我们就来研究"串"这样的数据结构。先来看定义。

串（string）是由零个或多个字符组成的有限序列，又叫字符串。

一般记为s="$a_1a_2\cdots a_n$"（$n \geqslant 0$），其中，s是串的名称，用双引号（有些书中也用单引号）括起来的字符序列是串的值，注意引号不属于串的内容。$a_i(1 \leqslant i \leqslant n)$可以是字母、数字或其他字符，i就是该字符在串中的位置。串中的字符数目n称为串的长度，定义中谈到"有限"是指长度n是一个有限的数值。零个字符的串称为空串（null string），它的长度为零，可以直接用两个双引号""""表示，也可以用希腊字母"Φ"来表示。所谓的序列，说明串的相邻字符之间具有前驱和后继的关系。

还有一些概念需要解释。

空格串，是只包含空格的串。注意它与空串的区别，空格串是有内容有长度的，而且可以不止一个空格。

子串与主串，串中任意个数的连续字符组成的子序列称为该串的子串，相应地，包含子串的串称为主串。

子串在主串中的位置就是子串的第一个字符在主串中的序号。

开头我所提到的"over""end""lie"其实可以认为是"lover""friend""believe"这些单词字符串的子串。

5.3 串的比较

两个数字，很容易比较大小。2比1大，这完全正确，可是两个字符串如何比较？比如"silly""stupid"这样的同样表达"愚蠢的"的单词字符串，它们在计算机中的大小其实取决于它们挨个字母的前后顺序。它们的第一个字母都是"s"，我们认为不存在大小差异，而第二个字母，由于"i"字母比"t"字母要靠前，所以"i"<"t"，于是我们说"silly"<"stupid"。

事实上，串的比较是通过组成串的字符之间的编码来进行的，而字符的编码指的是字符在对应字符集中的序号。

计算机中的常用字符是使用标准的ASCII编码，更准确一点，由7位二进制数表示一个字符，总共可以表示128个字符。后来发现一些特殊符号的出现，128个不够用，于是扩展ASCII码由8位二进制数表示一个字符，总共可以表示256个字符，这已经足够满足以英语为主的语言和特殊符号进行输入、存储、输出等操作的字符需要了。可是，单我们国家就有除汉族外的满、回、藏、蒙古、维吾尔等多个少数民族文字，换作全世界估计要有成百上千种语言与文字，显然这256个字符是不够的，因此后来就有了Unicode编码，比较常用的是由16位的二进制数表示一个字符，这样总共就可以表示2^{16}个字符，约是6.5万多个字符，足够表示世界上所有语言的所有字符了。当然，为了和ASCII码兼容，Unicode的前256个字符与ASCII码完全相同。

所以如果我们要在C语言中比较两个串是否相等，必须是它们串的长度以及它们各个对应位置的字符都相等时，才算是相等。即给定两个串：s="$a_1a_2{\cdots}a_n$"，t="$b_1b_2{\cdots}b_m$"，当且仅当$n=m$，且$a_1=b_1,a_2=b_2,{\cdots},a_n=b_m$时，我们认为s=t。

那么对于两个串不相等时，如何判定它们的大小呢？我们这样定义：

给定两个串：s="$a_1a_2{\cdots}a_n$"，t="$b_1b_2{\cdots}b_m$"，当满足以下条件之一时，s<t。

（1）$n<m$，且$a_i=b_i$（$i=1,2,{\cdots},n$）。

例如当s="hap"，t="happy"，就有s<t。因为t比s多出了两个字母。

（2）存在某个$k\leqslant\min(m,n)$，使得$a_i=b_i$（$i=1,2,{\cdots},k-1$），$a_k<b_k$。

例如当s="happen"，t="happy"，因为两串的前4个字母均相同，而两串第5个字母（k值），字母e的ASCII码是101，而字母y的ASCII码是121，显然e<y，所以s<t。

有同学如果对这样的数学定义很不爽的话，那我再说一个字符串比较的应用。

我们的英语词典，通常都是上万个单词的有序排列。就大小而言，前面的单词比后面的要小。你在查找单词的过程，其实就是在比较字符串大小的过程。

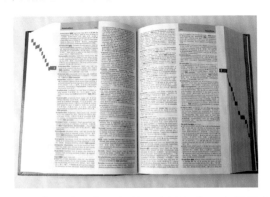

嗯？有同学说，从不查纸质词典，都是用电子词典。电子词典查找单词实现的原理，其实就是字符串这种数据结构的典型应用，随着我们之后的讲解，大家就会明白。

5.4 串的抽象数据类型

串的逻辑结构和线性表很相似，不同之处在于串针对的是字符集，也就是串中的元素都是字符，哪怕串中的字符是由"123"这样的数字组成，或者是由"2010-10-10"这样的日期组成，它们都只能理解为长度为3和长度为10的字符串，每个元素都是字符而已。

因此，对于串的基本操作与线性表是有很大差别的。线性表更关注的是单个元素的操作，比如查找一个元素，插入或删除一个元素，但串中更多的是查找子串位置、得到指定位置子串、替换子串等操作。

```
ADT 串(string)
Data
串中元素仅由字符组成，相邻元素具有前驱和后继关系。
Operation
    StrAssign(T,*chars)：生成一个其值等于字符串常量chars的串T。
    StrCopy(T,S)：串S存在，由串S复制得串T。
    ClearString(S)：串S存在，将串清空。
    StringEmpty(S)：若串S为空，返回true，否则返回false。
    StrLength(S)：返回串S的元素个数，即串的长度。
    StrCompare(S,T)：若S>T，返回值>0，若S=T，返回0，若S<T，返回值<0。
    Concat(T,S1,S2)：用T返回由S1和S2联接而成的新串。
    SubString(Sub,S,pos,len)：串S存在，1≤pos≤StrLength(S)，
                             且0≤len≤StrLength(S)-pos+1，用Sub返
                             回串S的第pos个字符起长度为len的子串。
    Index(S,T,pos)：串S和T存在，T是非空串，1≤pos≤StrLength(S)。
                    若主串S中存在和串T值相同的子串，则返回它在主串S中
                    第pos个字符之后第一次出现的位置，否则返回0。
    Replace(S,T,V)：串S、T和V存在，T是非空串。用V替换主串S中出现的所有
                    与T相等的不重叠的子串。
    StrInsert(S,pos,T)：串S和T存在，1≤pos≤StrLength(S)+1。
                        在串S的第pos个字符之前插入串T。
    StrDelete(S,pos,len)：串S存在，1≤pos≤StrLength(S)-len+1。
                          从串S中删除第pos个字符起长度为len的子串。
endADT
```

对于不同的高级语言，其实对串的基本操作会有不同的定义方法，所以同学们在用某种语言操作字符串时，需要先查看它的参考手册关于字符串的基本操作有哪些。不过还好，不同语言除方法名称外，操作实质都是类似的。比如C#中，字符串操作就还有**ToLower**转小写、**ToUpper**转大写、**IndexOf**从左查找子串位置（操作名有修改）、**LastIndexOf**从右查找子串位置、**Trim**去除两边空格等比较方便的操作，它们其实就是前面这些基本操作的扩展函数。

我们来看一个操作Index的实现算法。

```
/* T为非空串。若主串S中第pos个字符之后存在与T相等的子串 */
/* 则返回第一个这样的子串在S中的位置，否则返回0 */
int Index(String S, String T, int pos)
{
    int n,m,i;
    String sub;
    if (pos > 0)
    {
        n = StrLength(S);                /* 得到主串S的长度 */
        m = StrLength(T);                /* 得到子串T的长度 */
        i = pos;
        while (i <= n−m+1)
        {
            SubString(sub, S, i, m);     /* 取主串中第i个位置开始长度与T相等的子串给sub */
            if (StrCompare(sub,T) != 0)  /* 如果两串不相等 */
                ++i;
            else                         /* 如果两串相等 */
                return i;                /* 则返回i值 */
        }
    }
    return 0;                            /* 若无子串与T相等，返回0 */
}
```

注：串的相关代码请参看代码目录下"/第5章串/01串_String.c"。

当中用到了StrLength、SubString、StrCompare等基本操作来实现。

5.5 串的存储结构

串的存储结构与线性表相同，分为两种。

5.5.1 串的顺序存储结构

串的顺序存储结构是用一组地址连续的存储单元来存储串中的字符序列的。按照预定义的大小，为每个定义的串变量分配一个固定长度的存储区。一般是用定长数组来定义。

既然是定长数组，就存在一个预定义的最大串长度，一般可以将实际的串长度值保存在数组的0下标位置。如下图所示。

有的书中也会定义存储在数组的最后一个下标位置。但也有些编程语言不想这么干，觉得存个数字占个空间麻烦。它规定在串值后面加一个不计入串长度的结束标记字符，比如"\0"来表示串值的终结，这个时候，你要想知道此时的串长度，就需要遍历计算一下才知道了，其实这还是需要占用一个空间，何必呢。如下图所示。

刚才讲的串的顺序存储方式其实是有问题的，因为字符串的操作，比如两串的连接（Concat）、新串的插入（StrInsert），以及字符串的替换（Replace），都有可能使得串序列的长度超过了数组的长度MaxSize。

说说我当年的一件囧事。手机发短信时，运营商规定每条短信限制70个字。我的手机每当我写了超过70个字后，它就提示"短信过长，请删减后重发。"后来我换了一个手机后再没有这样见鬼的提示了，我很高兴。一次，因为一点小矛盾需要向当时的女友解释一下，我准备发一条短信，一共打了79个字。最后的部分实际是"……只会说好听的话，像'我恨你'这种话是不可能说的"。点发送。后来得知对方收到的，只有70个字，短信结尾是"……只会说好听的话，像'我恨你'"

有这样截断的吗？我后来知道这个情况后，恨不得把手机砸了，这真是给我增添了无尽的麻烦。显然，无论是上溢提示报错，还是对多出来的字符串截尾，都不是什么好办法。但字符串操作中，这种情况比比皆是。

于是对于串的顺序存储，有一些变化，串值的存储空间可在程序执行过程中动态分配而得。比如在计算机中存在一个自由存储区，叫做"堆"。这个堆可由C语言的动态分配函数malloc()和free()来管理。

5.5.2　串的链式存储结构

对于串的链式存储结构，与线性表是相似的，但由于串结构的特殊性，结构中的每个元素数据是一个字符，如果也简单地应用链表存储串值，一个结点对应一个字符，就会存在很大的空间浪费。因此，一个结点可以存放一个字符，也可以考虑存放多个字符，最后一个结点若是未被占满时，可以用"#"或其他非串值字符补全，如下图所示。

→ A B C D → E F G H → I J # # ^

当然，这里一个结点存多少个字符才合适就变得很重要，这会直接影响着串处理的效率，需要根据实际情况做出选择。

但串的链式存储结构除了在连接串与串操作时有一定方便之外，总的来说不如顺序存储灵活，性能也不如顺序存储结构好。

5.6 朴素的模式匹配算法

记得我在刚做软件开发的时候，需要阅读一些英文的文章或帮助。此时才发现学习英语不只是为了过四六级，工作中它还是挺重要的。而我那只为应付考试的英语，早已经忘得差不多了。于是我想在短时间内突击一下，很明显，找一本词典从头开始背不是什么好的办法。要背也得背那些最常用的，至少是计算机文献中常用的，于是我就想自己写一个程序，只要输入一些英文的文档，就可以计算出这当中所用频率最高的词汇是哪些。把它们都背好了，基本上阅读也就不成问题了。

当然，说说容易，要实现这一需求，当中会有很多困难，有兴趣的同学，不妨去试试看。不过，这里面最重要的其实就是去找一个单词在一篇文章（相当于一个大字符串）中的定位问题。这种**子串的定位操作**通常称做串的模式匹配，应该算是串中最重要的操作之一。

假设我们要从下面的主串S="goodgoogle"中，找到T="google"这个子串的位置。我们通常需要下面的步骤。

（1）主串S第一位开始，S与T前三个字母都匹配成功，但S第四个字母是d而T的是g。第一位匹配失败。如下图所示，其中竖直连线表示相等。

（2）主串S第二位开始，主串S首字母是o，要匹配的T首字母是g，匹配失败，如下图所示。

（3）主串S第三位开始，主串S首字母是o，要匹配的T首字母是g，匹配失败，如下图所示。

（4）主串S第四位开始，主串S首字母是d，要匹配的T首字母是g，匹配失败，如下图所示。

（5）主串S第五位开始，S与T，6个字母全匹配，匹配成功，如下图所示。

简单地说，就是对主串的每一个字符作为子串开头，与要匹配的字符串进行匹配。对主串做大循环，每个字符开头做T的长度的小循环，直到匹配成功或全部遍历完成为止。

前面我们已经用串的其他操作实现了模式匹配的算法Index。现在考虑不用串的其他操作，而是只用基本的数组来实现同样的算法。注意我们假设主串S和要匹配的子串T的长度存在S[0]与T[0]中。实现代码如下：

```
/* 返回子串T在主串S中第pos个字符之后的位置。若不存在,则函数返回值为0 */
/* 其中,T非空,1≤pos≤StrLength(S) */
int Index(String S, String T, int pos)
{
    int i = pos;                    /* i用于主串S中当前位置下标值,从pos位置开始匹配 */
    int j = 1;                      /* j用于子串T中当前位置下标值 */
    while (i <= S[0] && j <= T[0])  /* 当i小于S的长度并且j小于T的长度时,循环继续 */
    {
        if (S[i] == T[j])           /* 两字母相等则继续 */
        {
            ++i;
            ++j;
        }
        else                        /* 指针后退重新开始匹配 */
        {
            i = i-j+2;              /* i退回到上次匹配首位的下一位 */
            j = 1;                  /* j退回到子串T的首位 */
        }
    }
    if (j > T[0])
        return i-T[0];
    else
        return 0;
}
```

分析一下，最好的情况是什么？那就是一开始就匹配成功，比如"googlegood"中去找"google"，时间复杂度为$O(m)$。稍差一些，如果像刚才例子中第二、三、四位一样，每次都是首字母就不匹配，那么对T串的循环就不必进行了，比如"abcdefgoogle"中去找"google"。那么时间复杂度为$O(n+m)$，其中n为主串长度，m为要匹配的子串长度。根据等概率原则，平均是$(n+m)/2$次查找，时间复杂度为$O(n+m)$。

　　那么最坏的情况又是什么？就是每次不成功的匹配都发生在串T的最后一个字符。举一个很极端的例子。主串为S="00000000000000000000000000000000000000000000000000001"，而要匹配的子串为T="0000000001"，前者是有49个"0"和1个"1"的主串，后者是9个"0"和1个"1"的子串。在匹配时，每次都得将T中字符循环到最后一位才发现：哦，原来它们是不匹配的。这样等于T串需要在S串的前40个位置都需要判断10次，并得出不匹配的结论，如下图所示。

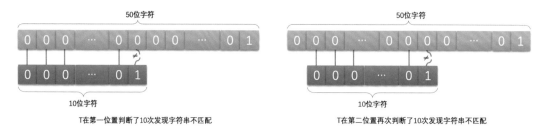

T在第一位置判断了10次发现字符串不匹配　　　　　T在第二位置再次判断了10次发现字符串不匹配

　　直到最后第41个位置，因为全部匹配相等，所以不需要再继续进行下去，如下图所示。如果最终没有可匹配的子串，比如是T="0000000002"，到了第41位置判断不匹配后同样不需要继续比对下去。因此最坏情况的时间复杂度为$O((n-m+1)*m)$。

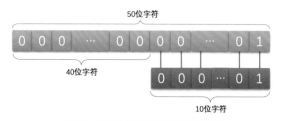

T在第41个位置判断了10次发现字符串终于匹配
成功。期间进行了(50-10+1)×10次判断操作

　　有人会说我们真实做比较的，应该是各种字符串或各种数字，又不是0、1这样的。可对于计算机来说，处理的都是二进制位的0和1的串，一个字符的ASCII码也可以看成是8位的二进制位01串，当然，汉字等所有的字符也都可以看成是多个0和1组成的串。再比如像计算机图形也可以理解为是由许许多多个0和1的串组成。所以在计算机的运算当中，模式匹配操作可以说是随处可见。这样看来，刚才的这个如此频繁使用的算法，就显得太低效了。

5.7 KMP模式匹配算法

你们可以忍受朴素模式匹配算法的低效吗？也许不可以、也许无所谓。但在很多年前我们的科学家们，觉得像这种有多个0和1重复字符的字符串，模式匹配需要挨个遍历的算法是非常糟糕的。于是有三位前辈，D.E.Knuth、J.H.Morris和V.R.Pratt（其中Knuth和Pratt共同研究，Morris独立研究）发表一个模式匹配算法，可以大大避免重复遍历的情况，我们把它称之为克努特-莫里斯-普拉特算法，简称KMP算法。

5.7.1 KMP模式匹配算法的原理

为了能讲清楚KMP算法，我们不直接讲代码，那样很容易造成理解困难，还是从这个算法的研究角度来理解为什么它比朴素算法要好。

如果主串S="abcdefgab"，其实还可以更长一些，我们就省略掉只保留前9位，我们要匹配的T="abcdex"，那么如果用前面的朴素算法的话，前5个字母，两个串完全相等，直到第6个字母，"f"与"x"不等，如下图的①所示。

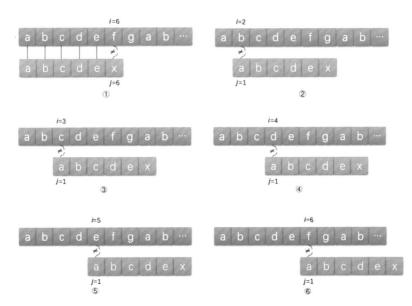

接下来，按照朴素模式匹配算法，应该是如上图的流程②③④⑤⑥。即主串S中当i=2、3、4、5、6时，首字符与子串T的首字符均不等。

似乎这也是理所当然，原来的算法就是这样设计的。可仔细观察发现，对于要匹配的子串T来说，"abcdex"首字母"a"与后面的串"bcdex"中任意一个字符都不相等。也就是说，既然"a"不与自己后面的子串中任何一字符相等，那么对于上图的①来说，前五位字符分别相等，意味着子串T的首字符"a"不可能与S串的第2位到第5位的字符相等。在上图中，②③④⑤的判断都是多余。

注意这里是理解KMP算法的关键。如果我们知道T串中首字符"a"与T中后面的字符均不相等（注意这是前提，如何判断后面再讲）。而T串的第二位的"b"与S串中第二位的"b"在上图的①中已经判断是相等的，那么也就意味着，T串中首字符"a"与S串中的第二位"b"是不需要判断也知道它们是不可能相等了，这样上图的②这一步判断是可以省略的，如下图所示。

同样道理，在我们知道T串中首字符"a"与T中后面的字符均不相等的前提下，T串的"a"与S串后面的"c""d""e"也都可以在①之后就可以确定是不相等的，所以这个算法当中②③④⑤没有必要，只保留①⑥即可，如下图所示。

之所以保留⑥中的判断是因为在①中T[6]≠S[6]，尽管我们已经知道T[1]≠T[6]，但也不能断定T[1]一定不等于S[6]，因此需要保留⑥这一步。

有人就会问，如果T串后面也含有首字符"a"的字符怎么办呢？

我们来看下面一个例子，假设S="abcababca"，T="abcabx"。对于开始的判断，前5个字符完全相等，第6个字符不等，如下图的①。此时，根据刚才的经验，T的首字符"a"与T的第二位字符"b"、第三位字符"c"均不等，所以不需要做判断，下图的朴素算法步骤②③都是多余的。

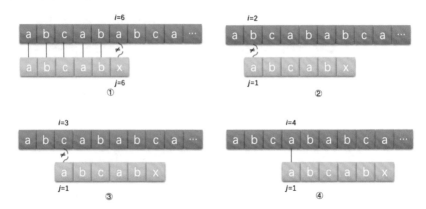

因为T的首位"a"与T第四位的"a"相等，第二位的"b"与第五位的"b"相等。而在①时，第四位的"a"与第五位的"b"已经与主串S中的相应位置比较过了，是相等的，因此可以断定，T的首字符"a"、第二位的字符"b"与S的第四位字符和第五位字符也不需要比较了，肯定也是相等的——之前比较过了，还判断什么，所以④⑤这两个比较得出字符相等的步骤也可以省略。

也就是说，对于在子串中有与首字符相等的字符，也是可以省略一部分不必要的判断步骤。如下图所示，省略掉右图的T串前两位"a"与"b"同S串中的4、5位置字符匹配操作。

对比这两个例子，我们会发现在①时，我们的 i 值，也就是主串当前位置的下标是6，②③④⑤，i 值是2、3、4、5，到了⑥，i 值才又回到了6。即我们在朴素的模式匹配算法中，主串的 i 值是不断地回溯来完成的。而我们的分析发现，这种回溯其实是可以省略的——正所谓好马不吃回头草，我们的KMP模式匹配算法就是为了让这没必要的回溯不发生。

既然 i 值不回溯，也就是不可以变小，那么要考虑的变化就是 j 值了。通过观察也可以发现，我们屡屡提到了T串的首字符与自身后面字符的比较，发现如果有相等字符，j 值的变化就会不相同。也就是说，这个 j 值的变化与主串其实没什么关系，关键就取决于T串的结构中是否有重复的问题。

比如下图中，由于T="abcdex"，当中没有任何重复的字符，所以 j 就由6变成了1。而上图中，由于T="abcabx"，前缀的"ab"与最后"x"之前串的后缀"ab"是相等的。所以 j 就由6变成了3。因此，我们可以得出规律，j 值的大小取决于**当前字符之前的串的前后缀的相似度**。

也就是说，我们在需要查找字符串前，先对要查找的字符串做一个分析，这样可以大大减少我们查找的难度，提高查找的速度。嗯！俗话说，磨刀不误砍柴功，是这个理。

我们把T串各个位置j值的变化定义为一个数组next，那么next的长度就是T串的长度。于是我们可以得到下面的函数定义：

$$next[j]=\begin{cases} 0, & 当j=1时 \\ Max\left\{k\,|\,1<k<j,\ 且\,'P_1\cdots P_{k-1}'='P_{j-k+1}\cdots P_{j-1}'\right\}, & 当此集合不空时 \\ 1, & 其他情况 \end{cases}$$

5.7.2　next数组值的推导

具体如何推导出一个串的next数组值呢？我们来看一些例子。

（1）T="abcdex"（如下表所示）

j	123456
模式串T	abcdex
next[j]	011111

① 当j=1时，next[1]=0。

② 当j=2时，j由1到j−1就只有字符"a"，属于其他情况next[2]=1。

③ 当j=3时，j由1到j−1串是"ab"，显然"a"与"b"不相等，属其他情况，next[3]=1。

④ 以后同理，所以最终此T串的next[j]为011111。

（2）T="abcabx"（如下表所示）

j	123456
模式串T	abcabx
next[j]	011123

① 当j=1时，next[1]=0。

② 当j=2时，同上例说明，next[2]=1。

③ 当j=3时，同上，next[3]=1。

④ 当j=4时，同上，next[4]=1。

⑤ 当j=5时，此时j由1到j−1的串是"abc*a*"，前缀字符"a"与后缀字符"a"相等（前缀用下画线表示，后缀用斜体表示），因此可推算出k值为2（由'$p_1\cdots p_{k-1}$'='$p_{j-k+1}\cdots p_{j-1}$'，得到p_1=p_4）因此next[5]=2。

⑥ 当j=6时，j由1到j−1的串是"abc*ab*"，由于前缀字符"ab"与后缀"ab"相等，所以next[6]=3。

我们可以根据经验得到如果前后缀一个字符相等，k值是2，两个字符相等k值是3，n个字符相等k值就是n+1。

（3）T＝"ababaaaba"（如下表所示）

j	123456789
模式串T	ababaaaba
next[j]	011234223

① 当j=1时，next[1]=0。

② 当j=2时，同上next[2]=1。

③ 当j=3时，同上next[3]=1。

④ 当j=4时，j由1到j-1的串是"ab*a*"，前缀字符"a"与后缀字符"a"相等，next[4]=2。

⑤ 当j=5时，j由1到j-1的串是"ab*ab*"，由于前缀字符"ab"与后缀"ab"相等，所以next[5]=3。

⑥ 当j=6时，j由1到j-1的串是"ab*aba*"，由于前缀字符"aba"与后缀"aba"相等，所以next[6]=4。

⑦ 当j=7时，j由1到j-1的串是"ababa*a*"，由于前缀字符"ab"与后缀"aa"并不相等，只有"a"相等，所以next[7]=2。

⑧ 当j=8时，j由1到j-1的串是"ababaa*a*"，只有"a"相等，所以next[8]=2。

⑨ 当j=9时，j由1到j-1的串是"ababaa*ab*"，由于前缀字符"ab"与后缀"ab"相等，所以next[9]=3。

（4）T＝"aaaaaaaab"（如下表所示）

j	123456789
模式串T	aaaaaaaab
next[j]	012345678

① 当j=1时，next[1]=0。

② 当j=2时，同上next[2]=1。

③ 当j=3时，j由1到j-1的串是"a*a*"，前缀字符"a"与后缀字符"a"相等，next[3]=2。

④ 当j=4时，j由1到j-1的串是"a*aa*"，由于前缀字符"aa"与后缀"aa"相等，所以next[4]=3。

⑤ ……

⑥ 当j=9时，j由1到j-1的串是"*aaaaaaaa*"，由于前缀字符"aaaaaaa"与后缀"aaaaaaa"相等，所以next[9]=8。

5.7.3 KMP模式匹配算法的实现

说了这么多，我们可以来看看代码了。

```
/* 通过计算返回子串T的next数组。 */
void get_next(String T, int *next)
{
    int i,k;
    i=1;
    k=0;
    next[1]=0;
    while (i<T[0])    /* 此处T[0]表示串T的长度 */
    {
        if(k==0 || T[i]== T[k])
        {
            ++i;
            ++k;
            next[i] = k;
        }
        else
            k= next[k]; /* 若字符不相同，则k值回溯 */
    }
}
```

> 注：串的模式匹配相关代码请参看代码目录下"/第5章串/02模式匹配_
> KMP.c"。

上面这段代码的目的就是为了计算出当前要匹配的串T的next数组。也就是磨刀的部分。

```
/* 返回子串T在主串S中第pos个字符之后的位置。若不存在，则函数返回值为0 */
/* T非空，1≤pos≤StrLength(S) */
int Index_KMP(String S, String T, int pos)
{
    int i = pos;                     /* i用于主串S中当前位置下标值，从pos位置开始匹配 */
    int j = 1;                       /* j用于子串T中当前位置下标值 */
    int next[255];                   /* 定义一next数组 */
    get_next(T, next);               /* 对串T作分析，得到next数组 */
    while (i <= S[0] && j <= T[0])   /* 当i小于S的长度并且j小于T的长度时，循环继续 */
    {
        if (j==0 || S[i] == T[j])    /* 两字母相等则继续，与朴素算法相比增加了j=0的判断 */
        {
            ++i;
            ++j;
        }
        else                         /* 指针后退重新开始匹配 */
        {
            j = next[j];             /* j退回合适的位置，i值不变 */
        }
    }
    if (j > T[0])
        return i-T[0];
    else
        return 0;
}
```

上面这段代码的while循环是真正在匹配查找，也就是在砍柴了。

高光的为相对于朴素匹配算法增加的代码，改动不算大，关键就是去掉了*i*值回溯的部分。对于get_next函数来说，若T的长度为m，因只涉及简单的单循环，其时间复杂度为$O(m)$，而由于i值的不回溯，使得index_KMP算法效率得到了提高，while循环的时间复杂度为$O(n)$。因此，整个算法的时间复杂度为$O(n+m)$。相较于朴素模式匹配算法的$O((n-m+1)*m)$来说，是要好一些。

这里也需要强调，KMP算法仅当模式与主串之间存在许多"部分匹配"的情况下才体现出它的优势，否则两者差异并不明显。

5.7.4 KMP模式匹配算法的改进

后来有人发现，KMP还是有缺陷的。比如，如果我们的主串S="aaaabcde"，子串T="aaaaax"，其next数组值分别为012345，在开始时，当$i=5$、$j=5$时，我们发现"b"与"a"不相等，如下图中的①，因此$j=$next[5]=4，如下图中的②，此时"b"与第4位置的"a"依然不等，$j=$next[4]=3，如下图中的③，后依次是④⑤，直到$j=$next[1]=0时，根据算法，此时i++、j++，得到$i=6$、$j=1$，如下图中的⑥。

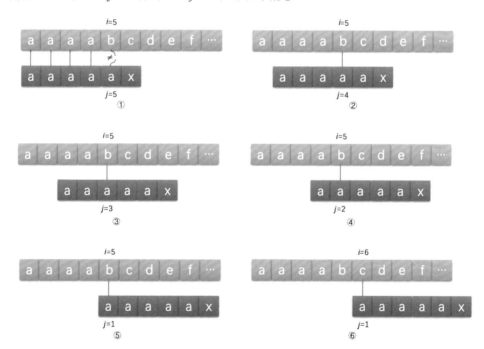

我们发现，当中的②③④⑤步骤，其实是多余的判断。由于T串的第二、三、四、五位置的字符都与首位的"a"相等，那么可以用首位next[1]的值去取代与它相等的字符后续next[j]的值，这是个很好的办法。因此我们对求next()函数进行了改良。

假设取代的数组为nextval，增加了高光部分，代码如下：

```
/* 求模式串T的next函数修正值并存入数组nextval */
void get_nextval(String T, int *nextval)
{
    int i,k;
    i=1;
    k=0;
    nextval[1]=0;
    while (i<T[0])                    /* 此处T[0]表示串T的长度 */
    {
        if(k==0 || T[i]== T[k])       /* T[i]表示后缀的单个字符, T[k]表示前缀的单个字符 */
        {
            ++i;
            ++k;
            if (T[i]!=T[k])  · · · · · /* 若当前字符与前缀字符不同 */
                nextval[i] = k;        /* 则当前的k为nextval在i位置的值 */
            else
                nextval[i] = nextval[k];  /* 如果与前缀字符相同，则将前缀字符的 */
                                          /* nextval值赋值给nextval在i位置的值 */
        }
        else
            k= nextval[k];            /* 若字符不相同，则k值回溯 */
    }
}
```

实际匹配算法，只需要将"get_next(T, next);"改为"get_nextval(T,next);"即可，这里不再重复。

5.7.5 nextval数组值的推导

改良后，我们之前的例子nextval值就与next值不完全相同了。比如：

（1）T="ababaaaba"（如右表所示）。

j	123456789
模式串T	ababaaaba
next[j]	011234223
nextval[j]	010104210

先算出next数组的值分别为011234223，然后再分别判断。

① 当j=1时，nextval[1]=0。

② 当j=2时，因第二位字符"b"的next值是1，而第一位就是"a"，它们不相等，所以nextval[2]=next[2]=1，维持原值。

③ 当j=3时，因为第三位字符"a"的next值为1，所以与第一位的"a"比较得知它们相等，所以nextval[3]=nextval[1]=0；如下图所示。

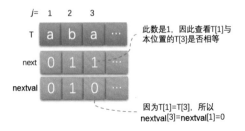

④ 当j=4时，第四位的字符"b" next值为2，所以与第二位的"b"相比较得到结果相等，因此nextval[4]=nextval[2]=1；如下图所示。

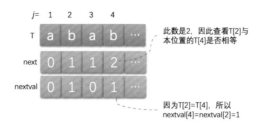

⑤ 当j=5时，next值为3，第五个字符"a"与第三个字符"a"相等，因此nextval[5]=nextval[3]=0。

⑥ 当j=6时，next值为4，第六个字符"a"与第四个字符"b"不相等，因此nextval[6]=4。

⑦ 当j=7时，next值为2，第七个字符"a"与第二个字符"b"不相等，因此nextval[7]=2。

⑧ 当j=8时，next值为2，第八个字符"b"与第二个字符"b"相等，因此nextval[8]=nextval[2]=1。

⑨ 当j=9时，next值为3，第九个字符"a"与第三个字符"a"相等，因此nextval[9]=nextval[3]=0。

（2）T="aaaaaaaab"（如下表所示）

j	123456789
模式串T	aaaaaaaab
next[j]	012345678
nextval[j]	000000008

先算出next数组的值分别为012345678，然后再分别判断。

① 当j=1时，nextval[1]=0。

② 当j=2时，next值为1，第二个字符与第一个字符相等，所以nextval[2]=nextval[1]=0。

③ 同样的道理，其后都为0……

④ 当j=9时，next值为8，第九个字符"b"与第八个字符"a"不相等，所以nextval[9]=8。

总结改进过的KMP算法，它是在计算出next值的同时，如果a位字符与它next值指向的b位字符相等，则该a位的nextval就指向b位的nextval值，如果不等，则该a位的nextval值就是它自己a位的next的值。

这样看来，磨刀是不是很认真，是不是很有技巧，对后面砍柴的效率也是大大的不一样呀。

5.8 总结回顾

这一章我们重点讲了"串"这样的数据结构，串（string）是由零个或多个字符组成的有限序列，又叫字符串。本质上，它是一种线性表的扩展，但相对于线性表关注一个个元素来说，我们对串这种结构更多的是关注它子串的应用问题，如查找、替换等操作。现在的高级语言都有针对串的函数可以调用。我们在使用这些函数的时候，同时也应该理解它的原理，以便于在碰到复杂的问题时，可以更加灵活地使用，比如KMP模式匹配算法的学习，就是更有效地去理解index函数当中的实现细节。多用心一点，说不定有一天，可以有以你的名字命名的算法流传于后世。

5.9 结尾语

在我们这一章的开头，我提到了回文诗，其实那一首只能算是写得还不错而已。回文诗在我们中国古代有不少，不过当中有一组，严格来说是有一幅图，被公认为是最强的回文诗——那就是《璇玑图》。

相传《璇玑图》是前秦才女苏若兰因其丈夫遭人迫害，发配别处服苦役，过了七八年依然什么消息都没有，苏若兰很想念自己的丈夫，但有什么办法呢，便将无限的情思写成一首首诗文，并按一定的规律排列起来，然后用五彩丝线绣在锦帕之上。

《璇玑图》，总计八百四十一字，除正中央之"心"字为后人所加外，原诗共八百四十字，纵横各二十九字，纵、横、斜、交互、正、反读或退一字、迭一字读均可成诗，诗有三、四、五、六、七言不等，目前有人统计可组成七千九百五十八首诗。看清楚哦，是7958首。

例如从最右侧直行开始，随文势折返，可发现右上角区块外围顺时针读为"仁智怀德圣虞唐，贞志笃终誓穹苍，钦所感想妄淫荒，心忧增慕怀惨伤"，而原诗若以逆时针方向读则变为"伤惨怀慕增忧心，荒淫妄想感所钦，苍穹誓终笃志真，唐虞圣德怀智仁"。在《璇玑图》中类似诗句不胜枚举，可以称得上是回文诗中的千古力作了！

有兴趣的同学可以搜索相关的文献，了解这张《璇玑图》的神奇之处，不过似乎这更像是对文科学生的要求。我想强调的是，所谓回文，就是一个字串的逆转显示，我们只要在串的抽象数据类型中增加一种逆转（reverse）的操作，就可以实现这样的功能。如果你可以利用已有的数据结构和算法知识，特别是串的知识，实现对《璇玑图》古诗的破解（将各种规则下对应的诗输出出来），那我相信，你的编程能力，至少在字符串处理这方面的编程能力已经到了一个非常高的高度了。

好了，今天的课就到这，下课。

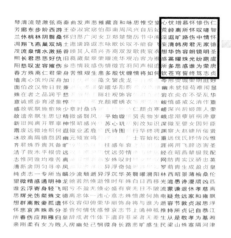

心忧增慕怀惨伤仁
荒经离所怀叹嗟智
淫遛旷路伤中情怀
妄清帏房君无家德
想华饰容朗镜明圣
感英曜珠光纷葩虞
所多思感谁为荣唐
钦苍穹誓终笃志贞

第6章 树

启示 | revelation

树：树（Tree）是n（$n \geqslant 0$）个结点的有限集。$n=0$时称为空树。在任意一棵非空树中：①有且仅有一个特定的称为根（Root）的结点；②当$n>1$时，其余结点可分为m（$m>0$）个互不相交的有限集T_1、T_2、…、T_m，其中每一个集合本身又是一棵树，并且称为根的子树（SubTree）。

6.1 开场白

2010年一部电影创造了奇迹，它是全球第一部票房达到27亿美元、总票房历史排名第一的影片，那就是詹姆斯·卡梅隆执导的电影《阿凡达》（Avatar）。

电影里提到了一棵高达900英尺（约274米）的参天巨树，是那个潘多拉星球的纳威人的家园，让人印象非常深刻。可惜那只是导演的梦想，地球上不存在这样的物种。

无论多高多大的树，那也是从小到大、由根到叶、一点点成长起来的。俗话说"十年树木、百年树人"，可一棵大树又何止是十年这样容易——哈哈，说到哪里去了，我们现在不是在上生物课，而是要讲一种新的数据结构——树。

6.2 树的定义

之前我们一直在谈的是一对一的线性结构，可现实中，还有很多一对多的情况需要处理，所以我们需要研究这种一对多的数据结构——"树"，考虑它的各种特性，来解决我们在编程中碰到的相关问题。

树（Tree）是 n（$n \geqslant 0$）个结点的有限集。$n=0$ 时称为空树。在任意一棵非空树中：①有且仅有一个特定的称为根（Root）的结点；②当 $n > 1$ 时，其余结点可分为 m（$m > 0$）个互不相交的有限集 T_1、T_2、…、T_m，其中每一个集合本身又是一棵树，并且称为根的子树（SubTree），如下图所示。

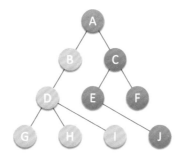

树的定义其实就是我们在讲解栈时提到的递归的方法。也就是在树的定义之中还用到了树的概念，这是一种比较新的定义方法。下图的子树T₁和子树T₂就是根结点A的子树。当然，D、G、H、I组成的树又是以B为根结点的子树，E、J组成的树是以C为根结点的子树。

对于树的定义还需要强调两点：

（1）n>0时根结点是唯一的，不可能存在多个根结点，别和现实中的大树混在一起，现实中的树有很多根须，那是真实的树，数据结构中的树是只能有一个根结点。

（2）m>0时，子树的个数没有限制，但它们一定是互不相交的。像下图中的两个结构就不符合树的定义，因为它们都有相交的子树。

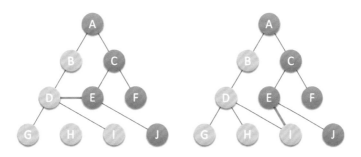

6.2.1　结点的分类

树的结点包含一个数据元素及若干指向其子树的分支。**结点拥有的子树数称为结点**

的度（Degree）。度为0的结点称为叶结点（Leaf）或终端结点；度不为0的结点称为非终端结点或分支结点。除根结点之外，分支结点也称为内部结点。树的度是树内各结点的度的最大值。如下图所示，因为这棵树结点的度的最大值是结点D的度，为3，所以树的度也为3。

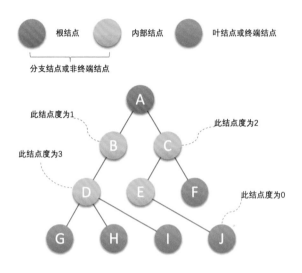

6.2.2　结点间的关系

结点的子树的根称为该结点的孩子（Child），相应地，该结点称为孩子的双亲（Parent）。嗯，为什么不是父或母，叫双亲呢？呵呵，对于结点来说其父母同体，唯一的一个，所以只能把它称为双亲了。同一个双亲的孩子之间互称兄弟（Sibling）。结点的祖先是从根到该结点所经分支上的所有结点。所以对于H来说，D、B、A都是它的祖先。反之，以某结点为根的子树中的任一结点都称为该结点的子孙。B的子孙有D、G、H、I，如下图所示。

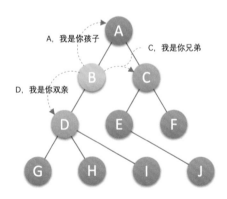

6.2.3　树的其他相关概念

结点的层次（Level）从根开始定义起，根为第一层，根的孩子为第二层。若某结点在第l层，则其子树就在第$l+1$层。其双亲在同一层的结点互为堂兄弟。显然下图中的D、E、F是堂兄弟，而G、H、I与J也是堂兄弟。树中结点的最大层次称为树的深度（Depth）或高度，当前树的深度为4。

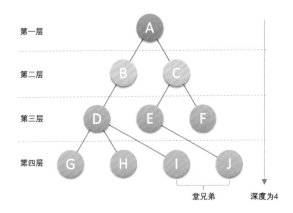

如果将树中结点的各子树看成从左至右是有次序的，不能互换的，则称该树为有序树，否则称为无序树。

森林（Forest）是m（$m \geqslant 0$）棵互不相交的树的集合。对树中每个结点而言，其子树的集合即为森林。对于6.2节开头的图中的树而言，后面的图中的两棵子树T_1和T_2其实就可以理解为森林。

对比线性表与树的结构，它们有很大的不同，如下图所示。

线性结构	树结构
• 第一个数据元素：无前驱 • 最后一个数据元素：无后继 • 中间元素：一个前驱一个后继	• 根结点：无双亲，唯一 • 叶结点：无孩子，可以多个 • 中间结点：一个双亲多个孩子

6.3 树的抽象数据类型

相对于线性结构，树的操作就完全不同了，这里我们给出一些基本和常用的操作。

```
ADT 树(tree)
Data
```

树是由一个根结点和若干棵子树构成的。树中结点具有相同数据类型及层次关系。

Operation

InitTree(*T)：构造空树T。

DestroyTree(*T)：销毁树T。

CreateTree(*T,definition)：按definition中给出树的定义来构造树。

ClearTree(*T)：若树T存在，则将树T清为空树。

TreeEmpty(T)：若T为空树，返回true，否则返回false。

TreeDepth(T)：返回T的深度。

Root(T)：返回T的根结点。

Value(T,cur_e)：cur_e是树T中一个结点，返回此结点的值。

Assign(T,cur_e,value)：给树T的结点cur_e赋值为value。

Parent(T,cur_e)：若cur_e是树T的非根结点，则返回它的双亲，否则返回空。

LeftChild(T,cur_e)：若cur_e是树T的非叶结点，则返回它的最左孩子，否则返回空。

RightSibling(T,cur_e)：若cur_e有右兄弟，则返回它的右兄弟，否则返回空。

InsertChild(*T,*p,i,c)：其中p指向树T的某个结点，i为所指结点p的度加上1，非空树c与T不相交，操作结果为插入c为树T中p所指结点的第i棵子树。

DeleteChild(*T,*p,i)：其中p指向树T的某个结点，i为所指结点p的度，操作结果为删除T中p所指结点的第i棵子树。

endADT

6.4 树的存储结构

说到存储结构，我们就会想到前面章节讲过的顺序存储和链式存储两种结构。

先来看看顺序存储结构，用一段地址连续的存储单元依次存储线性表的数据元素。这对于线性表来说是很自然的，对于树这样一对多的结构呢？

树中某个结点的孩子可以有多个，这就意味着，无论按何种顺序将树中所有结点存储到数组中，结点的存储位置都无法直接反映逻辑关系，你想想看，数据元素挨个存储，谁是谁的双亲，谁是谁的孩子呢？简单的顺序存储结构是不能满足树的实现要求的。

不过充分利用顺序存储和链式存储结构的特点，完全可以实现对树的存储结构的表示。我们这里要介绍三种不同的表示法：双亲表示法、孩子表示法、孩子兄弟表示法。

6.4.1 双亲表示法

我们人可能因为种种原因，没有孩子，但无论是谁都不可能是从石头里蹦出来的，孙悟空显然不能算是人，所以是人一定会有父母。树这种结构也不例外，除了根结点外，其余每个结点，它不一定有孩子，但是一定有且仅有一个双亲。

我们假设以一组连续空间存储树的结点，同时在每个结点中，附设一个指示器指示其双亲结点在数组中的位置。也就是说，每个结点除了知道自己是谁以外，还知道它的双亲在哪里。它的结点结构如下所示。

data   parent

其中，data是数据域，存储结点的数据信息；parent是指针域，存储该结点的双亲在数组中的下标。

以下是我们的双亲表示法的结点结构定义代码：

```c
/* 树的双亲表示法结点结构定义 */
#define MAX_TREE_SIZE 100

typedef int TElemType;          /* 树结点的数据类型，目前暂定为整型 */

typedef struct PTNode           /* 结点结构 */
{
    TElemType data;             /* 结点数据 */
    int parent;                 /* 双亲位置 */
} PTNode;

typedef struct                  /* 树结构 */
{
    PTNode nodes[MAX_TREE_SIZE];    /* 结点数组 */
    int r,n;                    /* 根的位置和结点数 */
} PTree;
```

有了这样的结构定义，我们就可以来实现双亲表示法了。由于根结点是没有双亲的，所以我们约定根结点的位置域设置为-1，这也就意味着，我们所有的结点都存有它双亲的位置。如下图中的树结构可用下表中的树双亲表示。

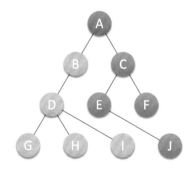

下标	data	parent
0	A	-1
1	B	0
2	C	0
3	D	1
4	E	2
5	F	2
6	G	3
7	H	3
8	I	3
9	J	4

这样的存储结构，我们可以根据结点的parent指针很容易找到它的双亲结点，所用的时间复杂度为$O(1)$，直到parent为-1时，表示找到了树结点的根。可如果我们要知道结点的孩子是什么，对不起，请遍历整个结构才行。

这真是麻烦，能不能改进一下呢？

当然可以。我们增加一个结点最左边孩子的域，不妨叫它长子域，这样就可以很容易得到结点的孩子。如果没有孩子的结点，这个长子域就设置为-1，如下表所示。

下标	data	parent	firstchild
0	A	-1	1
1	B	0	3
2	C	0	4
3	D	1	6
4	E	2	9
5	F	2	-1
6	G	3	-1
7	H	3	-1
8	I	3	-1
9	J	4	-1

对于有0个或1个孩子的结点来说，这样的结构是解决了要找结点孩子的问题了。甚至是有2个孩子，知道了长子是谁，另一个当然就是次子了。

另外一个问题场景，我们很关注各兄弟之间的关系，双亲表示法无法体现这样的关系，那我们怎么办？嗯，可以增加一个右兄弟域来体现兄弟关系，也就是说，每一个结点如果它存在右兄弟，则记录下右兄弟的下标。同样地，如果右兄弟不存在，则赋值为-1，如下表所示。

下标	data	parent	rightsib
0	A	−1	−1
1	B	0	2
2	C	0	−1
3	D	1	−1
4	E	2	5
5	F	2	−1
6	G	3	7
7	H	3	8
8	I	3	−1
9	J	4	−1

但如果结点的孩子很多，超过了2个。我们又关注结点的双亲、又关注结点的孩子、还关注结点的兄弟，而且对时间遍历要求还比较高，那么我们还可以把此结构扩展为有双亲域、长子域、再有右兄弟域。**存储结构的设计是一个非常灵活的过程。一个存储结构设计得是否合理，取决于基于该存储结构的运算是否适合、是否方便，时间复杂度好不好等。** 注意也不是越多越好，有需要时再设计相应的结构。复杂的结构意味着更多时间与空间的开销，简单的设计对应着快速的查找与增删，我们确实要根据实际情况来做出取舍。

6.4.2　孩子表示法

换一种完全不同的考虑方法。由于树中每个结点可能有多棵子树，可以考虑用多重链表，即**每个结点有多个指针域，其中每个指针指向一棵子树的根结点，我们把这种方法叫做多重链表表示法**。不过，树的每个结点的度，也就是它的孩子个数是不同的。所以可以设计两种方案来解决。

- 方案一

一种是指针域的个数就等于树的度，复习一下，树的度是树各个结点度的最大值。其结构如下表所示。

data	child1	child2	child3	……	child$d$

其中，data是数据域；child1～child$d$是指针域，用来指向该结点的孩子结点。

对于下图左边的树来说，树的度是3，所以我们的指针域的个数是3，这种方法实现如右下图所示。

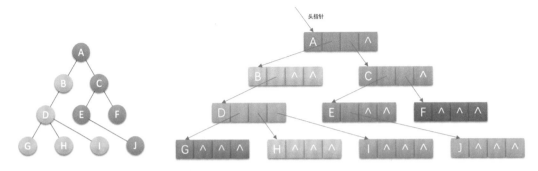

这种方法对于树中各结点的度相差很大时，显然是很浪费空间的，因为有很多的结点，它的指针域都是空的。不过如果树的各结点度相差很小时，那就意味着开辟的空间被充分利用了，这时存储结构的缺点反而变成了优点。

既然很多指针域都可能为空，为什么不按需分配空间呢？于是我们有了第二种方案。

■ 方案二

第二种方案每个结点指针域的个数等于该结点的度，我们专门取一个位置来存储结点指针域的个数，其结构如下表所示。

data	degree	child1	child2	……	child$d$

其中，data 为数据域；degree 为度域，也就是存储该结点的孩子结点的个数；child1～child$d$ 为指针域，指向该结点的各个孩子的结点。

对于下图左树来说，这种方法实现如右下图所示。

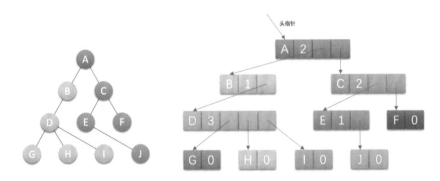

这种方法克服了浪费空间的缺点，对空间利用率是很高了，但是由于各个结点的链表是不相同的结构，加上要维护结点的度的数值，在运算上就会带来时间上的损耗。

能否有更好的方法，既可以减少空指针的浪费又能使结点结构相同。

仔细观察，我们为了要遍历整棵树，把每个结点放到一个顺序存储结构的数组中是合理的，但每个结点的孩子有多少是不确定的，所以我们再对每个结点的孩子建立一个单链表体现它们的关系。

这就是我们要讲的**孩子表示法**。具体办法是，把每个结点的孩子结点排列起来，以单链表作存储结构，则*n*个结点有*n*个孩子链表，如果是叶子结点则此单链表为空。然后*n*个头指针又组成一个线性表，采用顺序存储结构，存放进一个一维数组中，如右图所示。

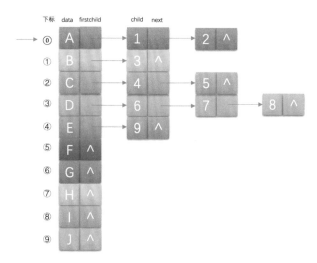

为此，设计两种结点结构，一个是孩子链表的孩子结点，如下表所示。

child	next

其中，child是数据域，用来存储某个结点在表头数组中的下标；next是指针域，用来存储指向某结点的下一个孩子结点的指针。

另一个是表头数组的表头结点，如下表所示。

data	firstchild

其中，data是数据域，存储某结点的数据信息；firstchild是头指针域，存储该结点的孩子链表的头指针。

以下是我们的孩子表示法的结构定义代码。

```
/* 树的孩子表示法结构定义 */
#define MAX_TREE_SIZE 100

typedef int TElemType;          /* 树结点的数据类型，目前暂定为整型 */

typedef struct CTNode           /* 孩子结点 */
{
    int child;
    struct CTNode *next;
} *ChildPtr;

typedef struct                  /* 表头结构 */
{
    TElemType data;
    ChildPtr firstchild;
} CTBox;

typedef struct                  /* 树结构 */
{
    CTBox nodes[MAX_TREE_SIZE]; /* 结点数组 */
    int r,n;                    /* 根的位置和结点数 */
} CTree;
```

这样的结构对于我们要查找某个结点的某个孩子，或者找某个结点的某个孩子的兄弟，只需要查找这个结点的孩子单链表即可。对于遍历整棵树也是很方便的，对头结点的数组循环即可。

但是，这也存在着问题，我如何知道某个结点的双亲是谁呢？比较麻烦，需要整棵树遍历才行，难道就不可以把双亲表示法和孩子表示法综合一下吗？当然是可以的。如右图所示。

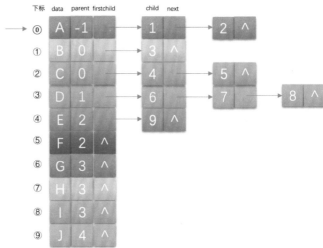

我们把这种方法称为双亲孩子表示法，应该算是孩子表示法的改进。至于这个表示法的具体结构定义，这里就略过，留给同学们自己去设计了。

6.4.3 孩子兄弟表示法

刚才我们分别从双亲的角度和从孩子的角度研究树的存储结构，如果我们从树结点的兄弟的角度考虑又会如何呢？当然，对于树这样的层级结构来说，只研究结点的兄弟是不行的，我们观察后发现，任意一棵树，它的结点的第一个孩子如果存在就是唯一的，它的右兄弟如果存在也是唯一的。因此，我们设置两个指针，分别指向该结点的第一个孩子和此结点的右兄弟。

结点结构如下表所示。

| data | firstchild | rightsib |

其中，data是数据域；firstchild为指针域，存储该结点的第一个孩子结点的存储地址；rightsib是指针域，存储该结点的右兄弟结点的存储地址。

结构定义代码如下。

```
/* 树的孩子兄弟表示法结构定义 */
typedef struct CSNode
{
    TElemType data;
    struct CSNode *firstchild,*rightsib;
} CSNode,*CSTree;
```

对于下图左边的树来说，这种方法实现的示意图如右下图所示。

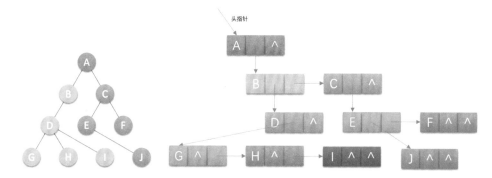

这种表示法，给查找某个结点的某个孩子带来了方便，只需要通过firstchild找到此结点的长子，然后再通过长子结点的rightsib找到它的二弟，接着一直下去，直到找到具体的孩子。当然，如果想找某个结点的双亲，这个表示法也是有缺陷的，那怎么办呢？

呵呵，对，如果真的有必要，完全可以再增加一个parent指针域来解决快速查找双亲的问题，这里就不再细谈了。

其实这个表示法的最大好处是它把一棵复杂的树变成了一棵二叉树。我们把右上图变形就成了右图这个样子。

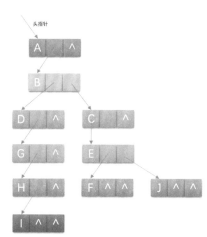

这样就可以充分利用二叉树的特性和算法来处理这棵树了。嗯？有人问，二叉树是什么？哈哈，别急，这正是我接下来要重点讲的内容。

6.5 二叉树的定义

现在我们来做个游戏，我在纸上已经写好了一个100以内的正整数数字，请大家想办法猜出我写的是哪一个？注意你们猜数字不能超过7次，我的回答只会告诉你你给的答案是"大了"还是"小了"。

这个游戏在一些电视节目中，猜测一些商品的定价时常会使用。我看到过有些人是一点一点地数字累加的，比如5、10、15、20这样猜，这样的猜数策略太低级了，显然是没有学过数据结构和算法的人才做得出的事。

其实这是一个很经典的折半查找算法。如果我们用下图（下三层省略）的办法，就一定能在7次以内，猜出结果来。

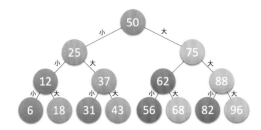

由于是100以内的正整数，所以我们先猜50（100的一半），被告之"大了"，于是再猜25（50的一半），被告之"小了"，再猜37（25与50的中间数），小了，于是猜43，大了，40，大了，38，小了，39，完全正确。过程如下表所示。

被猜数字	第一次	第二次	第三次	第四次	第五次	第六次	第七次
39	50	25	37	43	40	38	39
82	50	75	88	82			
99	50	75	88	96	98	99	
1	50	25	12	6	3	2	1

我们发现，如果用这种方式进行查找，效率高得不是一点点。对于折半查找的详细讲解，我们后面章节再说。不过对于这种在某个阶段都是两种结果的情形，比如开和关、0和1、真和假、上和下、对与错，正面与反面等，都适合用树状结构来建模，而这种树是一种很特殊的树状结构，叫做二叉树。

二叉树（Binary Tree）是n（$n \geq 0$）个结点的有限集合，该集合或者为空集（称为空二叉树），或者由一个根结点和两棵互不相交的、分别称为根结点的左子树和右子树的二叉树组成。

左下图就是一棵二叉树。而右下图的树，因为D结点有三个子树，所以它不是二叉树。

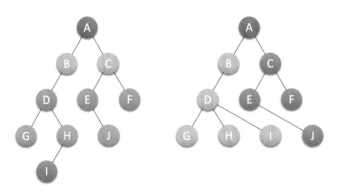

6.5.1 二叉树的特点

二叉树的特点有：

- 每个结点最多有两棵子树，所以二叉树中不存在度大于2的结点。注意不是只有两棵子树，而是最多有。没有子树或者有一棵子树都是可以的。
- 左子树和右子树是有顺序的，次序不能任意颠倒。就像人有双手、双脚，但显然左手、左脚和右手、右脚是不一样的，右手戴左手套、右脚穿左鞋都会极其别扭和难受。
- 即使树中某结点只有一棵子树，也要区分它是左子树还是右子树。下图中，树1和树2是同一棵树，但它们却是不同的二叉树。就好像你一不小心，摔伤了手，伤的是左手还是右手，对你的生活影响度是完全不同的。

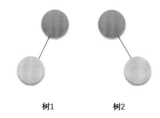

树1　　　　树2

二叉树具有以下五种基本形态：

（1）空二叉树。

（2）只有一个根结点。

（3）根结点只有左子树。

（4）根结点只有右子树。

（5）根结点既有左子树又有右子树。

应该说这五种形态还是比较好理解的，那我现在问大家，如果是有三个结点的树，有几种形态？如果是有三个结点的二叉树，考虑一下，又有几种形态？

若只从形态上考虑，三个结点的树只有两种情况，那就是下图中有两层的树1和有三层的后四种的任意一种，但对于二叉树来说，由于要区分左右，所以就演变成五种形态，树2、树3、树4和树5分别代表不同的二叉树。

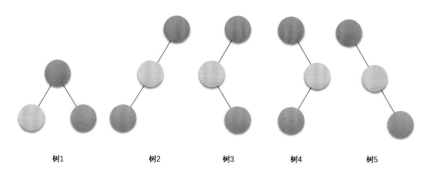

树1　　　　树2　　　　树3　　　　树4　　　　树5

6.5.2　特殊二叉树

我们再来介绍一些特殊的二叉树。这些树可能暂时你不能理解它有什么用处，但先了解一下，以后会提到它们的实际用途。

1. 斜树

顾名思义，斜树一定要是斜的，但是往哪斜还是有讲究的。所有的结点都只有左子树的二叉树叫左斜树。所有结点都只有右子树的二叉树叫右斜树。这两者统称为斜树。上图中的树2就是左斜树，树5就是右斜树。斜树有很明显的特点，就是每一层都只有一个结点，结点的个数与二叉树的深度相同。

有人会想，这也能叫树呀，与我们的线性表结构不是一样吗。对的，其实线性表结构就可以理解为是树的一种极其特殊的表现形式。

2. 满二叉树

苏东坡曾有词云："人有悲欢离合，月有阴晴圆缺，此事古难全"。意思就是完美是理想，不完美才是人生。我们通常举的例子也都是左高右低、参差不齐的二叉树。那是否存在完美的二叉树呢？

嗯，有同学已经在空中用手指比划起来。对的，完美的二叉树是存在的。

在一棵二叉树中，如果所有分支结点都存在左子树和右子树，并且所有叶子都在同一层上，这样的二叉树称为满二叉树。

下图就是一棵满二叉树，从样子上看就感觉它很完美。

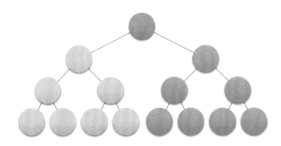

单是每个结点都存在左右子树，不能算是满二叉树，还必须要所有的叶子都在同一层上，这就做到了整棵树的平衡。因此，满二叉树的特点有：

（1）叶子只能出现在最下一层。出现在其他层就不可能达到平衡。

（2）非叶子结点的度一定是2。否则就是"缺胳膊少腿"了。

（3）在同样深度的二叉树中，满二叉树的结点个数最多，叶子数最多。

3. 完全二叉树

对一棵具有 n 个结点的二叉树按层序编号，如果编号为 i（$1 \leq i \leq n$）的结点与同样深度的满二叉树中编号为 i 的结点在二叉树中位置完全相同，则这棵二叉树称为完全二叉树，如下图所示。

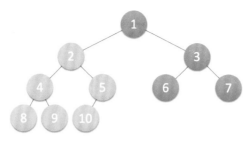

这是一种有理解难度的特殊二叉树。

首先从字面上要区分，"完全"和"满"的差异，满二叉树一定是一棵完全二叉树，但完全二叉树不一定是满的。

其次，完全二叉树的所有结点与同样深度的满二叉树，它们按层序编号相同的结点，是一一对应的。这里有个关键词是**按层序编号**，像下图中的树，因为5结点没有左子树，却有右子树，那就使得按层序编号的第10个编号空档了，它不是完全二叉树。

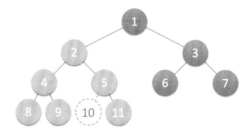

同样道理，下图中的树，由于结点3没有子树，所以使得6、7编号的位置空档了。它不是完全二叉树。

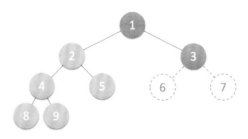

下图中的树又是因为5编号下没有子树造成第10和第11位置空档。它也不是完全二叉树。

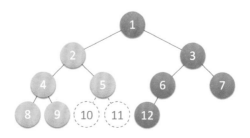

只有下图中的树，尽管它不是满二叉树，但是编号是连续的，所以它是完全二叉树。

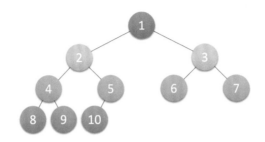

从这里我们也可以得出一些完全二叉树的特点：

（1）叶子结点只能出现在最下两层。

（2）最下层的叶子一定集中在左部连续位置。

（3）倒数第二层，若有叶子结点，一定都在右部连续位置。

（4）如果结点度为1，则该结点只有左孩子，即不存在只有右子树的情况。

（5）同样结点数的二叉树，完全二叉树的深度最小。

从上面的例子，也给了我们一个判断某二叉树是否是完全二叉树的办法，那就是看着树的示意图，心中默默给每个结点按照满二叉树的结构逐层顺序编号，如果编号出现空档，就说明不是完全二叉树，否则就是。

6.6 二叉树的性质

二叉树有一些需要理解并记住的特性，以便于我们更好地使用它。

6.6.1 二叉树的性质1

性质1：在二叉树的第i层至多有2^{i-1}个结点（$i \geq 1$）。

这个性质很好记忆，观察一下满二叉树。

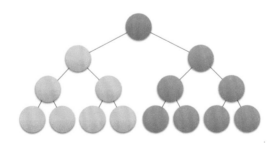

第一层是根结点，只有一个，所以$2^{1-1}=2^0=1$。

第二层有两个，$2^{2-1}=2^1=2$。

第三层有四个，$2^{3-1}=2^2=4$。

第四层有八个，$2^{4-1}=2^3=8$。

通过数学归纳法的论证，可以很容易得出在二叉树的第i层上至多有2^{i-1}个结点（$i \geqslant 1$）的结论。

6.6.2　二叉树的性质2

性质2：深度为k的二叉树至多有2^k-1个结点（$k \geqslant 1$）。

注意这里一定要看清楚，是2^k后再减去1，而不是2^{k-1}。以前很多同学不能完全理解，这样去记忆，就容易把性质2与性质1给弄混淆了。

深度为k意思就是有k层的二叉树，我们先来看看简单的。

如果有一层，至多$1=2^1-1$个结点。

如果有二层，至多$1+2=3=2^2-1$个结点。

如果有三层，至多$1+2+4=7=2^3-1$个结点。

如果有四层，至多$1+2+4+8=15=2^4-1$个结点。

通过数学归纳法的论证，可以得出，如果有k层，此二叉树至多有2^k-1个结点。

6.6.3　二叉树的性质3

性质3：对任何一棵二叉树T，如果其终端结点数为n_0，度为2的结点数为n_2，则$n_0=n_2+1$。

终端结点数其实就是叶子结点数，而一棵二叉树，除了叶子结点外，剩下的就是度为1或2的结点数了，我们设n_1度是1的结点数。则树T结点总数$n=n_0+n_1+n_2$。

比如下图的例子，结点总数为10，它是由A、B、C、D等度为2结点，F、G、H、I、J等度为0的叶子结点和E这个度为1的结点组成。总和为4+1+5=10。

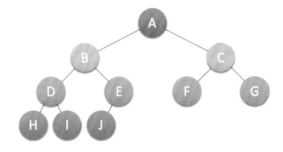

我们换个角度，再数一数它的连接线数，由于根结点只有分支出去，没有分支进

入，所以分支线总数为结点总数减去1。上图就是9个分支。对于A、B、C、D结点来说，它们都有两个分支线出去，而E结点只有一个分支线出去。所以总分支线为$4×2+1×1=9$。

用代数表达就是分支线总数$=n-1=n_1+2n_2$。因为刚才我们有等式$n=n_0+n_1+n_2$，所以可推导出$n_0+n_1+n_2-1=n_1+2n_2$。结论就是$n_0=n_2+1$。

6.6.4 二叉树的性质4

性质4：具有n个结点的完全二叉树的深度为$\lfloor\log_2 n\rfloor+1$（$\lfloor x\rfloor$表示不大于x的最大整数）。

由满二叉树的定义我们可以知道，深度为k的满二叉树的结点数n一定是2^k-1。因为这是最多的结点个数。那么对于$n=2^k-1$倒推得到满二叉树的深度为$k=\log_2(n+1)$，比如结点数为15的满二叉树，深度为4。

完全二叉树我们前面已经提到，它是一棵具有n个结点的二叉树，若按层序编号后其编号与同样深度的满二叉树中编号结点在二叉树中位置完全相同，那它就是完全二叉树。也就是说，它的叶子结点只会出现在最下面的两层。

它的结点数一定小于等于同样深度的满二叉树的结点数2^k-1，但一定多于$2^{k-1}-1$。即满足$2^{k-1}-1<n\leqslant2^k-1$。由于结点数$n$是整数，$n\leqslant2^k-1$意味着$n<2^k$，$n>2^{k-1}-1$，意味着$n\geqslant2^{k-1}$，所以$2^{k-1}\leqslant n<2^k$，不等式两边取对数，得到$k-1\leqslant\log_2 n<k$，而$k$作为深度也是整数，因此$k=\lfloor\log_2 n\rfloor+1$。

6.6.5 二叉树的性质5

性质5：如果对一棵有n个结点的完全二叉树（其深度为$\lfloor\log_2 n\rfloor+1$）的结点按层序编号（从第1层到第$\lfloor\log_2 n\rfloor+1$层，每层从左到右），对任一结点i（$1\leqslant i\leqslant n$）有：

（1）如果$i=1$，则结点i是二叉树的根，无双亲；如果$i>1$，则其双亲是结点$\lfloor i/2\rfloor$。

（2）如果$2i>n$，则结点i无左孩子（结点i为叶子结点）；否则其左孩子是结点$2i$。

（3）如果$2i+1>n$，则结点i无右孩子；否则其右孩子是结点$2i+1$。

我们以下图为例，来理解这个性质。这是一个完全二叉树，深度为4，结点总数是10。

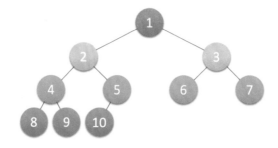

对于第一条来说是很显然的，*i*=1时就是根结点。*i*>1时，比如结点7，它的双亲就是⌊7/2⌋=3，结点9，它的双亲就是⌊9/2⌋=4。

第二条，比如结点6，因为2×6=12超过了结点总数10，所以结点6无左孩子，它是叶子结点。同样，而结点5，因为2×5=10正好是结点总数10，所以它的左孩子是结点10。

第三条，比如结点5，因为2×5+1=11，大于结点总数10，所以它无右孩子。而结点3，因为2×3+1=7小于10，所以它的右孩子是结点7。

6.7 二叉树的存储结构

6.7.1 二叉树的顺序存储结构

前面我们已经谈到了树的存储结构，并且谈到顺序存储对树这种一对多的关系结构实现起来是比较困难的。但是二叉树是一种特殊的树，由于它的特殊性，使得用顺序存储结构也可以实现。

二叉树的顺序存储结构就是用一维数组存储二叉树中的结点，并且结点的存储位置，也就是数组的下标要能体现结点之间的逻辑关系，比如双亲与孩子的关系，左右兄弟的关系等。

> 注：树的二叉树顺序结构相关代码请参看代码目录下"/第6章树/01二叉树顺序结构实现_BiTreeArra.c"。

先来看看完全二叉树的顺序存储，一棵完全二叉树如下图所示。

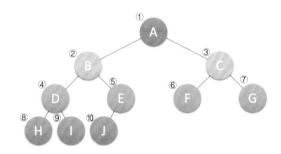

将这棵二叉树存入数组中，相应的下标对应其同样的位置，如下图所示。

这下看出完全二叉树的优越性来了吧。由于它定义的严格，所以用顺序结构也可以表现出二叉树的结构来。

当然对于一般的二叉树，尽管层序编号不能反映逻辑关系，但是可以将其按完全二叉树编号，只不过，把不存在的结点设置为"∧"而已。如下图，注意虚线结点表示不存在。

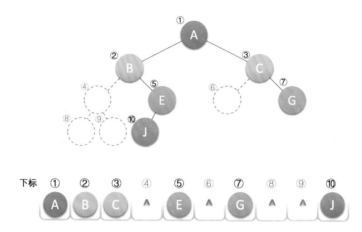

考虑一种极端的情况，一棵深度为 k 的右斜树，它只有 k 个结点，却需要分配 2^k-1 个存储单元空间，这显然是对存储空间的浪费，例如下图所示。所以，顺序存储结构一般只用于完全二叉树。

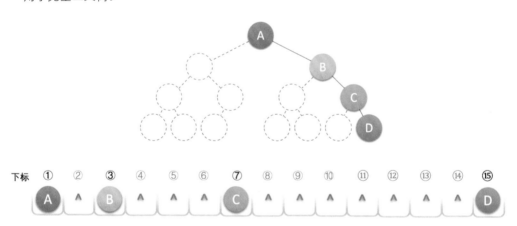

6.7.2　二叉链表

既然顺序存储适用性不强，我们就要考虑链式存储结构。二叉树每个结点最多有两个孩子，所以为它设计一个数据域和两个指针域是比较自然的想法，我们称这样的链表叫做二叉链表。结点结构图如下表所示。

lchild   data   rchild

其中，data是数据域；lchild和rchild都是指针域，分别存放指向左孩子和右孩子的指针。

以下是我们的二叉链表的结点结构定义代码：

```c
/* 二叉树的二叉链表结点结构定义 */
typedef struct BiTNode              /* 结点结构 */
{
    TElemType data;                 /* 结点数据 */
    struct BiTNode *lchild,*rchild; /* 左右孩子指针 */
}BiTNode,*BiTree;
```

> 注：树的二叉树链式结构相关代码请参看代码目录下"/第6章树/02二叉树链式结构实现_BiTreeLink.c"。

结构示意图如下图所示。

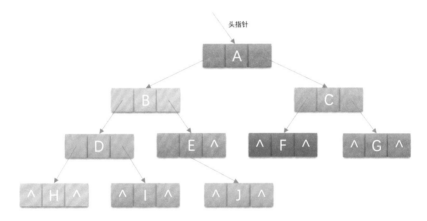

就如同树的存储结构中讨论的一样，如果有需要，还可以再增加一个指向其双亲的指针域，那样就称之为三叉链表。由于与树的存储结构类似，这里就不详述了。

6.8 遍历二叉树

6.8.1　二叉树的遍历原理

假设，我手头有20张100元的和2000张1元的奖券，同时撒向了空中，大家比赛看谁最终捡的最多。如果是你，你会怎么做？

相信所有同学都会说，一定先捡100元的。道理非常简单，因为捡一张100元等于1元的捡100张，效率高的不是一点点。所以可以得到这样的结论，同样是捡奖券，在有限时间内，要达到最高效率，次序非常重要。对于二叉树的遍历来讲，次序同样显得很重要。

二叉树的遍历（traversing binary tree）是指从根结点出发，按照某种次序依次访问二叉树中的所有结点，使得每个结点被访问一次且仅被访问一次。

这里有两个关键词：**访问**和**次序**。

访问其实是要根据实际的需要来确定具体做什么，比如对每个结点进行相关计算，输出打印等，它算作是一个抽象操作。在这里我们可以简单地假定访问就是输出结点的数据信息。

二叉树的遍历次序不同于线性结构，最多也就是从头至尾、循环、双向等简单的遍历方式。树的结点之间不存在唯一的前驱和后继关系，在访问一个结点后，下一个被访问的结点面临着不同的选择。

就像你人生的道路上，高考填志愿要面临哪个城市、哪所大学、具体专业等选择，由于选择方式的不同，遍历的次序就完全不同了。

6.8.2　二叉树的遍历方法

二叉树的遍历方式可以很多，如果我们限制了从左到右的习惯方式，那么主要就分为以下四种。

1. 前序遍历

规则是若二叉树为空，则空操作返回，否则先访问根结点，然后前序遍历左子树，再前序遍历右子树。如下图所示，遍历的顺序为ABDGHCEIF。

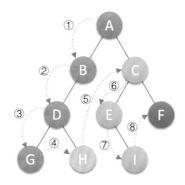

2. 中序遍历

规则是若树为空，则空操作返回，否则从根结点开始（注意并不是先访问根结点），中序遍历根结点的左子树，然后是访问根结点，最后中序遍历右子树。如下图所示，遍历的顺序为GDHBAEICF。

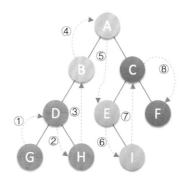

3. 后序遍历

规则是若树为空，则空操作返回，否则从左到右先叶子后结点的方式遍历访问左右子树，最后是访问根结点。如下图所示，遍历的顺序为GHDBIEFCA。

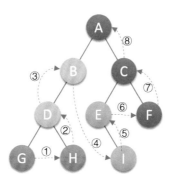

4. 层序遍历

规则是若树为空，则空操作返回，否则从树的第一层，也就是根结点开始访问，从上而下逐层遍历，在同一层中，按从左到右的顺序对结点逐个访问。如下图所示，遍历的顺序为ABCDEFGHI。

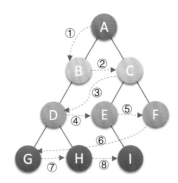

有同学会说，研究这么多遍历的方法干什么呢？

我们用图形的方式来表现树的结构，应该说是非常直观和容易理解的，但是对于计算机来说，它只有循环、判断等方式来处理，也就是说，它只会处理线性序列，而我们刚才提到的四种遍历方法，其实都是在把树中的结点变成某种意义的线性序列，这就给程序的实现带来了好处。

另外不同的遍历提供了对结点依次处理的不同方式，可以在遍历过程中对结点进行各种处理。

6.8.3 前序遍历算法

二叉树的定义是用递归的方式，所以，实现遍历算法也可以采用递归，而且极其简洁明了。先来看看二叉树的前序遍历算法。代码如下：

```
/* 二叉树的前序遍历递归算法 */
/* 初始条件：二叉树T存在 */
/* 操作结果：前序递归遍历T */
void PreOrderTraverse(BiTree T)
{
    if(T==NULL)
        return;
    printf("%c",T->data);        /* 显示结点数据，可以更改为其他对结点的操作 */
    PreOrderTraverse(T->lchild);/* 先序遍历左子树 */
    PreOrderTraverse(T->rchild);/* 先序遍历右子树 */
}
```

假设我们现在有如下图这样一棵二叉树T。这棵树已经用二叉链表结构存储在内存当中。

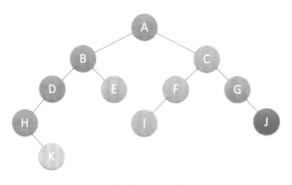

那么当调用PreOrderTraverse(T)函数时，我们来看看程序是如何运行的。

（1）调用PreOrderTraverse(T)，T根结点不为null，所以执行printf，打印字母A，如下图所示。

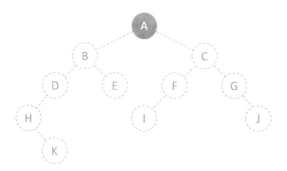

（2）调用PreOrderTraverse(T->lchild);访问了A结点的左孩子，不为null，执行printf显示字母B，如下图所示。

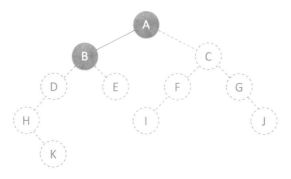

（3）此时再次递归调用PreOrderTraverse(T->lchild);访问了B结点的左孩子，执行printf显示字母D，如下图所示。

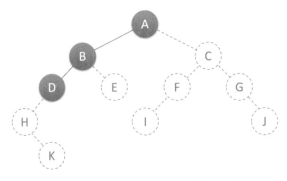

（4）再次递归调用PreOrderTraverse(T->lchild);访问了D结点的左孩子，执行printf显示字母H，如下图所示。

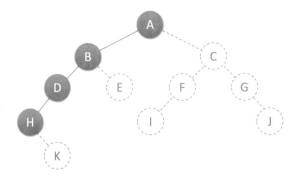

（5）再次递归调用PreOrderTraverse(T->lchild);访问了H结点的左孩子，此时因为H结点无左孩子，所以T==null，返回此函数，此时递归调用PreOrderTraverse(T->rchild);访问了H结点的右孩子，printf显示字母K，如下图所示。

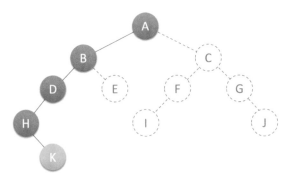

（6）再次递归调用PreOrderTraverse(T->lchild);访问了K结点的左孩子，K结点无左孩子，返回，调用PreOrderTraverse(T->rchild);访问了K结点的右孩子，也是null，返回。于是此函数执行完毕，返回到上一级递归的函数（即打印H结点时的函数），也执行完毕，返回到打印结点D时的函数，调用PreOrderTraverse(T->rchild);访问了D结点的右孩子，不存在，返回到B结点，调用PreOrderTraverse(T->rchild);找到了结点E，打印字母E，如下图所示。

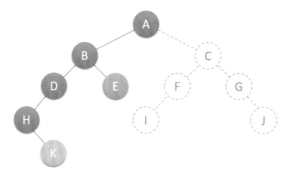

（7）由于结点E没有左右孩子，返回打印结点B时的递归函数，递归执行完毕，返回到最初的PreOrderTraverse，调用PreOrderTraverse(T->rchild);访问结点A的右孩子，打印字母C，如下图所示。

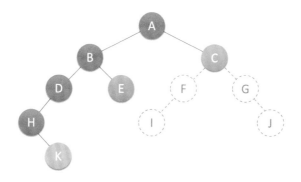

（8）之后类似前面的递归调用，依次继续打印F、I、G、J，步骤略。

综上，前序遍历这棵二叉树的节点顺序是ABDHKECFIGJ。

6.8.4　中序遍历算法

二叉树的中序遍历算法是如何的呢？哈哈，别以为很复杂，它和前序遍历算法仅仅是代码的顺序上的差异。

```
/* 二叉树的中序遍历递归算法 */
/* 初始条件：二叉树T存在 */
/* 操作结果：中序递归遍历T */
void InOrderTraverse(BiTree T)
{
    if(T==NULL)
        return;
    InOrderTraverse(T->lchild); /* 中序遍历左子树 */
    printf("%c",T->data);       /* 显示结点数据，可以更改为其他对结点的操作 */
    InOrderTraverse(T->rchild); /* 中序遍历右子树 */
}
```

换句话说，它等于是把调用左孩子的递归函数提前了，就这么简单。我们来看看当调用InOrderTraverse(T)函数时，程序是如何运行的。

（1）调用InOrderTraverse(T)，T的根结点不为null，于是调用InOrderTraverse(T->lchild);访问结点B。当前指针不为null，继续调用InOrderTraverse(T->lchild);访问结点D。不为null，继续调用InOrderTraverse(T->lchild);访问结点H。继续调用InOrderTraverse(T->lchild);访问结点H的左孩子，发现当前指针为null，于是返回。打印当前结点H，如下图所示。

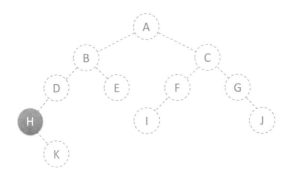

（2）然后调用InOrderTraverse(T->rchild);访问结点H的右孩子K，因结点K无左孩子，所以打印K，如下图所示。

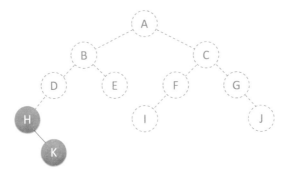

（3）因为结点K没有右孩子，所以返回。打印结点H，函数执行完毕，返回。打印字母D，如下图所示。

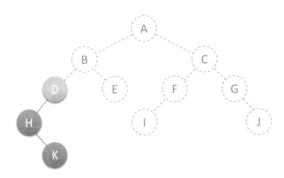

（4）结点D无右孩子，此函数执行完毕，返回。打印字母B，如下图所示。

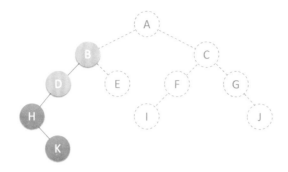

（5）调用InOrderTraverse(T->rchild);访问结点B的右孩子E，因结点E无左孩子，所以打印E，如下图所示。

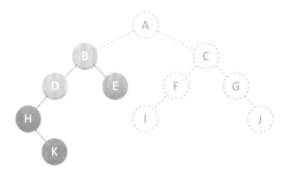

（6）结点E无右孩子，返回。结点B的递归函数执行完毕，返回到了最初我们调用InOrderTraverse的地方，打印字母A，如下图所示。

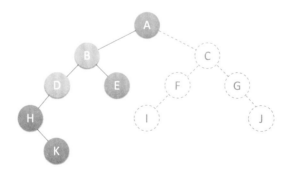

（7）再调用InOrderTraverse(T->rchild);访问结点A的右孩子C，再递归访问结点C的左孩子F，结点F的左孩子I。因为I无左孩子，打印I，之后分别打印F、C、G、J。步骤省略。

综上，中序遍历这棵二叉树的节点顺序是HKDBEAIFCGJ。

6.8.5 后序遍历算法

那么同样地，后序遍历也就很容易想到应该如何写代码了。

```
/* 二叉树的后序遍历递归算法 */
/* 初始条件: 二叉树T存在 */
/* 操作结果: 后序递归遍历T */
void PostOrderTraverse(BiTree T)
{
    if(T==NULL)
        return;
    PostOrderTraverse(T->lchild);    /* 后序遍历左子树 */
    PostOrderTraverse(T->rchild);    /* 后序遍历右子树 */
    printf("%c",T->data);            /* 显示结点数据, 可以更改为其他对结点的操作 */
}
```

如下图所示，后序遍历是先递归左子树，由根结点A→B→D→H，结点H无左孩子，再查看结点H的右孩子K，因为结点K无左右孩子，所以打印K，返回。

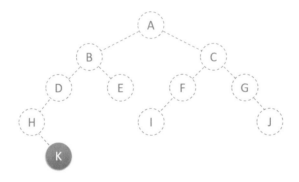

最终，后序遍历的结点顺序就是KHDEBIFJGCA。同学们可以自己按照刚才的办法得出这个结果。

6.8.6 推导遍历结果

有一种题目为了考查你对二叉树遍历的掌握程度，是这样出题的。已知一棵二叉树的前序遍历序列为ABCDEF，中序遍历序列为CBAEDF，请问这棵二叉树的后序遍历结果是多少？

对于这样的题目，如果真的完全理解了前中后序的原理，是不难的。

三种遍历都是从根结点开始，前序遍历是先打印再递归左和右。所以前序遍历序列为**A**BCDEF，第一个字母是A被打印出来，就说明A是根结点的数据。再由中序遍历序列是CB**A**EDF，可以知道C和B是A的左子树的结点，E、D、F是A的右子树的结点，如下图所示。

然后我们看前序中的C和B，它的顺序是A**BC**DEF，是先打印B后打印C，所以B应该是A的左孩子，而C就只能是B的孩子，此时是左孩子还是右孩子还不确定。再看中序序列是**CB**AEDF，C是在B的前面打印，这就说明C是B的左孩子，否则就是右孩子了，如下图所示。

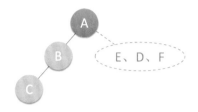

再看前序中的E、D、F，它的顺序是ABC**DEF**，那就意味着D是A结点的右孩子，E和F是D的子孙，注意，它们中有一个不一定是孩子，还有可能是孙子。再来看中序序列是CBA**EDF**，由于E在D的左侧，而F在右侧，所以可以确定E是D的左孩子，F是D的右孩子。因此最终得到的二叉树如下图所示。

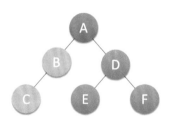

为了避免推导中的失误，你最好在心中递归遍历，检查一下这棵树的前序和中序遍历序列是否与题目中的相同。

已经复原了二叉树，要获得它的后序遍历结果就是易如反掌，结果是CBEFDA。

但其实，如果同学们足够熟练，不用画这棵二叉树，也可以得到后序的结果，因为刚才判断了A结点是根结点，那么它在后序序列中，一定是最后一个。刚才推导出C是B的左孩子，而B是A的左孩子，那就意味着后序序列的前两位一定是CB。同样的办法也可以得到EFD这样的后序顺序，最终就自然地得到CBEFDA这样的序列，不用在草稿上画树状图了。

反过来，如果我们的题目是这样：二叉树的中序序列是ABCDEFG，后序序列是BDCAFGE，求前序序列。

这次简单点，由后序的BDCAFG**E**，得到E是根结点，因此前序首字母是E。

于是根据中序序列分为两棵树ABCD和FG，由后序序列的**BDCA**FGE，知道A是E的左孩子，前序序列目前分析为EA。

再由中序序列的**ABCD**EFG，知道BCD是A结点的右子孙，再由后序序列的**BDC**AFGE知道C结点是A结点的右孩子，前序序列目前分析得到EAC。

由中序序列A**BCD**EFG，得到B是C的左孩子，D是C的右孩子，所以前序序列目前分析结果为EACBD。

由后序序列BDCA**FG**E，得到G是E的右孩子，于是F就是G的孩子。如果你是在考试时做这道题目，时间就是分数、名次、学历，那么你根本不需关心F是G的左孩子还是右孩子，前序遍历序列的最终结果就是EACBDGF。

不过细细分析，根据中序序列ABCDE**FG**，是可以得出F是G的左孩子。

从这里我们也得到两个二叉树遍历的性质。

- ■ 已知前序遍历序列和中序遍历序列，可以唯一确定一棵二叉树。
- ■ 已知后序遍历序列和中序遍历序列，可以唯一确定一棵二叉树。

但要注意了，已知前序和后序遍历，是不能确定一棵二叉树的，原因也很简单，比如前序序列是ABC，后序序列是CBA。我们可以确定A一定是根结点，但接下来，我们无法知道，哪个结点是左子树，哪个结点是右子树。这棵树可能有如下图所示的四种可能。

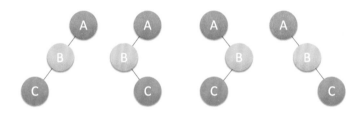

6.9 二叉树的建立

说了半天，我们如何在内存中生成一棵二叉链表的二叉树呢？树都没有，哪来的遍历。所以我们还得来谈谈关于二叉树建立的问题。

如果我们要在内存中建立一个左下图这样的树，为了能让每个结点确认是否有左右孩子，我们对它进行了扩展，变成右下图的样子，也就是将二叉树中每个结点的空指针引出一个虚结点，其值为一特定值，比如"#"。我们称这种处理后的二叉树为原二叉树的扩展二叉树。扩展二叉树就可以做到一个遍历序列确定一棵二叉树了。比如下图的前序遍历序列就为AB#D##C##。

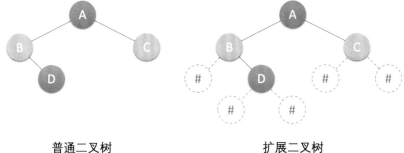

普通二叉树　　　　　　　　　　　　　扩展二叉树

有了这样的准备，我们就可以来看看如何生成一棵二叉树了。假设二叉树的结点均为一个字符，我们把刚才前序遍历序列**AB#D##C##**用键盘挨个输入。实现的算法如下：

```
/* 按前序输入二叉树中结点的值 (一个字符)  */
/* #表示空树, 构造二叉链表表示二叉树T  */
void CreateBiTree(BiTree *T)
{
    TElemType ch;

    scanf("%c",&ch);
    ch=str[index++];

    if(ch=='#')
        *T=NULL;
    else
    {
        *T=(BiTree)malloc(sizeof(BiTNode));
        if(!*T)
            exit(OVERFLOW);
        (*T)->data=ch;                    /* 生成根结点 */
        CreateBiTree(&(*T)->lchild);      /* 构造左子树 */
        CreateBiTree(&(*T)->rchild);      /* 构造右子树 */
    }
}
```

其实建立二叉树，也是利用了递归的原理。只不过在原来应该是打印结点的地方，改成了生成结点、给结点赋值的操作而已。所以大家理解了前面的遍历的话，对于这段代码就不难理解了。

6.10 线索二叉树

6.10.1　线索二叉树的原理

我们现在提倡节约型社会，一切都应该节约为本。对待我们的程序当然也不例外，能不浪费的时间或空间，都应该考虑节约。我们再来观察下图，会发现指针域并不是都充分利用了，有许许多多的"∧"，也就是空指针域的存在，这实在不是好现象，应该要想办法利用起来。

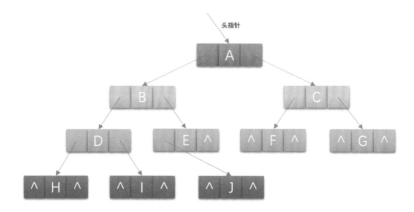

首先我们要来看看这空指针有多少个呢？对于一个有n个结点的二叉链表，每个结点有指向左右孩子的两个指针域，所以一共是$2n$个指针域。而n个结点的二叉树一共有$n-1$条分支线数，也就是说，其实是存在$2n-(n-1)=n+1$个空指针域。比如上图有10个结点，而带有"∧"的空指针域为11。这些空间不存储任何事物，白白浪费着内存的资源。

另一方面，我们在做遍历时，比如对上图做中序遍历时，得到了HDIBJEAFCG这样的字符序列，遍历过后，我们可以知道，结点I的前驱是D，后继是B，结点F的前驱是A，后继是C。也就是说，我们可以很清楚地知道任意一个结点，它的前驱和后继是哪一个结点。

可是这是建立在已经遍历过的基础之上的。在二叉链表上，我们只能知道每个结点指向其左右孩子结点的地址，而不知道某个结点的前驱是谁，后继是谁。要想知道，必须遍历一次。以后每次需要知道时，都必须先遍历一次。为什么不考虑在创建时就记住这些前驱和后继呢？那将是多大的时间上的节省呀！

综合刚才两个角度的分析，我们可以考虑利用那些空地址，存放指向结点在某种遍历次序下的前驱和后继结点的地址。就好像GPS导航仪一样，我们开车的时候，哪怕我们对具体目的地的位置一无所知，但它每次都可以告诉我从当前位置的下一步应该走向哪里。这就是我们现在要研究的问题。我们把这种**指向前驱和后继的指针称为线索，加上线索的二叉链表称为线索链表，相应的二叉树就称为线索二叉树**（Threaded Binary Tree）。

请看下图，我们把这棵二叉树进行中序遍历后，将所有的空指针域中的rchild，改为指向它的后继结点。于是我们就可以通过指针知道H的后继是D（图中①），I的后继是B（图中②），J的后继是E（图中③），E的后继是A（图中④），F的后继是C（图中⑤），G的后继因为不存在而指向NULL（图中⑥）。此时共有6个空指针域被利用。

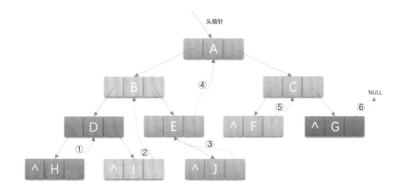

再看下图，我们将这棵二叉树的所有空指针域中的lchild，改为指向当前结点的前驱。因此H的前驱是NULL（图中①），I的前驱是D（图中②），J的前驱是B（图中③），F的前驱是A（图中④），G的前驱是C（图中⑤）。一共5个空指针域被利用，正好和上面的后继加起来是11个。

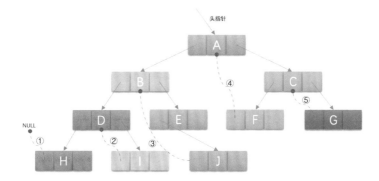

通过下图（黑点虚线为前驱，蓝箭头虚线为后继），就更容易看出，其实线索二叉树，等于是把一棵二叉树转变成了一个双向链表，这样就为我们的插入删除结点、查找某个结点都带来了方便。所以我们对二叉树以某种次序遍历使其变为线索二叉树的过程称做是线索化。

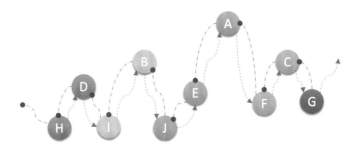

不过好事总是多磨的，问题并没有彻底解决。我们如何知道某一结点的lchild是指向它的左孩子还是指向前驱？rchild是指向右孩子还是指向后继？比如E结点的lchild是指向它的左孩子J，而rchild却是指向它的后继A。显然我们在决定lchild是指向左孩子还是前驱，rchild是指向右孩子还是后继上是需要一个区分标志的。因此，我们在每个结点再增设两个标志域ltag和rtag，注意ltag和rtag只是存放0或1数字的布尔型变量，其占用的内存空间要小于像lchild和rchild的指针变量。结点结构如下表所示。

lchild	ltag	data	rtag	rchild

其中：

- ltag为0时指向该结点的左孩子，为1时指向该结点的前驱。
- rtag为0时指向该结点的右孩子，为1时指向该结点的后继。

因此对于左下图的二叉链表图可以修改为右下图的样子。

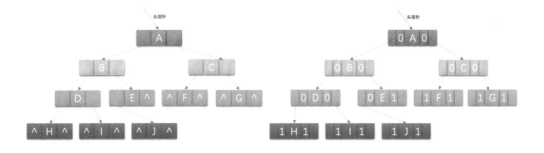

6.10.2 线索二叉树结构的实现

由此二叉树的线索存储结构定义代码如下：

```
/* 二叉树的二叉线索存储结构定义 */
typedef char TElemType;
typedef enum {Link,Thread} PointerTag;    /* Link=0表示指向左右孩子指针，*/
                                          /* Thread=1表示指向前驱或后继的线索 */
typedef  struct BiThrNode                 /* 二叉线索存储结点结构 */
{
    TElemType data;                       /* 结点数据 */
    struct BiThrNode *lchild, *rchild;    /* 左右孩子指针 */
    PointerTag LTag;
    PointerTag RTag;                      /* 左右标志 */
} BiThrNode, *BiThrTree;
```

> 注：树的线索二叉树相关代码请参看代码目录下"/第6章树/03线索二叉树_ThreadBinaryTree.c"。

线索化的实质就是将二叉链表中的空指针改为指向前驱或后继的线索。由于前驱和后继的信息只有在遍历该二叉树时才能得到，所以**线索化的过程就是在遍历的过程中修改空指针的过程**。

中序遍历线索化的递归函数代码如下：

```
BiThrTree pre;                    /* 全局变量,始终指向刚刚访问过的结点 */
/* 中序遍历进行中序线索化 */
void InThreading(BiThrTree p)
{
    if(p)
    {
        InThreading(p->lchild);   /* 递归左子树线索化 */
        if(!p->lchild)            /* 没有左孩子 */
        {
            p->LTag=Thread;       /* 前驱线索 */
            p->lchild=pre;        /* 左孩子指针指向前驱 */
        }
        if(!pre->rchild)          /* 前驱没有右孩子 */
        {
            pre->RTag=Thread;     /* 后继线索 */
            pre->rchild=p;        /* 前驱右孩子指针指向后继(当前结点p) */
        }
        pre=p;                    /* 保持pre指向p的前驱 */
        InThreading(p->rchild);   /* 递归右子树线索化 */
    }
}
```

你会发现，代码中除**高亮代码**以外，和二叉树中序遍历的递归代码几乎完全一样。只不过将本是打印结点的功能改成了线索化的功能。

中间高亮部分代码是做了这样的一些事：

if(!p->lchild)表示如果某结点的左指针域为空，因为其前驱结点刚刚访问过，赋值给了pre，所以可以将pre赋值给p->lchild，并修改p->LTag=Thread（也就是定义为1）以完成前驱结点的线索化。

后继就要稍稍麻烦一些。因为此时p结点的后继还没有访问到，因此只能对它的前驱结点pre的右指针rchild做判断，if(!pre->rchild)表示如果为空，则p就是pre的后继，于是pre->rchild=p，并且设置pre->RTag=Thread，完成后继结点的线索化。

完成前驱和后继的判断后，别忘记将当前的结点p赋值给pre，以便于下一次使用。

有了线索二叉树后，我们对它进行遍历时发现，其实就等于是操作一个双向链表结构。

和双向链表结构一样，在二叉树线索链表上添加一个头结点，如下图所示，并令其lchild域的指针指向二叉树的根结点（图中的①），其rchild域的指针指向中序遍历时访问的最后一个结点（图中的②）。反之，令二叉树的中序序列中的第一个结点中，lchild域指针和最后一个结点的rchild域指针均指向头结点（图中的③和④）。这样定义的好处就是我们既可以从第一个结点起顺后继进行遍历，也可以从最后一个结点起顺前驱进行遍历。

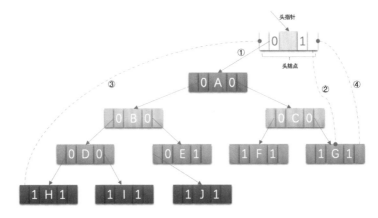

遍历的代码如下：

```
1   /* T指向头结点，头结点左链lchild指向根结点，头结点右链rchild指向中序遍历的 */
2   /* 最后一个结点。中序遍历二叉线索链表表示的二叉树T */
3   Status InOrderTraverse_Thr(BiThrTree T)
4   {
5       BiThrTree p;
6       p=T->lchild;                      /* p指向根结点 */
7       while(p!=T)                        /* 空树或遍历结束时,p==T */
8       {
9           while(p->LTag==Link)          /* 当LTag==0时循环到中序序列第一个结点 */
10              p=p->lchild;
11          printf ("%c",p->data) ;        /* 显示结点数据，可以更改为其他对结点的操作 */
12          while(p->RTag==Thread && p->rchild!=T)
13          {
14              p=p->rchild;
15              printf ("%c",p->data) ;   /* 访问后继结点 */
16          }
17          p=p->rchild;                   /* p进至其右子树根 */
18      }
19      return OK;
20  }
```

（1）代码中，第6行，p=T->lchild;意思就是上图中的①，让p指向根结点开始遍历。

（2）第7～18行，while(p!=T)意思就是循环直到图中的④的出现，此时意味着p指向了头结点，于是与T相等（T是指向头结点的指针），结束循环，否则一直循环下去进行遍历操作。

（3）第9行和第10行，while(p->LTag==Link)这个循环，就是由A→B→D→H，此时H结点的LTag不是Link（就是不等于0），所以结束此循环。

（4）第11行，打印H。

（5）第12～16行，while(p->RTag==Thread && p->rchild!=T)，由于结点H的RTag==Thread（就是等于1），且不是指向头结点。因此打印H的后继D，之后因为D的RTag是Link，因此退出循环。

（6）第17行，p=p->rchild;意味着p指向了结点D的右孩子I。

（7）……，就这样不断循环遍历，路径参照下图，直到打印出HDIBJEAFCG，结束遍历操作。

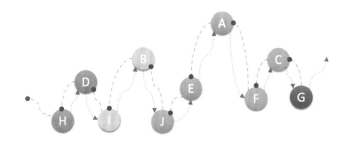

从这段代码也可以看出，它等于是一个链表的扫描，所以时间复杂度为$O(n)$。

由于它充分利用了空指针域的空间（这等于是节省了空间），又保证了创建时的一次遍历就可以终生受用前驱后继的信息（这意味着节省了时间）。所以在实际问题中，**如果所用的二叉树需经常遍历或查找结点时需要某种遍历序列中的前驱和后继，那么采用线索二叉链表的存储结构就是非常不错的选择。**

6.11 树、森林与二叉树的转换

我之前在网上看到这样一个故事，不知道是真还是假，反正是有点意思。

故事是说联合利华引进了一条香皂包装生产线，结果发现这条生产线有个缺陷：常常会有盒子里没装入香皂。总不能
把空盒子卖给顾客啊，他们只好请了一个学自动化的博士设计一个方案来分拣空的香皂盒。博士组织成立了一个十几人的科研攻关小组，综合采用了机械、微电子、自动化、X射线探测等技术，花了几十万，成功解决了问题。每当生产线上有空香皂盒通过，两旁的探测器会检测到，并且驱动一只机械手把空皂盒推走。

中国南方有个乡镇企业也买了同样的生产线，老板发现这个问题后大为光火，找了个小工来说：你把这个问题搞定，不然老子炒你鱿鱼。小工很快
想出了办法：他在生产线旁边放了台风扇猛吹，空皂盒自然会被吹走。

这个故事在网上引起了很大的争议，我相信大家听完后也会有不少的想法。不过我在这只是想说，有很多复杂的问题都是可以用简单办法去处理的，在于你肯不肯动脑筋，在于你有没有创新。

我们前面已经讲过了树的定义和存储结构，对于树来说，在满足树的条件下可以是任意形状，一个结点可以有任意多个孩子，显然对树的处理要复杂得多，去研究关于树的性质和算法，真的不容易。有没有简单的办法解决对树处理的难题呢？

我们前面也讲了二叉树，尽管它也是树，但由于每个结点最多只能有左孩子和右孩子，面对的变化就少很多了。因此很多性质和算法都被研究了出来。如果所有的树都像二叉树一样方便就好了。你还别说，真是可以这样做。

在讲树的存储结构时，我们提到了树的孩子兄弟法可以将一棵树用二叉链表进行存储，所以借助二叉链表，树和二叉树可以相互进行转换。从物理结构来看，它们的二叉链表也是相同的，只是解释不太一样而已。因此，只要我们设定一定的规则，用二叉树来表示树，甚至表示森林都是可以的，森林与二叉树也可以互相进行转换。

我们分别来看看它们之间的转换如何进行。

6.11.1　树转换为二叉树

树如下图所示。

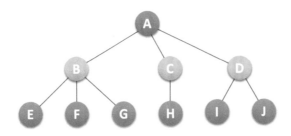

将树转换为二叉树的步骤如下。

（1）加线。在所有兄弟结点之间加一条连线。如下图所示。

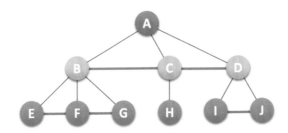

（2）去线。对树中每个结点，只保留它与第一个孩子结点的连线，删除它与其他孩子结点之间的连线。如下图所示。

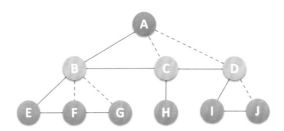

（3）层次调整。以树的根结点为轴心，将整棵树顺时针旋转一定的角度，使之结构层次分明。注意第一个孩子是二叉树结点的左孩子，兄弟转换过来的孩子是结点的右孩子。如右图所示。

例如上面几幅图，一棵树经过三个步骤转换为一棵二叉树。初学者容易犯的错误就是在层次调整时，弄错了左右孩子的关系。比如图中F、G本都是树结点B的孩子，是结点E的兄弟，因此转换后，F就是二叉树结点E的右孩子，G是二叉树结点F的右孩子。

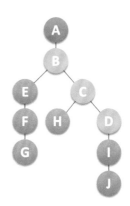

6.11.2 森林转换为二叉树

森林是由若干棵树组成的，所以完全可以理解为，森林中的每一棵树都是兄弟，可以按照兄弟的处理办法来操作。

例如右图，我们要将森林的三棵树转化为一棵二叉树。

转化步骤如下。

（1）把每个树转换为二叉树。如右图所示。

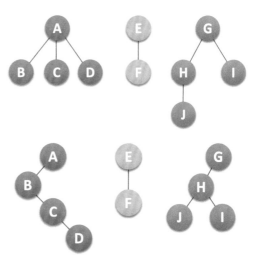

（2）第一棵二叉树不动，从第二棵二叉树开始，依次把后一棵二叉树的根结点作为前一棵二叉树的根结点的右孩子，用线连接起来。当所有的二叉树连接起来后就得到了由森林转换来的二叉树。如右图所示。

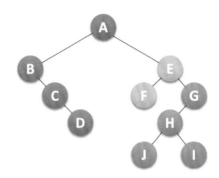

6.11.3　二叉树转换为树

二叉树转换为树是树转换为二叉树的逆过程，也就是反过来做而已。比如右图的二叉树。

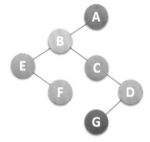

转化为树的步骤如下。

（1）加线。若某结点的左孩子结点存在，则将这个左孩子的右孩子结点、右孩子的右孩子结点、右孩子的右孩子的右孩子结点……哈，反正就是左孩子的n个右孩子结点都作为此结点的孩子。将该结点与这些右孩子结点用线连接起来。如右图所示。

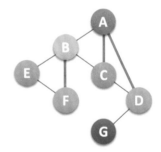

（2）去线。删除原二叉树中所有结点与其右孩子结点的连线。如右图所示。

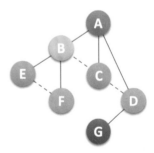

（3）层次调整。使之结构层次分明。如右图所示。

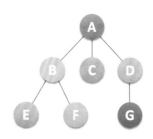

6.11.4　二叉树转换为森林

判断一棵二叉树能够转换成一棵树还是森林，标准很简单，那就是只要看这棵二叉树的根结点有没有右孩子，有就是森林，没有就是一棵树。

比如右图这个二叉树：

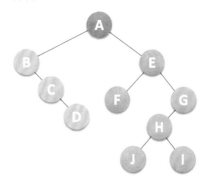

转换成森林的步骤如下。

（1）从根结点开始，若右孩子存在，则把与右孩子结点的连线删除。如右图所示。

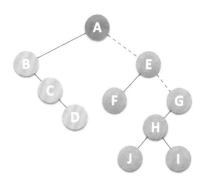

（2）再查看分离后的二叉树，若右孩子存在，则连线删除……，直到所有右孩子连线都删除为止，得到分离的二叉树。如右图所示。

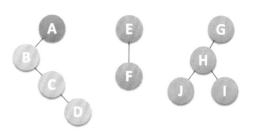

（3）再将每棵分离后的二叉树转换为树即可。如右图所示。

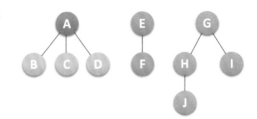

6.11.5　树与森林的遍历

最后我们再谈一谈关于树与森林的遍历问题。

树的遍历分为两种方式。

（1）先根遍历树。即先访问树的根结点，然后依次先根遍历根的每棵子树。

（2）后根遍历。即先依次后根遍历每棵子树，然后再访问根结点。比如右图的树，它的先根遍历序列为ABEFCDG，后根遍历序列为EFBCGDA。

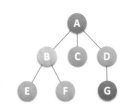

森林的遍历也分为两种方式。

（1）**前序遍历**：先访问森林中第一棵树的根结点，然后再依次先根遍历根的每棵子树，再依次用同样方式遍历除去第一棵树的剩余树构成的森林。比如下图三棵树的森林，前序遍历序列的结果就是ABCDEFGHJI。

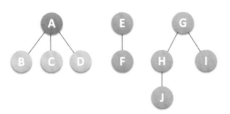

（2）**中序遍历**：是先访问森林中第一棵树，中序遍历的方式遍历每棵子树，然后再访问根结点，再依次同样方式遍历除去第一棵树的剩余树构成的森林。比如下图三棵树的森林，中序遍历序列的结果就是BCDAFEJHIG。可如果我们对下图的二叉树进行分析就会发现，森林的前序遍历和二叉树的前序遍历结果相同，森林的中序遍历和二叉树的中序遍历结果相同。

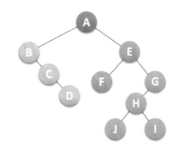

可如果我们对下图的二叉树进行分析就会发现，森林的前序遍历和二叉树的前序遍历结果相同，森林的后序遍历和二叉树的中序遍历结果相同。

这也就告诉我们,当以二叉链表作树的存储结构时,树的先根遍历和后根遍历完全可以借用二叉树的前序遍历和中序遍历的算法来实现。这其实也就证实,我们找到了对树和森林这种复杂问题的简单解决办法。

6.12 哈夫曼树及其应用

6.12.1　哈夫曼树

"喂,兄弟,最近无聊透顶了,有没有什么书可看?"

"我这有《三国演义》的电子书,你要不要?"

"'既生瑜,何生亮。'《三国演义》好呀,你邮件发给我!"

"OK!文件1MB多,好像大了点。我打个包,稍等……哈哈,少了一半,压缩效果不错呀。"

"太棒了,快点传给我吧。"

三国演义.txt	文本文档	1,208 KB
三国演义.zip	WinRAR ZIP 压缩文件	682 KB

这是我们生活中常见的对白。现在我们都是讲究效率的社会,什么都要求速度,在不能出错的情况下,做任何事情都讲究越快越好。在计算机和互联网技术中,文本压缩就是一个非常重要的技术。玩电脑的人几乎都会应用压缩和解压缩软件来处理文档。因为它除了可以减少文档在磁盘上的空间外,还有重要的一点,就是我们可以在网络上以压缩的形式传输大量数据,使得保存和传递都更加高效。

那么压缩而不出错是如何做到的呢?简单说,就是把我们要压缩的文本进行重新编码,以减少不必要的空间。尽管现在最新技术在编码上已经很好很强大,但这一切都来自于曾经的技术积累,我们今天就来介绍一下最基本的压缩编码方法——哈夫曼编码。

在介绍哈夫曼编码前,我们必须得介绍哈夫曼树,而介绍哈夫曼树,我们又不得不提这样一个人,美国数学家哈夫曼(David Huffman),也有的翻译为赫夫曼。他在1952年发明了哈夫曼编码,为了纪念他的成就,于是就把他在编码中用到的特殊的二叉树称之为哈夫曼树,他的编码方法称为哈夫曼编码。也就是说,我们现在介绍的知识全都来自于近60年前这位伟大科学家的研究成果,而我们平时所用的压缩和解压缩技术也都是基于哈夫曼的研究之上发展而来的,我们应该记住他。

什么叫做哈夫曼树呢?我们先来看一个例子。

过去我们小学、中学一般考试都是用百分制来表示学科成绩的。这带来了一个弊端，就是很容易让学生、家长，甚至老师自己都以分取人，让分数代表了一切。有时想想也对，90分和95分也许就只是一道题目对错的差距，但却让两个孩子可能受到完全不同的待遇，这并不公平。于是在如今提倡素质教育的背景下，我们很多的学科，特别是小学的学科成绩都改作了优秀、良好、中等、及格和不及格这样模糊的词语，不再通报具体的分数。

不过对于老师来讲，他在对试卷评分的时候，显然不能凭感觉给优良或及格不及格等成绩，因此一般还是按照百分制算出每个学生的成绩后，再根据统一的标准换算得出五级分制的成绩。比如下面的代码就实现了这样的转换。

```
if  (a<60)
    b="不及格";
else if  (a<70)
    b="及格";
else if  (a<80)
    b="中等";
else if  (a<90)
    b="良好";
else
    b="优秀";
```

下图粗略看没什么问题，可是通常都认为，一张好的考卷应该是让学生成绩大部分处于中等或良好的范围，优秀和不及格都应该较少才对。而上面这样的程序，就使得所有的成绩都需要先判断是否及格，再逐级而上得到结果。输入量很大的时候，其实算法是有效率问题的。

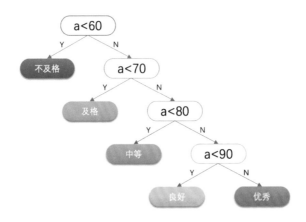

如果在实际的学习生活中，学生的成绩在5个等级上的分布规律如下表所示。

分数	0～59	60～69	70～79	80～89	90～100
所占比例	5%	15%	40%	30%	10%

那么70分以上大约占总数80%的成绩都需要经过3次以上的判断才可以得到结果，这显然不合理。

有没有好一些的办法，仔细观察发现，中等成绩（70～79分）比例最高，其次是良好成绩，不及格的所占比例最少。我们把上图这棵二叉树重新进行分配。改成如下图的做法试试看。

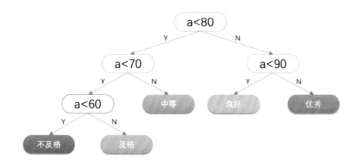

从图中感觉，应该效率要高一些了，到底高多少呢？这样的二叉树又是如何设计出来的呢？我们来看看哈夫曼大叔是如何说的吧。

6.12.2 哈夫曼树的定义与原理

我们先把这两棵二叉树简化成叶子结点带权的二叉树（注：树结点间的边相关的数叫做权Weight），如下图所示。其中A表示不及格、B表示及格、C表示中等、D表示良好、E表示优秀。每个叶子的分支线上的数字就是刚才我们提到的五级分制的成绩所占百分比。

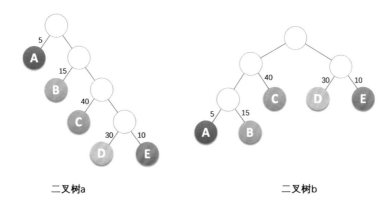

二叉树a   二叉树b

哈夫曼大叔说，**从树中一个结点到另一个结点之间的分支构成两个结点之间的路径，路径上的分支数目称做路径长度。** 上图的第一个二叉树中，根结点到结点D的路径长度就为4，第二个二叉树中根结点到结点D的路径长度为2。**树的路径长度就是从树根到每一结点的路径长度之和。** 二叉树a的路径长度就为1+1+2+2+3+3+4+4=20。二叉树b的路径长度就为1+2+3+3+2+1+2+2=16。

如果考虑到带权的结点，结点的带权的路径长度为从该结点到树根之间的路径长度与结点上权的乘积。树的带权路径长度为树中所有叶子结点的带权路径长度之和。假设有n个权值$\{w_1, w_2, \cdots, w_n\}$，构造一棵有$n$个叶子结点的二叉树，每个叶子结点带权$w_k$，每个叶子结点的路径长度为$l_k$，则其中带权路径长度WPL最小的二叉树称做哈夫曼树。有不少书中也称为最优二叉树，我个人觉得为了纪念做出巨大贡献的科学家，既然用他们的名字命名，就应该坚持用他们的名字称呼，哪怕"最优"更能体现这棵树的品质也应该只作为别名。

有了哈夫曼对带权路径长度的定义，我们来计算一下上图这两棵树的WPL值。

二叉树a的WPL=5×1+15×2+40×3+30×4+10×4=315

注意：这里5是A结点的权，1是A结点的路径长度，其他同理。

二叉树b的WPL=5×3+15×3+40×2+30×2+10×2=220

这样的结果意味着什么呢？如果我们现在有10000个学生的百分制成绩需要计算五级分制成绩，用二叉树a的判断方法，需要做31500次比较，而用二叉树b的判断方法，只需要22000次比较，差不多少了三分之一，在性能上提高不是一点点。

那么现在的问题就是，上图的二叉树b这样的树是如何构造出来的，这样的二叉树是不是就是最优的哈夫曼树呢？别急，哈夫曼大叔给了我们解决的办法。

（1）先把有权值的叶子结点按照从小到大的顺序排列成一个有序序列，即A5，E10，B15，D30，C40。

（2）取头两个最小权值的结点作为一个新结点N_1的两个子结点，注意相对较小的是左孩子，这里就是A为N_1的左孩子，E为N_1的右孩子，如下图所示。新结点的权值为两个叶子权值的和5+10=15。

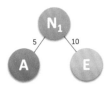

（3）将N_1替换A与E，插入有序序列中，保持从小到大排列。即$N_1$15，B15，D30，C40。

（4）重复步骤（2）。将N_1与B作为一个新结点N_2的两个子结点。如下图所示。N_2的权值=15+15=30。

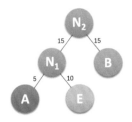

（5）将N_2替换N_1与B，插入有序序列中，保持从小到大排列。即$N_2$30，D30，C40。

（6）重复步骤（2）。将N_2与D作为一个新结点N_3的两个子结点。如下图所示。N_3的权值=30+30=60。

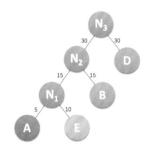

（7）将N_3替换N_2与D，插入有序序列中，保持从小到大排列。即C40，$N_3$60。

（8）重复步骤（2）。将C与N_3作为一个新结点T的两个子结点，如左下图所示。由于T即是根结点，完成哈夫曼树的构造。

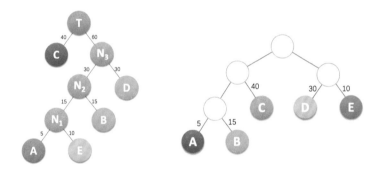

此时的左上图二叉树的带权路径长度WPL=40×1+30×2+15×3+10×4+5×4=205。与右上图二叉树的WPL=5×3+15×3+40×2+30×2+10×2=220相比，还少了15。显然此时构造出来的二叉树才是最优的哈夫曼树。

不过现实总是比理想要复杂得多，上图左图虽然是哈夫曼树，但就当前例子而言有点特殊性，由于每次判断都要两次比较（如根结点就是a<80 && a>=70，两次比较才能得到y或n的结果），所以总体性能上，反而不如右图的二叉树性能高（如根结点只需比较a<80）。当然这并不是我们要讨论的重点了。

通过刚才的步骤，我们可以得出构造哈夫曼树的哈夫曼算法的描述。

（1）根据给定的n个权值{ $w_1,w_2,\cdots,w_n$ }构成n棵二叉树的集合F={ $T_1,T_2,\cdots,T_n$ }，其中每棵二叉树T_i中只有一个带权为w_i的根结点，其左右子树均为空。

（2）在F中选取两棵根结点的权值最小的树作为左右子树构造一棵新的二叉树，且置新的二叉树的根结点的权值为其左右子树上根结点的权值之和。

（3）在F中删除这两棵树，同时将新得到的二叉树加入F中。

（4）重复步骤（2）和（3），直到F只含一棵树为止。这棵树便是哈夫曼树。

6.12.3 哈夫曼编码

当然，哈夫曼研究这种最优树的目的不是为了我们可以转化一下成绩。他的更大目的是为了解决当年远距离通信（主要是电报）的数据传输的最优化问题。

比如我们有一段文字内容"BADCADFEED"要通过网络传输给别人，显然用二进制的数字（0和1）来表示是很自然的想法。现在这段文字只有六个字母A、B、C、D、E、F，那么我们可以用相应的二进制字符表示，如下表所示。

字母	A	B	C	D	E	F
二进制字符	000	001	010	011	100	101

这样真正传输的数据就是编码后的"001000011010000011101100100011"，对方接收时可以按照三位一分来译码。如果一篇文章很长，这样的二进制串也将非常的可怕。而且事实上，不管是英文、中文或是其他语言，字母或汉字的出现频率是不相同的，比如英语中的几个元音字母"a""e""i""o""u"，中文中的"的""了""有""在"等汉字都是频率极高。

假设六个字母的频率为A 27，B 8，C 15，D 15，E 30，F 5，合起来正好是100%。那就意味着，我们完全可以重新按照哈夫曼树来规划它们。

左下图为构造哈夫曼树的过程的权值显示。右下图为将权值左分支改为0，右分支改为1后的哈夫曼树。

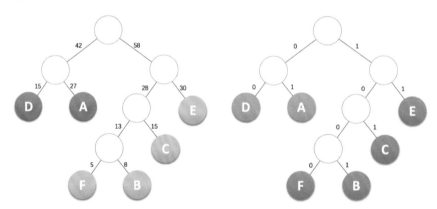

此时，我们对这六个字母用其从树根到叶子所经过路径的0或1来编码，可以得到如下表所示这样的定义。

字母	A	B	C	D	E	F
二进制字符	01	1001	101	00	11	1000

我们将文字内容"BADCADFEED"再次编码，对比可以看到结果串变小了。

- 原编码二进制串：001000011010000011101100100011　　　　　（共30个字符）
- 新编码二进制串：1001010010101001000111100　　　　　　（共25个字符）

也就是说，我们的数据被压缩了，节约了大约17%的存储或传输成本。随着字符的增加和多字符权重的不同，这种压缩会更加显出其优势。

当我们接收到100101001010101001000111100这样压缩过的新编码时，我们应该如何把它解码出来呢？

编码中非0即1，长短不等的话其实是很容易混淆的，所以**若要设计长短不等的编码，则必须是任一字符的编码都不是另一个字符的编码的前缀，这种编码称做前缀编码。**

你仔细观察就会发现，上表中的编码就不存在容易与1001、1000混淆的"10"和"100"编码。

可仅仅是这样是不足以让我们去方便地解码的，因此在解码时，还是要用到哈夫曼树，即发送方和接收方必须要约定好同样的哈夫曼编码规则。

当我们接收到100101001010101001000111100时，由约定好的哈夫曼树可知，1001得到第一个字母是B，接下来01意味着第二个字符是A，如下图所示，其余的也相应的可以得到，从而成功解码。

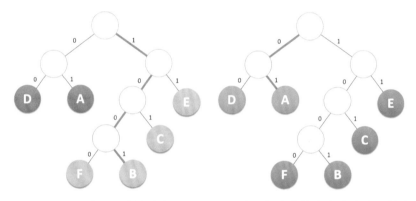

一般地，设需要编码的字符集为{ $d_1, d_2, \cdots, d_n$ }，各个字符在电文中出现的次数或频率集合为{ $w_1, w_2, \cdots, w_n$ }，以$d_1, d_2, \cdots, d_n$作为叶子结点，以$w_1, w_2, \cdots, w_n$作为相应叶子结点的权值来构造一棵哈夫曼树。规定哈夫曼树的左分支代表0，右分支代表1，则从根结点到叶子结点所经过的路径分支组成的0和1的序列便为该结点对应字符的编码，这就是哈夫曼编码。[①]

6.13 总结回顾

终于到了总结的时间，这一章与前面章节相比，显得过于庞大了些，原因也就在于树的复杂性和变化丰富度是前面的线性表所不可比拟的。即使在本章之后，我们也还要

---

① 关于哈夫曼编码的详细信息，请参考《算法导论》第 16 章的 16.3 节。

讲解关于树这一数据结构的相关知识，可见它的重要性。

开头我们提到了树的定义，讲到了递归在树定义中的应用。提到了如子树、结点、度、叶子、分支结点、双亲、孩子、层次、深度、森林等诸多概念，这些都是需要在理解的基础上去记忆的。

我们谈到了树的存储结构时，讲了双亲表示法、孩子表示法、孩子兄弟表示法等不同的存储结构。

并由孩子兄弟表示法引出了我们这章中最重要一种树——二叉树。

二叉树每个结点最多两棵子树，有左右之分。提到了斜树、满二叉树、完全二叉树等特殊二叉树的概念。

我们接着谈到二叉树的各种性质，这些性质给我们研究二叉树带来了方便。

二叉树的存储结构由于其特殊性使得既可以用顺序存储结构又可以用链式存储结构表示。

遍历是二叉树最重要的一门学问，前序、中序、后序以及层序遍历都是需要熟练掌握的知识。要让自己学会用计算机的运行思维去模拟递归的实现，可以加深我们对递归的理解。不过，并非二叉树遍历就一定要用到递归，只不过递归的实现比较优雅而已。这点需要明确。

二叉树的建立自然也是可以通过递归来实现的。

研究中也发现，二叉链表有很多浪费的空指针可以利用，查找某个结点的前驱和后继为什么非要每次遍历才可以得到，这就引出了如何构造一棵线索二叉树的问题。线索二叉树给二叉树的结点查找和遍历带来了高效率。

树、森林看似复杂，其实它们都可以转化为简单的二叉树来处理，我们提供了树、森林与二叉树的互相转换的办法，这样就使得面对树和森林的数据结构时，编码实现成为了可能。

最后，我们提到了关于二叉树的一个应用，哈夫曼树和哈夫曼编码，对带权路径的二叉树做了详尽的讲述，让你初步理解数据压缩的原理，并明白其是如何做到无损编码和无错解码的。

6.14 结尾语

在我们这章开头，我们提到了《阿凡达》这部电影，电影中有一个情节就是人类用先进的航空武器和导弹硬是将那棵纳威人赖以生存的苍天大树给放倒了，让人很是唏嘘感慨。这尽管讲的只是一个虚构的故事，但在现实社会中，人类为了某种很短期的利益，乱砍滥伐，毁灭森林，破坏植被几乎天天都在我们居住的地球上演。

　　这样造成的结果就是冬天深寒、夏天酷热、超强台风、百年洪水、滚滚泥流、无尽干旱。我们地球上人类的生存环境岌岌可危。

　　是的，这只是一堂计算机课，讲的是无生命的数据结构——树。但在这一章的最后，我还是想呼吁一下大家。

　　人受伤时还会流下泪水，树受伤时，老天都不会哭泣。希望我们的未来不要仅仅有钢筋水泥建造的高楼和大厦，也要有郁郁葱葱的森林和草地，我们人类才可能与自然和谐共处。爱护树木、保护森林，让我们为生存的家园能够更加自然与美好，尽一份自己的力量。

　　好了，今天课就到这，下课。

第 **7** 章　图

启示 | revelation

图：图（Graph）是由顶点的有穷非空集合和顶点之间边的集合组成的，通常表示为
G（V,E），其中，G表示一个图，V是图G中顶点的集合，E是图G中边的集合。

7.1 开场白

旅游几乎是每个年轻人的爱好，但没有钱或没时间也是困惑年轻人不能圆梦的直接原因。如果可以用最少的资金和最少的时间周游中国甚至是世界一定是非常棒的。假设你已经有了一笔不算很丰裕的闲钱，也有了约半年的时间。此时打算全国性的旅游，你将会如何安排这次行程呢？

我们假设旅游就是逐个省市进行，省市内的风景区不去细分，例如北京玩7天，天津玩3天，四川玩20天这样子。你现在需要做的就是制订一个规划方案，如何才能用最少的成本将右图中的所有省市都玩遍，这里所谓最少的成本是指交通成本与时间成本。

如果你不善于规划，很有可能就会出现如玩好新疆后到海南，然后再冲向黑龙江这样的荒唐决策。但是即使是紧挨着省市游玩的方案也会存在很复杂的选择问题，比如游完湖北，周边有安徽、江西、湖南、重庆、陕西、河南等省市，你下一步怎么走最划算呢？

你一时解答不了这些问题是很正常的，计算的工作本来就非人脑而应该是电脑去做的事情。我们今天要开始学习最有意思的一种数据结构——图。在图的应用中，就有相应的算法来解决这样的问题。学完这一章，即便不能马上获得最终的答案，你也大概知道应该如何去做了。

7.2 图的定义

在线性表中，数据元素之间是被串起来的，仅有线性关系，每个数据元素只有一个直接前驱和一个直接后继。在树形结构中，数据元素之间有着明显的层次关系，并且每一层上的数据元素可能和下一层中多个元素相关，但只能和上一层中一个元素相关。这和一对父母可以有多个孩子，但每个孩子却只能有一对父母是一个道理。可现实中，人与人之间关系就非常复杂，比如我认识的朋友，可能他们之间也互相认识，这就不是简单的一对一、一对多，研究人际关系很自然会考虑多对多的情况。那就是我们今天要研究的主题——图。图是一种较线性表和树更加复杂的数据结构。在图形结构中，结点之间的关系可以是任意的，图中任意两个数据元素之间都可能相关。

前面同学可能觉得树的术语好多，可来到了图，你就知道，什么才叫做真正的术语多。不过术语再多也是有规律可遁的，让我们开始"图"世界的旅程。如右图所示，先来看定义。

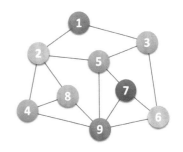

图（Graph）是由顶点的有穷非空集合和顶点之间边的集合组成的，通常表示为G（V,E），其中，G表示一个图，V是图G中顶点的集合，E是图G中边的集合。

对于图的定义，我们需要明确几个注意的地方。

- 线性表中我们把数据元素叫元素，树中将数据元素叫结点，**在图中数据元素，我们则称之为顶点（Vertex）**。[1]

- 线性表中可以没有数据元素，称为空表。树中可以没有结点，叫做空树。那么对于图呢？我记得有一个笑话说一个小朋友拿着一张空白纸给别人却说这是他画的一幅"牛吃草"的画，"那草呢？""草被牛吃光了。""那牛呢？""牛吃完草就走了呀。"之所以好笑是因为我们根本不认为一张空白纸算作画的。同样，在图结构中，不允许没有顶点。在定义中，若V是顶点的集合，则强调了顶点集合V有穷非空。[2]

- 线性表中，相邻的数据元素之间具有线性关系，树结构中，相邻两层的结点具有层次关系，而图中，任意两个顶点之间都可能有关系，顶点之间的逻辑关系用边来表示，边集可以是空的。

7.2.1　各种图的定义

无向边：若顶点v_i到v_j之间的边没有方向，则称这条边为**无向边**（Edge），用无序偶对（v_i,v_j）来表示。如果图中任意两个顶点之间的边都是无向边，则称该图为**无向图**（undirected graphs）。左下图就是一个无向图，由于是无方向的，连接顶点A与D的边，可以表示成无序对（A,D），也可以写成（D,A）。

对于无向图G_1来说，$G_1=(V_1,\{E_1\})$，其中顶点集合$V_1=\{A,B,C,D\}$；边集合$E_1=\{(A,B),(B,C),(C,D),(D,A),(A,C)\}$

---

① 有些书中也称图的顶点为 Node，在这里统一用 Vertex。
② 此处定义有争议。国内部分教材中强调点集非空，但在 http://en.wikipedia.org/wiki/Null_graph 中提出点集可为空。

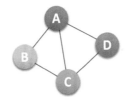 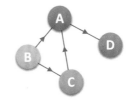

　　有向边：若从顶点v_i到v_j的边有方向，则称这条边为有向边，也称为弧（Arc）。用有序偶$<v_i, v_j>$来表示，v_i称为弧尾（Tail），v_j称为弧头（Head）。如果图中任意两个顶点之间的边都是有向边，则称该图为**有向图**（directed graphs）。右上图就是一个有向图。**连接顶点A到D的有向边就是弧，A是弧尾，D是弧头，<A，D>表示弧，注意不能写成<D，A>。**

　　对于右上图中的有向图G_2来说，$G_2=(V_2,\{E_2\})$，其中顶点集合$V_2=\{A,B,C,D\}$；弧集合$E_2=\{<A,D>,<B,A>,<C,A>,<B,C>\}$。

　　看清楚了，无向边用小括号"()"表示，而有向边则是用尖括号"<>"表示。

　　在图中，若不存在顶点到其自身的边，且同一条边不重复出现，则称这样的图为简单图。我们课程里要讨论的都是简单图。显然下图中的两个图就不属于我们要讨论的范围。

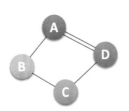 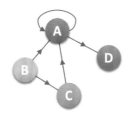

　　在无向图中，如果任意两个顶点之间都存在边，则称该图为无向完全图。含有n个顶点的无向完全图有$\dfrac{n \times (n-1)}{2}$条边。

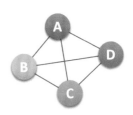

比如右图就是无向完全图，因为每个顶点都要与除它以外的顶点连线，顶点A与B、C、D三个顶点连线，共有四个顶点，自然是4×3，但由于顶点A与顶点B连线后，计算B与A连线就是重复，因此要整体除以2，共6条边。

　　在有向图中，如果任意两个顶点之间都存在方向相反的两条弧，则称该图为有向完全图。含有n个顶点的有向完全图有$n\times(n-1)$条边，如右图所示。

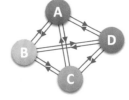

　　从这里也可以得到结论，对于具有n个顶点和e条边数的图，无向图$0\leq e\leq n(n-1)/2$，有向图$0\leq e\leq n(n-1)$。

　　有很少条边或弧的图称为稀疏图，反之称为稠密图。这里稀疏和稠密是模糊的概念，都是相对而言的。比如我去上海世博会那天，参观的人数差不多50万人，我个人感觉人数实在是太多，可以用稠密来形容。可后来听说，世博园里人数最多的一天达到了

103万人，啊，50万人是多么的稀疏呀。

有些图的边或弧具有与它相关的数字，这种与图的边或弧相关的数叫做权（Weight）。这些权可以表示从一个顶点到另一个顶点的距离或耗费。**这种带权的图通常称为网（Network）。** 右图就是一张带权的图，即标志中国四大城市的直线距离的网，此图中的权就是两地的距离。

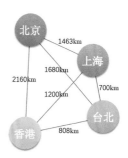

假设有两个图G=（V,{E}）和G'=（V',{E'}），如果V'⊆V且E'⊆E，则称G'为G的子图（Subgraph）。例如下图带底纹的图均为左侧无向图与有向图的子图。

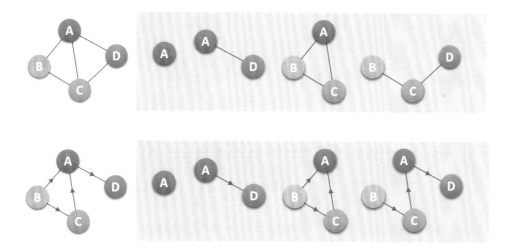

7.2.2　图的顶点与边间的关系

对于无向图G=（V,{E}），如果边（v,v'）∈E，则称顶点v和v'互为邻接点（Adjacent），即v和v'相邻接。边（v,v'）依附（incident）于顶点v和v'，或者说（v,v'）与顶点v和v'相关联。顶点v的度（Degree）是和v相关联的边的数目，记为TD（v）。例如上图左侧上方的无向图，顶点A与B互为邻接点，边 (A,B) 依附于顶点A与B上，顶点A的度为3。而此图的边数是5，各个顶点度的和=3+2+3+2=10，推敲后发现，边数其实就是各顶点度数和的一半，多出的一半是因为重复两次记数。简记之：

$$e = \frac{1}{2}\sum_{i=1}^{n}\text{TD}(v_i)$$

对于有向图G=（V,{E}），如果弧<v,v'>∈E，则称顶点v邻接到顶点v'，顶点v'邻接自顶点v。弧<v,v'>和顶点v，v'相关联。以顶点v为头的弧的数目称为v的入度（InDegree），记为ID（v）；以v为尾的弧的数目称为v的出度（OutDegree），记为

OD（v）；顶点v的度为TD（v）=ID（v）+OD（v）。例如上图左侧下方的有向图，顶点A的入度是2（从B到A的弧，从C到A的弧），出度是1（从A到D的弧），所以顶点A的度为2+1=3。此有向图的弧有4条，而各顶点的出度和=1+2+1+0=4，各顶点的入度和=2+0+1+1=4。所以得到

$$e = \sum_{i=1}^{n} ID(v_i) = \sum_{i=1}^{n} OD(v_i)$$

无向图G=（V,{E}）中从顶点v到顶点v′的路径（Path）是一个顶点序列（v=$v_{i,0}$,$v_{i,1}$,…,$v_{i,m}$=v′），其中（$v_{i,j-1}$,$v_{i,j}$）∈E，1≤j≤m。例如下图中就列举了顶点B到顶点D四种不同的路径。

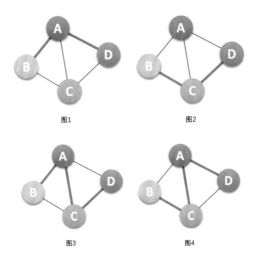

图1　　　　　　　图2

图3　　　　　　　图4

如果G是有向图，则路径也是有向的，顶点序列应满足<$v_{i,j-1}$,$v_{i,j}$>∈E，1≤j≤m。例如下图，顶点B到D有两种路径。而顶点A到B，就不存在路径。

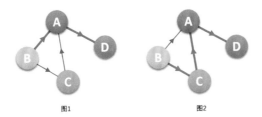

图1　　　　　　　图2

树中根结点到任意结点的路径是唯一的，但是图中顶点与顶点之间的路径却是不唯一的。

路径的长度是路径上的边或弧的数目。上图中的上方图1和图2两条路径长度为2，下方图3和图4两条路径长度为3。上图左侧路径长为2，右侧路径长度为3。

第一个顶点和最后一个顶点相同的路径称为回路或环（Cycle）。序列中顶点不重复出现的路径称为简单路径。除了第一个顶点和最后一个顶点之外，其余顶点不重复出现

的回路，称为简单回路或简单环。下图中两个图的粗线都构成环，左侧的环因第一个顶点和最后一个顶点都是B，且C、D、A没有重复出现，因此是一个简单环。而右侧的环，由于顶点C的重复，它就不是简单环了。

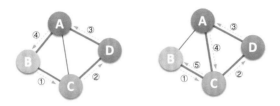

7.2.3　连通图的相关术语

在无向图G中，如果从顶点v到顶点v′有路径，则称v和v′是连通的。如果对于图中任意两个顶点v_i、$v_j \in V$，v_i和v_j都是连通的，则称G是连通图（Connected Graph）。下图的图1，它的顶点A到顶点B、C、D都是连通的，但显然顶点A与顶点E或F就无路径，因此不能算是连通图。而下图的图2，顶点A、B、C、D相互都是连通的，所以它本身是连通图。

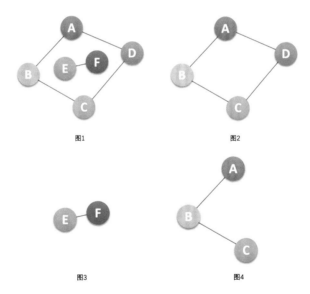

无向图中的极大连通子图称为连通分量。注意连通分量的概念，它强调：

- 要是子图；
- 子图要是连通的；
- 连通子图含有极大顶点数；
- 具有极大顶点数的连通子图包含依附于这些顶点的所有边。

上图的图1是一个无向非连通图。但是它有两个连通分量，即图2和图3。而图4，尽管是图1的子图，但是它却不满足连通子图的极大顶点数（图2满足）。因此它不是图1的无向图的连通分量。

在有向图G中，如果对于每一对v_i、$v_j \in V$、$v_i \neq v_j$，从v_i到v_j和从v_j到v_i都存在路径，则称G是强连通图。有向图中的极大强连通子图称做有向图的强连通分量。例如下图中图1并不是强连通图，因为顶点A到顶点D存在路径，而D到A就不存在。图2就是强连通图，而且显然图2是图1的极大强连通子图，即是它的强连通分量。

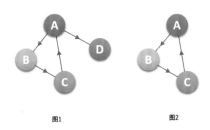

图1　　　　　　　图2

现在我们再来看连通图的生成树的定义。

所谓一个连通图的生成树是一个极小的连通子图，它含有图中全部的n个顶点，但只有足以构成一棵树的$n-1$条边。比如下图的图1是一普通图，但显然它不是生成树，当去掉两条构成环的边后，比如图2或图3，就满足n个顶点$n-1$条边且连通的定义了。它们都是一棵生成树。从这里也可知道，如果一个图有n个顶点和小于$n-1$条边，则是非连通图，如果它多于$n-1$条边，必定构成一个环，因为这条边使得它依附的那两个顶点之间有了第二条路径。比如图2和图3，随便加哪两顶点的边都将构成环。不过有$n-1$条边并不一定是生成树，比如图4。

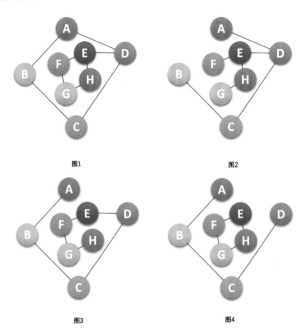

图1　　　　　　　图2

图3　　　　　　　图4

如果一个有向图恰有一个顶点的入度为0，其余顶点的入度均为1，则是一个有向树。对有向树的理解比较容易，所谓入度为0其实就相当于树中的根结点，其余顶点入度为1就是说树的非根结点的双亲只有一个。**一个有向图的生成森林由若干棵有向树组成，含有图中全部顶点，但只有足以构成若干棵不相交的有向树的弧。** 如下图的图1是一棵有向图。去掉一些弧后，它可以分解为两棵有向树，如图2和图3，这两棵就是图1有向图的生成森林。

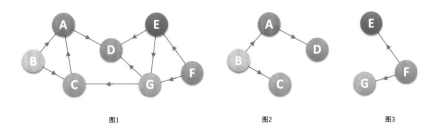

图1　　　　　　　　　图2　　　　　　　　　图3

7.2.4　图的定义与术语总结

术语终于介绍得差不多了，可能有不少同学有些头晕，我们再来整理一下。

图按照有无方向分为**有向图**和**无向图**。有向图由顶点和弧构成，无向图由**顶点和边**构成。弧有**弧尾**和**弧头**之分。

图按照边或弧的多少分为**稀疏图**和**稠密图**。如果任意两个顶点之间存在边叫**完全图**，有向的叫**有向完全图**。若无重复的边或顶点到自身的边则叫**简单图**。

图中顶点之间有**邻接点**、**依附**的概念。无向图顶点的边数叫做度，有向图顶点分为**入度**和**出度**。

图上的边或弧上带**权**则称为**网**。

图中顶点间存在**路径**，两顶点存在路径则说明是**连通**的，如果路径最终回到起始点则称为**环**，当中不重复叫**简单路径**。若任意两顶点都是连通的，则图就是**连通图**，有向则称**强连通图**。图中有子图，若子图极大连通则就是**连通分量**，有向的则称**强连通分量**。

无向图中连通且n个顶点$n-1$条边叫**生成树**。有向图中一顶点入度为0其余顶点入度为1的叫**有向树**。一个有向图由若干棵有向树构成**生成森林**。

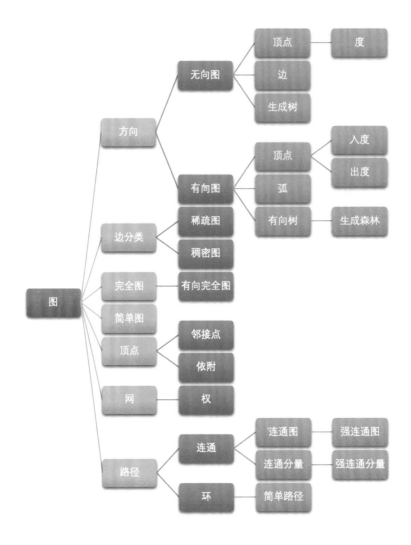

7.3 图的抽象数据类型

图作为一种数据结构，它的抽象数据类型带有自己的特点，正因为它的复杂，运用广泛，使得不同的应用需要不同的运算集合，构成不同的抽象数据操作。我们这里就来看看图的基本操作。

```
ADT 图(Graph)
Data
        顶点的有穷非空集合和边的集合。
Operation
        CreateGraph(*G,V,VR):按照顶点集V和边弧集VR的定义构造图G。
        DestroyGraph(*G):图G存在则销毁。
        LocateVex(G,u):若图G中存在顶点u,则返回图中的位置。
        GetVex(G,v):返回图G中顶点v的值。
        PutVex(G,v,value):将图G中顶点v赋值value。
        FirstAdjVex(G,*v):返回顶点v的一个邻接顶点,若顶点在G中无邻接顶点返回空。
        NextAdjVex(G,v,*w):返回顶点v相对于顶点w的下一个邻接顶点,若w是v的最后
                        一个邻接点则返回"空"。
        InsertVex(*G,v):在图G中增添新顶点v。
        DeleteVex(*G,v):删除图G中顶点v及其相关的弧。
        InsertArc(*G,v,w):在图G中增添弧<v,w>,若G是无向图,还需要增添对称弧
                        <w,v>。
        DeleteArc(*G,v,w):在图G中删除弧<v,w>,若G是无向图,则还删除对称弧
                        <w,v>。
        DFSTraverse(G):对图G中进行深度优先遍历,在遍历过程中对每个顶点调用。
        BFSTraverse(G):对图G中进行广度优先遍历,在遍历过程中对每个顶点调用。
endADT
```

7.4 图的存储结构

　　图的存储结构相较线性表与树来说就更加复杂了。首先,我们口头上说的"顶点的位置"或"邻接点的位置"只是一个相对的概念。其实从图的逻辑结构定义来看,图上任何一个顶点都可被看成是第一个顶点,任一顶点的邻接点之间也不存在次序关系。比如下图中的四张图,仔细观察发现,它们其实是同一个图,只不过顶点的位置不同,就造成了表象上不太一样的感觉。

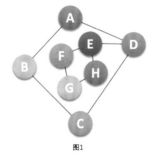

图1

图2

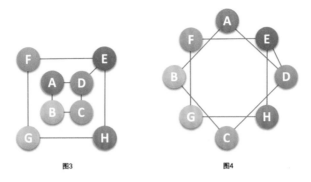

图3   图4

也正由于图的结构比较复杂，任意两个顶点之间都可能存在联系，因此无法以数据元素在内存中的物理位置来表示元素之间的关系，也就是说，图不可能用简单的顺序存储结构来表示。而多重链表的方式，即以一个数据域和多个指针域组成的结点表示图中的一个顶点，尽管可以实现图结构，但其实在树中，我们也已经讨论过，这是有问题的。如果各个顶点的度数相差很大，按度数最大的顶点设计结点结构会造成很多存储单元的浪费，而若按每个顶点自己的度数设计不同的顶点结构，又带来操作的不便。因此，对于图来说，如何对它实现物理存储是个难题，不过我们的前辈们已经解决了这个难题，现在我们来看看前辈们提供的五种不同的存储结构。

7.4.1　邻接矩阵

考虑到图是由顶点和边或弧两部分组成。合在一起比较困难，那就很自然地考虑到分两个结构来分别存储。顶点不分大小、主次，所以用一个一维数组来存储是很不错的选择。而边或弧由于是顶点与顶点之间的关系，一维搞不定，那就考虑用一个二维数组来存储。于是我们的邻接矩阵的方案就诞生了。

图的邻接矩阵（Adjacency Matrix）存储方式是用两个数组来表示图。一个一维数组存储图中顶点信息，一个二维数组（称为邻接矩阵）存储图中的边或弧的信息。

设图G有n个顶点，则邻接矩阵是一个$n×n$的方阵，定义为：

$$arc[i][j] = \begin{cases} 1, & 若\left(v_i, v_j\right) \in E或<v_i, v_j> \in E \\ 0, & 其他 \end{cases}$$

我们来看一个实例，左下图就是一个无向图。

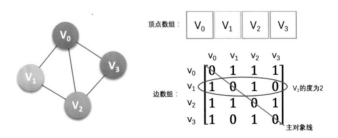

我们可以设置两个数组，顶点数组为vertex[4]={v_0,v_1,v_2,v_3}，边数组arc[4][4]为右上图这样的一个矩阵。简单解释一下，对于矩阵的主对角线的值，即arc[0][0]、arc[1][1]、arc[2][2]、arc[3][3]，全为0是因为不存在顶点到自身的边，比如v_0到v_0。arc[0][1]=1是因为v_0到v_1的边存在，而arc[1][3]=0是因为v_1到v_3的边不存在。并且由于是无向图，v_1到v_3的边不存在，意味着v_3到v_1的边也不存在。所以无向图的边数组是一个对称矩阵。

嗯？对称矩阵是什么？忘记了不要紧，复习一下。所谓对称矩阵就是n阶矩阵的元满足$a_{ij}=a_{ji}$（$0 \leq i,j \leq n$）。即从矩阵的左上角到右下角的主对角线为轴，右上角的元与左下角相对应的元全都是相等的。

有了这个矩阵，我们就可以很容易地知道图中的信息。

（1）我们要判定任意两顶点是否有边无边就非常容易了。

（2）我们要知道某个顶点的度，其实就是这个顶点v_i在邻接矩阵中第i行（或第i列）的元素之和。比如顶点v_1的度就是1+0+1+0=2。

（3）求顶点v_i的所有邻接点就是将矩阵中第i行元素扫描一遍，arc[i][j]为1就是邻接点。

我们再来看一个有向图样例，如左下图所示。

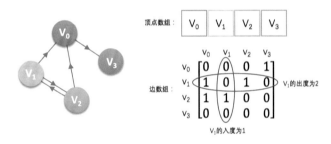

顶点数组为vertex[4]={v_0,v_1,v_2,v_3}，弧数组arc[4][4]为上图右图这样的一个矩阵。主对角线上数值依然为0。但因为是有向图，所以此矩阵并不对称，比如由v_1到v_0有弧，得到arc[1][0]=1，而v_0到v_1没有弧，因此arc[0][1]=0。

有向图讲究入度与出度，顶点v_1的入度为1，正好是第v_1列各数之和。顶点v_1的出度为2，即第v_1行的各数之和。

与无向图同样的办法，判断顶点v_i到v_j是否存在弧，只需要查找矩阵中arc[i][j]是否为1即可。要求v_i的所有邻接点就是将矩阵第i行元素扫描一遍，查找arc[i][j]为1的顶点。

在图的术语中，我们提到了网的概念，也就是每条边上带有权的图叫做网。那么这些权值就需要存下来，如何处理这个矩阵来适应这个需求呢？我们有办法。

设图G是网图，有n个顶点，则邻接矩阵是一个$n×n$的方阵，定义为：

$$arc[i][j]=\begin{cases} W_{ij}, & 若\left(v_i,v_j\right) \in E或<v_i,v_j> \in E \\ 0, & 若i=j \\ \infty, & 其他 \end{cases}$$

这里w_{ij}表示 (v_i,v_j) 或 $<v_i,v_j>$ 上的权值。∞表示一个计算机允许的、大于所有边上权值的值，也就是一个不可能的极限值。有同学会问，为什么不是0呢？原因在于权值w_{ij}大多数情况下是正值，但个别时候可能就是0，甚至有可能是负值。因此必须要用一个不可能的值来代表不存在。如左下图就是一个有向网图，右下图就是它的邻接矩阵。

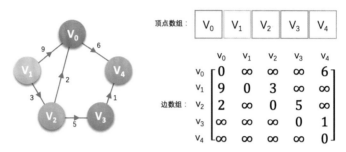

那么邻接矩阵是如何实现图的创建的呢？我们先来看看图的邻接矩阵存储的结构，代码如下。

```
typedef char VertexType;                    /* 顶点类型应由用户定义   */
typedef int EdgeType;                       /* 边上的权值类型应由用户定义 */
#define MAXVEX 100                          /* 最大顶点数，应由用户定义 */
#define INFINITY 65535                      /* 用65535来代表∞ */
typedef struct
{
    VertexType vexs[MAXVEX];                /* 顶点表 */
    EdgeType arc[MAXVEX][MAXVEX];           /* 邻接矩阵，可看作边表 */
    int numNodes, numEdges;                 /* 图中当前的顶点数和边数 */
}MGraph;
```

> 注：图的邻接矩阵结构相关代码请参看代码目录下"/第7章图/01邻接矩阵创建_CreateMGraph.c"。

有了这个结构定义，我们构造一个图，其实就是给顶点表和边表输入数据的过程。我们来看看无向网图的创建代码。

```
/* 建立无向网图的邻接矩阵表示 */
void CreateMGraph(MGraph *G)
{
    int i,j,k,w;
    printf("输入顶点数和边数:\n");
    scanf("%d,%d",&G->numNodes,&G->numEdges);       /* 输入顶点数和边数 */
    for(i = 0;i <G->numNodes;i++)                   /* 读入顶点信息,建立顶点表 */
        scanf(&G->vexs[i]);
    for(i = 0;i <G->numNodes;i++)
        for(j = 0;j <G->numNodes;j++)
            G->arc[i][j]=INFINITY;                  /* 邻接矩阵初始化 */
    for(k = 0;k <G->numEdges;k++)                   /* 读入numEdges条边,建立邻接矩阵 */
    {
        printf("输入边(vi,vj)上的下标i, 下标j和权w:\n");
        scanf("%d,%d,%d",&i,&j,&w);                 /* 输入边(vi,vj)上的权w */
        G->arc[i][j]=w;
        G->arc[j][i]= G->arc[i][j];                 /* 因为是无向图，矩阵对称 */
    }
}
```

从代码中也可以得到，n个顶点和e条边的无向网图的创建，时间复杂度为$O(n+n^2+e)$，其中对邻接矩阵G.arc的初始化耗费了$O(n^2)$的时间。

7.4.2　邻接表

邻接矩阵是不错的一种图存储结构，但是我们也发现，对于边数相对顶点较少的图，这种结构是存在对存储空间的极大浪费的。比如说，如果我们要处理下图这样的稀疏有向图，邻接矩阵中除了arc[1][0]有权值外，没有其他弧，其实这些存储空间都浪费掉了。

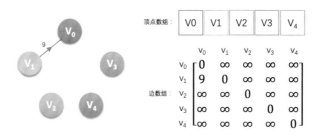

因此我们考虑另外一种存储结构方式。回忆我们在学习线性表时谈到，顺序存储结构就存在预先分配内存可能造成存储空间浪费的问题，于是引出了链式存储的结构。同样的，我们也可以考虑对边或弧使用链式存储的方式来避免空间浪费的问题。

再回忆我们在树中谈存储结构时，讲到了一种孩子表示法，将结点存入数组，并对结点的孩子进行链式存储，不管有多少孩子，也不会存在空间浪费问题。这个思路同样适用于图的存储。我们把这种**数组与链表相结合的存储方法称为邻接表**（Adjacency List）。

邻接表的处理办法如下：

（1）图中顶点用一个一维数组存储，当然，顶点也可以用单链表来存储，不过数组可以较容易地读取顶点信息，更加方便。另外，对于顶点数组中，每个数据元素还需要存储指向第一个邻接点的指针，以便于查找该顶点的边信息。

（2）图中每个顶点v_i的所有邻接点构成一个线性表，由于邻接点的个数不定，所以用单链表存储，无向图称为顶点v_i的边表，有向图则称为顶点v_i作为弧尾的出边表。

例如下图所示就是一个无向图的邻接表结构。

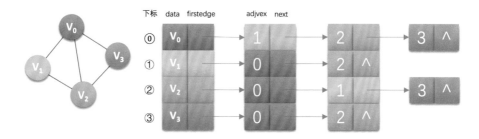

从图中我们知道，顶点表的各个结点由data和firstedge两个域表示，data是数据域，存储顶点的信息，firstedge是指针域，指向边表的第一个结点，即此顶点的第一个邻接点。边表结点由adjvex和next两个域组成。adjvex是邻接点域，存储某顶点的邻接点在顶点表中的下标，next则存储指向边表中下一个结点的指针。比如v_1顶点与v_0、v_2互为邻接点，则在v_1的边表中，adjvex分别为v_0的0和v_2的2。

这样的结构，对于我们要获得图的相关信息也是很方便的。比如我们要想知道某个顶点的度，就去查找这个顶点的边表中结点的个数。若要判断顶点v_i到v_j是否存在边，只需要测试顶点v_i的边表中adjvex是否存在结点v_j的下标j就行了。若求顶点的所有邻接点，其实就是对此顶点的边表进行遍历，得到的adjvex域对应的顶点就是邻接点。

若是有向图，邻接表结构是类似的，比如左下图的邻接表就是右下图。但要注意的是有向图由于有方向，我们是以顶点为弧尾来存储边表的，这样很容易就可以得到每个顶点的出度。

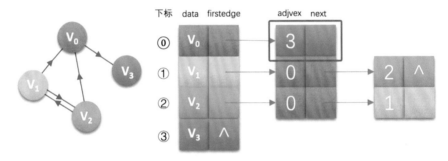

但也有时为了便于确定顶点的入度或以顶点为弧头的弧，我们可以建立**一个有向图的逆邻接表**，即对**每个顶点v_i都建立一个链接为v_i为弧头**的表。如下图的逆邻接表所示。

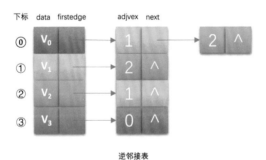

逆邻接表

此时我们很容易就可以算出某个顶点的入度或出度是多少，判断两顶点是否存在弧也很容易实现。

对于带权值的网图，可以在边表结点定义中再增加一个weight的数据域，存储权值信息即可，如下图所示。

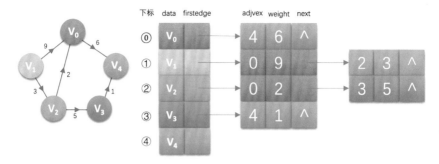

有了这些结构的图，下面关于结点定义的代码就很好理解了。

```
typedef char VertexType;          /* 顶点类型应由用户定义 */
typedef int EdgeType;             /* 边上的权值类型应由用户定义 */

typedef struct EdgeNode           /* 边表结点 */
{
    int adjvex;                   /* 邻接点域,存储该顶点对应的下标 */
    EdgeType info;                /* 用于存储权值,对于非网图可以不需要 */
    struct EdgeNode *next;        /* 链域,指向下一个邻接点 */
}EdgeNode;

typedef struct VertexNode         /* 顶点表结点 */
{
    VertexType data;              /* 顶点域,存储顶点信息 */
    EdgeNode *firstedge;          /* 边表头指针 */
}VertexNode, AdjList[MAXVEX];

typedef struct
{
    AdjList adjList;
    int numNodes,numEdges;        /* 图中当前顶点数和边数 */
}GraphAdjList;
```

注：图的邻接表结构相关代码请参看代码目录下"/第7章图/02邻接表创建_CreateALGraph.c"。

对于邻接表的创建，也就是顺理成章之事。无向图的邻接表的创建代码如下。

```
/* 建立图的邻接表结构 */
void  CreateALGraph(GraphAdjList *G)
{
    int i,j,k;
    EdgeNode *e;
    printf("输入顶点数和边数:\n");
    scanf("%d,%d",&G->numNodes,&G->numEdges);    /* 输入顶点数和边数 */
    for(i = 0;i < G->numNodes;i++)               /* 读入顶点信息,建立顶点表 */
    {
        scanf(&G->adjList[i].data);              /* 输入顶点信息 */
        G->adjList[i].firstedge=NULL;            /* 将边表置为空表 */
    }

    for(k = 0;k < G->numEdges;k++)               /* 建立边表 */
    {
```

```
    printf("输入边(vi,vj)上的顶点序号:\n");
    scanf("%d,%d",&i,&j);                                    /* 输入边(vi,vj)上的顶点序号 */
    e=(EdgeNode *)malloc(sizeof(EdgeNode));                  /* 向内存申请空间,生成边表结点 */
    e->adjvex=j;                                             /* 邻接序号为j */
    e->next=G->adjList[i].firstedge;                         /* 将e的指针指向当前顶点指向的结点 */
    G->adjList[i].firstedge=e;                               /* 将当前顶点的指针指向e */
    e=(EdgeNode *)malloc(sizeof(EdgeNode));                  /* 向内存申请空间,生成边表结点 */
    e->adjvex=i;                                             /* 邻接序号为i */
    e->next=G->adjList[j].firstedge;                         /* 将e的指针指向当前顶点指向的结点 */
    G->adjList[j].firstedge=e;                               /* 将当前顶点的指针指向e */
    }
}
```

这里的**高光代码**，是应用了我们在单链表创建中讲解到的头插法①，对于无向图，一条边都是对应两个顶点，所以在循环中，一次就针对*i*和*j*分别进行了插入。本算法的时间复杂度，对于*n*个顶点*e*条边来说，很容易得出是$O(n+e)$。

7.4.3　十字链表

　　记得看过一个创意，我非常喜欢。说的是在美国，晚上需要保安通过视频监控对如商场超市、码头仓库、办公写字楼等场所进行安保工作，如右图。值夜班代价总是比较大的，所以人员成本很高。我们国家的一位老兄在国内经常和美国的朋友视频聊天，但总为白天黑夜的时差苦恼，

突然灵感一来，想到一个绝妙的点子。他创建一家公司，承接美国客户的视频监控任务，因为美国的黑夜就是中国的白天，利用互联网，他的员工白天上班就可以监控到美国仓库夜间的实际情况，如果发生了像火灾、偷盗这样的突发事件，及时电话到美国当地相关人员处理。由于利用了时差和人员成本的优势，这位老兄发了大财。这个创意让我们知道，充分利用现有的资源，正向思维、逆向思维、整合思维可以创造更大价值。

　　那么对于有向图来说，邻接表是有缺陷的。关心了出度问题，想了解入度就必须要遍历整个图才能知道，反之，逆邻接表解决了入度却不了解出度的情况。有没有可能**把邻接表与逆邻接表结合起来呢**？答案是肯定的，就是把它们整合在一起。这就是我们现在要讲的有向图的一种存储方法：**十字链表**（Orthogonal List）。

　　我们重新定义顶点表结点结构如下表所示。

| data | firstin | firstout |

　　其中，firstin表示入边表头指针，指向该顶点的入边表中第一个结点；firstout表示出边表头指针，指向该顶点的出边表中的第一个结点。

---

① 注：详细讲解参见本书 3.9 节内容。

重新定义的边表结点结构如下表所示。

tailvex	headvex	headlink	taillink

其中，**tailvex**是指弧起点在顶点表中的下标；**headvex**是指弧终点在顶点表中的下标；**headlink**是指入边表指针域，指向终点相同的下一条边；**taillink**是指边表指针域，指向起点相同的下一条边。如果是网，还可以再增加一个weight域来存储权值。

比如下图，顶点依然是存入一个一维数组$\{v_0, v_1, v_2, v_3\}$，实线箭头指针的图示与上面的邻接表的图相似。就以顶点v_0来说，**firstout**指向的是出边表中的第一个结点v_3。所以v_0边表结点的headvex=3，而tailvex其实就是当前顶点v_0的下标0，由于v_0只有一个出边顶点，所以headlink和taillink都是空。

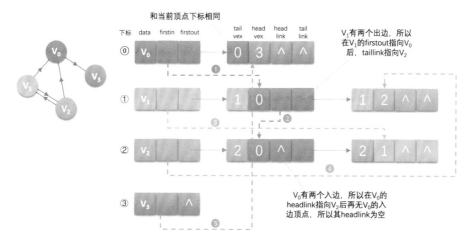

我们重点需要来解释虚线箭头的含义，它其实就是此图的逆邻接表的表示。对于v_0来说，它有两个顶点v_1和v_2的入边。因此v_0的**firstin**指向顶点v_1的边表结点中headvex为0的结点，如右上图中的①。接着由入边结点的headlink指向下一个入边顶点v_2，如图中的②。对于顶点v_1，它有一个入边顶点v_2，所以它的firstin指向顶点v_2的边表结点中headvex为1的结点，如图中的③。顶点v_2和v_3也是同样有一个入边顶点，如图中④和⑤。

十字链表的好处就是因为把邻接表和逆邻接表整合在了一起，这样既容易找到以v_i为尾的弧，也容易找到以v_i为头的弧，因而容易求得顶点的出度和入度。而且它除了结构复杂一点外，其实创建图算法的时间复杂度是和邻接表相同的，因此，在有向图的应用中，十字链表是非常好的数据结构模型。

7.4.4　邻接多重表

前面讲了有向图的优化存储结构，对于无向图的邻接表，有没有问题呢？如果我们在无向图的应用中，关注的重点是顶点，那么邻接表是不错的选择，但如果我们更关注边的操作，比如对已访问过的边做标记，删除某一条边等操作，那就意味着，需要找到这条边的两个边表结点进行操作，这其实还是比较麻烦的。比如下图，若要删除左下图的 (v_0, v_2) 这条边，需要对邻接表结构中右边表阴影中的两个结点进行删除操作，显然这是比较烦琐的。

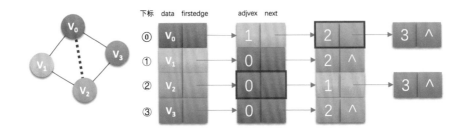

因此，我们也仿照十字链表的方式，对边表结点的结构进行一些改造，也许就可以避免刚才提到的问题。

重新定义的边表结点结构如下表所示。

ivex	ilink	jvex	jlink

其中，ivex和jvex是与某条边依附的两个顶点在顶点表中的下标；ilink指向依附顶点ivex的下一条边；jlink指向依附顶点jvex的下一条边。这就是邻接多重表结构。

我们来看结构示意图的绘制过程，理解了它是如何连线的，也就理解邻接多重表的构造原理了。如下图所示，左下图告诉我们它有4个顶点和5条边，显然，我们就应该先将4个顶点和5条边的边表结点画出来。由于是无向图，所以ivex是0、jvex是1还是反过来都是无所谓的，不过为了绘图方便，都将ivex值设置得与一旁的顶点下标相同。

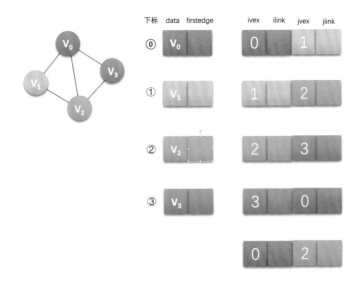

我们开始连线，如下图。首先连线的①②③④就是将顶点的firstedge指向一条边，顶点下标要与ivex的值相同，这很好理解。接着，由于顶点v_0的 (v_0,v_1) 边的邻边有 (v_0,v_3) 和 (v_0,v_2)。因此⑤⑥的连线就是满足指向下一条依附于顶点v_0的边的目标，注意ilink指向的结点的jvex一定要和它本身的ivex的值相同。同样的道理，连线⑦就是指 (v_1,v_0) 这条边，它是相当于顶点v_1指向 (v_1,v_2) 边后的下一条。v_2有三条边依附，所以在③之后就有了⑧⑨。连线⑩就是顶点v_3在连线④之后的下一条边。左图一共有5条边，所以右下图有10条连线，完全符合预期。

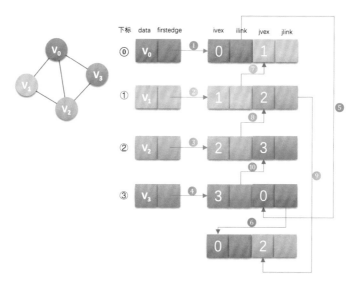

到这里，大家应该可以明白邻接多重表与邻接表的差别，仅仅是在于同一条边在邻接表中用两个结点表示，而在邻接多重表中只有一个结点。这样对边的操作就方便多了，若要删除左图的 (v_0,v_2) 这条边，只需要将右图的⑥⑨的连接指向改为∧即可。由于各种基本操作的实现也和邻接表是相似的，这里我们就不讲解代码了。

7.4.5 边集数组

边集数组是由两个一维数组构成的。一个是存储顶点的信息；另一个是存储边的信息，这个边数组每个数据元素由一条边的起点下标（begin）、终点下标（end）和权（weight）组成，如下图所示。显然边集数组关注的是边的集合，在边集数组中要查找一个顶点的度需要扫描整个边数组，效率并不高。因此它更适合对边依次进行处理的操作，而不适合对顶点相关的操作。关于边集数组的应用我们将在7.6.2节的克鲁斯卡尔（Kruskal）算法中有介绍，这里就不再详述了。

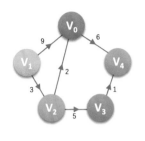

| 顶点数组： | V₀ | V₁ | V₂ | V₃ | V₄ |

顶点数组： V_0 V_1 V_2 V_3 V_4

边数组：

	begin	end	weight
Edges[0]	0	4	6
Edges[1]	1	0	9
Edges[2]	1	2	3
Edges[3]	2	3	5
Edges[4]	3	4	1
Edges[5]	2	0	2

定义的边数组结构如下表所示。

| begin | end | weight |

其中，begin是存储起点下标；end是存储终点下标；weight是存储权值。

7.5 图的遍历

我有天早晨准备出门，发现钥匙不见了。昨晚还看到它，所以确定钥匙在家里。一定是我那三岁不到的儿子拿着玩，不知道丢到哪个犄角旮旯去了，问他也说不清楚。我现在必须得找到它，你们说，我应该如何找？介绍我们家的结构，如右图所示，是最典型的两室两厅一厨一卫一阳台。

有人说，往小孩子经常玩的地方找找看。OK，我照做了，可惜没找到。然后怎么办？有人说一间一间找，可怎么个找法？是把一间房间翻个底朝天再找下一间好呢，还是先每个房间最常去的位置找一找，然后再一步一步细化到每个房间的角落？

这是一个大家都可能会面临的问题，不找的东西时常见，需要的东西寻不着。找东西的策略也因人而异。有些人因为找东西没有规划，当一样东西找不到时，往往会反复地找，甚至某些抽屉找个四五遍，另一些地方却一次也没找过。找东西是没有什么标准方法的，不过今天我们学过了图的遍历以后，你至少应该在找东西时，更加科学地规划寻找方案，而不至于手忙脚乱。

图的遍历和树的遍历类似，我们希望从图中某一顶点出发访遍图中其余顶点，且使每一个顶点仅被访问一次，这一过程就叫做图的遍历（Traversing Graph）。

树的遍历我们谈到了四种方案，应该说都还好，毕竟根结点只有一个，遍历都是从它发起，其余所有结点都只有一个双亲。可图就复杂多了，因为它的任一顶点都可能和其余的所有顶点相邻接，极有可能存在沿着某条路径搜索后，又回到原顶点，而有些顶点却还没有遍历到的情况。因此我们需要在遍历过程中把访问过的顶点打上标记，以避免访问多次而不自知。具体办法是设置一个访问数组visited[n]，n是图中顶点的个数，初值为0，访问过后设置为1。这其实在小说中常常见到，一行人在迷宫中迷了路，为了避免找寻出路时屡次重复，所以会在路口用小刀刻上标记。

对于图的遍历来说，如何避免因回路陷入死循环，就需要科学地设计遍历方案，通常有两种遍历次序方案：它们是深度优先遍历和广度优先遍历。

7.5.1 深度优先遍历

深度优先遍历（Depth First Search），也有称为深度优先搜索，简称为DFS。它的具体思想就如同我刚才提到的找钥匙方案，无论从哪一间房间开始都可以，比如主卧室，然后从房间的一个角开始，将房间内的墙角、床头柜、床上、床下、衣柜里、衣柜上、前面的电视柜等挨个寻找，做到不放过任何一个死角，所有的抽屉、储藏柜中全部都找遍，形象比喻就是翻个底朝天，然后再寻找下一间，直到找到为止。

为了更好地理解深度优先遍历，我们来做一个游戏。

假设你需要完成一个任务，要求你在如左下图这样的一个迷宫中，从顶点A开始要走遍所有的图顶点并作上标记，注意不是简单地看着这样的平面图走哦，而是如同现实般地在只有高墙和通道的迷宫中去完成任务。

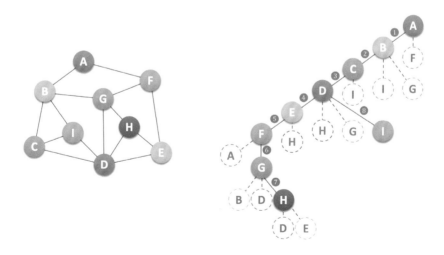

很显然我们是需要策略的，否则在这四通八达的通道中乱窜，要想完成任务那就只能是碰运气。如果你学过深度优先遍历，这个任务就不难完成了。

首先我们从顶点A开始，做上表示走过的记号后，面前有两条路，通向B和F，我们给自己定一个原则，在没有碰到重复顶点的情况下，始终是向右手边走，于是走到了B顶点。整个行路过程，可参看右上图。此时发现有三条分支，分别通向顶点C、I、G，右手通行原则，使得我们走到了C顶点。就这样，我们一直顺着右手通道走，一直走到F顶点。当我们依然选择右手通道走过去后，发现走回到顶点A了，因为在这里做了记号表示已经走过。此时我们退回到顶点F，走向从右数的第二条通道，到了G顶点，它有三条通道，发现B和D已经是走过的，于是走到H，当我们面对通向H的两条通道D和E时，会发现都已经走过了。

此时我们是否已经遍历了所有顶点呢？没有。可能还有很多分支的顶点没有走到，所以我们按原路返回。在顶点H处，再无通道没走过，返回到G，也无未走过通道，返回到F，没有通道，返回到E，有一条通往H的通道，验证后也是走过的，再返回到顶点D，此时还有三条道未走过，一条条来，H走过了，G走过了，I，哦，这是一个新顶点，没有标记，赶快记下来。继续返回，直到返回顶点A，确认你已经完成遍历任务，找到了所有的9个顶点。

反应快的同学一定会感觉到，深度优先遍历其实就是一个递归的过程，如果再敏感一些，会发现其实转换成如右上图后，就像是一棵树的前序遍历，没错，它就是。**它从图中某个顶点v出发，访问此顶点，然后从v的未被访问的邻接点出发深度优先遍历图，直至图中所有和v有路径相通的顶点都被访问到。**事实上，我们这里讲到的是连通图，对于非连通图，只需要对它的连通分量分别进行深度优先遍历，即在先前一个顶点进行一次深度优先遍历后，**若图中尚有顶点未被访问，则另选图中一个未曾被访问的顶点作起始点，重复上述过程，直至图中所有顶点都被访问到为止。**

如果我们用的是邻接矩阵的方式，则代码如下：

```
#define MAXVEX 9
Boolean visited[MAXVEX];              /* 访问标志的数组 */

/* 邻接矩阵的深度优先递归算法 */
void DFS(MGraph G, int i)
{
    int j;
    visited[i] = TRUE;
    printf("%c ", G.vexs[i]);         /* 打印顶点，也可以做其他操作 */
    for(j = 0; j < G.numVertexes; j++)
        if(G.arc[i][j] == 1 && !visited[j])
            DFS(G, j);                /* 对未访问的邻接顶点递归调用 */
}

/* 邻接矩阵的深度遍历操作 */
void DFSTraverse(MGraph G)
{
    int i;
    for(i = 0; i < G.numVertexes; i++)
        visited[i] = FALSE;           /* 初始所有顶点状态都是未访问过状态 */
    for(i = 0; i < G.numVertexes; i++)
        if(!visited[i])               /* 对未访问过的顶点调用DFS，若为连通图仅执行一次 */
            DFS(G, i);
}
```

注：图邻接矩阵遍历的相关代码请参看代码目录下"/第7章图/03邻接矩阵深度和广度遍历DFS_BFS.c"。

代码的执行过程，其实就是我们刚才迷宫找寻所有顶点的过程。

如果图结构是邻接表结构，其DFSTraverse函数的代码是几乎相同的，只是在递归函数中因为将数组换成了链表而有所不同，代码如下。

```c
/* 邻接表的深度优先递归算法 */
void DFS(GraphAdjList GL, int i)
{
    EdgeNode *p;
    visited[i] = TRUE;
    printf("%c ",GL->adjList[i].data);  /* 打印顶点,也可以做其他操作 */
    p = GL->adjList[i].firstedge;
    while(p)
    {
        if(!visited[p->adjvex])
            DFS(GL, p->adjvex);          /* 对未访问的邻接顶点递归调用 */
        p = p->next;
    }
}


/* 邻接表的深度遍历操作 */
void DFSTraverse(GraphAdjList GL)
{
    int i;
    for(i = 0; i < GL->numVertexes; i++)
        visited[i] = FALSE;              /* 初始所有顶点状态都是未访问过状态 */
    for(i = 0; i < GL->numVertexes; i++)
        if(!visited[i])
            /* 对未访问过的顶点调用DFS,若是连通图,只会执行一次 */
            DFS(GL, i);
}
```

对比两个不同存储结构的深度优先遍历算法，对于 n 个顶点 e 条边的图来说，邻接矩阵由于是二维数组，要查找每个顶点的邻接点需要访问矩阵中的所有元素，因此都需要 $O(n^2)$ 的时间。而邻接表做存储结构时，找邻接点所需的时间取决于顶点和边的数量，所以是 $O(n+e)$。显然对于点多边少的稀疏图来说，邻接表结构使得算法在时间效率上大大提高。

对于有向图而言，由于它只是对通道存在可行或不可行，算法上没有变化，是完全可以通用的。这里就不再详述了。

7.5.2　广度优先遍历

广度优先遍历（Breadth First Search），又称为广度优先搜索，简称BFS。还是以找钥匙的例子为例。小孩子不太可能把钥匙丢到大衣柜顶上或厨房的油烟机里去，深度优先遍历意味着要彻底查找完一个房间才查找下一个房间，这未必是最佳方案。所以不妨先把家里的所有房间简单看一遍，看看钥匙是不是就放在很显眼的位置，如果全走一遍没有，再把小孩在每个房间玩得最多的地方或各个家具的下面找一找，如果还是没有，那看一下每个房间的抽屉，这样一步步扩大查找的范围，直到找到为止。事实上，我在全屋查找的第二遍时就在抽水马桶后面的地板上找到了。

如果说图的深度优先遍历类似树的前序遍历，那么图的广度优先遍历就类似于树的层序遍历了。我们将下图的第一幅图稍微变形，变形原则是顶点A放置在最上面第一层，让与它有边的顶点B、F为第二层，再让与B和F有边的顶点C、I、G、E为第三层，再将这四个顶点有边的D、H放在第四层，如下图的第二幅图和第三幅图所示。此时在视觉上感觉图的形状发生了变化，其实顶点和边的关系还是完全相同的。

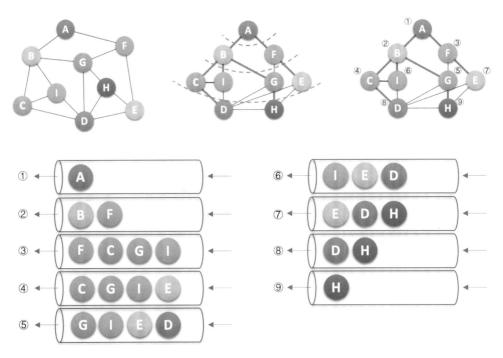

有了这些讲解，我们来看代码就非常容易了。以下是邻接矩阵结构的广度优先遍历算法。

```
/* 邻接矩阵的广度遍历算法 */
void BFSTraverse(MGraph G)
{
    int i, j;
    Queue Q;
    for(i = 0; i < G.numVertexes; i++)
        visited[i] = FALSE;
    InitQueue(&Q);                          /* 初始化一辅助用的队列 */
    for(i = 0; i < G.numVertexes; i++)      /* 对每一个顶点做循环 */
    {
        if (!visited[i])                    /* 若是未访问过就处理 */
        {
```

```
        visited[i]=TRUE;                            /* 设置当前顶点访问过 */
        printf("%c ", G.vexs[i]);                   /* 打印顶点, 也可以做其他操作 */
        EnQueue(&Q,i);                              /* 将此顶点入队列 */
        while(!QueueEmpty(Q))                       /* 若当前队列不为空 */
        {
            DeQueue(&Q,&i);                         /* 将队首元素出队列, 赋值给i */
            for(j=0;j<G.numVertexes;j++)
            {
                                                    /* 判断其他顶点, 若与当前顶点存在 */
                                                    /* 边且未访问过 */
                if(G.arc[i][j] == 1 && !visited[j])
                {
                    visited[j]=TRUE;                /* 将找到的此顶点标记为已访问 */
                    printf("%c ", G.vexs[j]);       /* 打印顶点 */
                    EnQueue(&Q,j);                  /* 将找到的此顶点入队列 */
                }
            }
        }
    }
}
```

对于邻接表的广度优先遍历，代码与邻接矩阵差异不大，代码如下。

```
/* 邻接表的广度遍历算法 */
void BFSTraverse(GraphAdjList GL)
{
    int i;
    EdgeNode *p;
    Queue Q;
    for(i = 0; i < GL->numVertexes; i++)
        visited[i] = FALSE;
    InitQueue(&Q);
    for(i = 0; i < GL->numVertexes; i++)
    {
        if (!visited[i])
        {
            visited[i]=TRUE;
            printf("%c ",GL->adjList[i].data);   /* 打印顶点,也可以做其他操作 */
            EnQueue(&Q,i);
            while(!QueueEmpty(Q))
            {
                DeQueue(&Q,&i);
                p = GL->adjList[i].firstedge;    /* 找到当前顶点的边表链的表头指针 */
                while(p)
                {
                    if(!visited[p->adjvex])      /* 若此顶点未被访问 */
                    {
                        visited[p->adjvex]=TRUE;
                        printf("%c ",GL->adjList[p->adjvex].data);
                        EnQueue(&Q,p->adjvex);   /* 将此顶点入队列 */
                    }
                    p = p->next;                 /* 指针指向下一个邻接点 */
                }
            }
        }
    }
}
```

注：图邻接表遍历的相关代码请参看代码目录下 "/第7章图/04邻接表深度和广度遍历DFS_BFS.c"。

对比图的深度优先遍历与广度优先遍历算法，你会发现，它们在时间复杂度上是一样的，不同之处仅仅在于对顶点访问的顺序不同。可见两者在全图遍历上是没有优劣之分的，只是视不同的情况选择不同的算法。

不过如果图顶点和边非常多，不能在短时间内遍历完成，遍历的目的是为了寻找合适的顶点，那么选择哪种遍历就要仔细斟酌了。深度优先更适合目标比较明确，以找到目标为主要目的的情况，而广度优先更适合在不断扩大遍历范围时找到相对最优解的情况。

这里还要再多说几句，对于深度和广度而言，已经不是简单的算法实现问题，完全可以上升到方法论的角度。你求学是博览群书、不求甚解，还是深钻细研、鞭辟入里；你旅游是走马观花、蜻蜓点水，还是下马看花、深度体验；你交友是四海之内皆兄弟，还是人生得一知己足矣……其实都无对错之分，只视不同人的理解而有了不同的诠释。我个人觉得深度和广度是既矛盾又统一的两个方面，偏颇都不可取，还望大家自己慢慢体会。

7.6 最小生成树

假设你是电信的实施工程师，需要为一个镇的九个村庄架设通信网络做设计，村庄位置大致如下图，其中$v_0 \sim v_8$是村庄，之间连线的数字表示村与村间的可通达的直线距离，比如v_0至v_1就是10千米（个别如v_0与v_6，v_6与v_8，v_5与v_7未测算距离是因为有高山或湖泊，不予考虑）。你们领导要求你必须用最小的成本完成这次任务。你说怎么办？

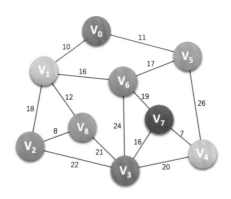

显然这是一个带权值的图，即网结构。所谓的最小成本，就是n个顶点，用n-1条边把一个连通图连接起来，并且使得权值的和最小。在这个例子里，每多一千米就多一份成本，所以只要让线路连线的千米数最少，就是最少成本了。

如果你加班加点，没日没夜设计出的结果是如下图的方案一（粗线为要架设的线路），我想你离被炒鱿鱼应该是不远了（同学微笑）。因为这个方案比后两个方案多出60%的成本，会让老板气晕过去的。

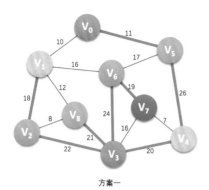

方案一

千米数：18+22+20+26+11+21+24+19=161

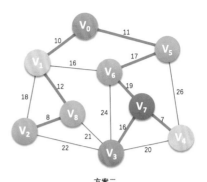

方案二

千米数：8+12+10+11+17+19+16+7=100

方案三设计得非常巧妙，但也只以极其微弱的优势对方案二胜出，应该说很是侥幸。我们有没有办法可以精确计算出这种网图的最佳方案呢？答案当然是Yes。

我们在讲图的定义和术语时，曾经提到过，一个连通图的生成树是一个极小的连通子图，它含有图中全部的顶点，但只有足以构成一棵树的*n*-1条边。显然上图的三个方案都是上上图的网图的生成树。那么**我们把构造连通网的最小代价生成树称为最小生成树**（Minimum Cost Spanning Tree）。

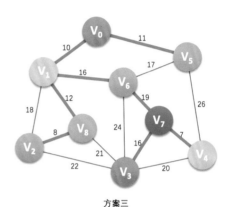

方案三

千米数：8+12+10+11+16+19+16+7=99

找连通网的最小生成树，经典的有两种算法，普里姆算法和克鲁斯卡尔算法。我们分别来介绍一下。

7.6.1　普里姆（Prim）算法

为了能讲明白这个算法，我们先构造上面相同图的邻接矩阵，如右下图所示。

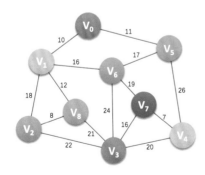

$$
\begin{array}{c c c c c c c c c c}
 & v_0 & v_1 & v_2 & v_3 & v_4 & v_5 & v_6 & v_7 & v_8 \\
v_0 & 0 & 10 & \infty & \infty & \infty & 11 & \infty & \infty & \infty \\
v_1 & 10 & 0 & 18 & \infty & \infty & \infty & 16 & \infty & 12 \\
v_2 & \infty & 18 & 0 & 22 & \infty & \infty & \infty & \infty & 8 \\
v_3 & \infty & \infty & 22 & 0 & 20 & \infty & 24 & 16 & 21 \\
v_4 & \infty & \infty & \infty & 20 & 0 & 26 & \infty & 7 & \infty \\
v_5 & 11 & \infty & \infty & \infty & 26 & 0 & 17 & \infty & \infty \\
v_6 & \infty & 16 & \infty & 24 & \infty & 17 & 0 & 19 & \infty \\
v_7 & \infty & \infty & \infty & 16 & 7 & \infty & 19 & 0 & \infty \\
v_8 & \infty & 12 & 8 & 21 & \infty & \infty & \infty & \infty & 0
\end{array}
$$

也就是说，现在我们已经有了一个存储结构为MGragh的G（见本书7.4节邻接矩阵）。G有9个顶点，它的arc二维数组如右上图所示。数组中的我们用65535来代表∞。

如果是你，如何找出这个图的最小生成树呢？先别往下看，大家来试试。

如果是我，我会这样考虑，反正也不知道从哪里开始，我们就从V_0开始。V_0旁有两条边，10与11比，10更小一些。所以选v_0到v_1的边为最小生成树的第一条边，如左下图所示。然后我们看v_0和v_1两个顶点的其他边，有11、16、12、18，这里面最小的是11，所以v_0到v_5的边为最小生成树的第二条边，如中下图所示。然后我们看v_0、v_1和v_5三个顶点的其他边，有18、12、16、17、26，这里面最小的是12，所以v_1到v_8的边为最小生成树的第三条边，如右下图所示。

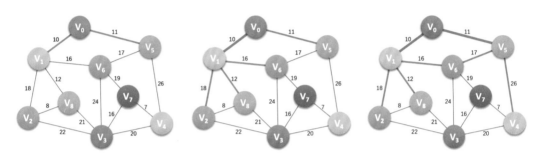

类似的方法，我们可以得到下面的六张图。需要注意的是，事实上像下图的图2中的v_1与v_2，图3中的v_5与v_6都已经有了确认的最小生成树的边。它们之间就无须再去连接了。

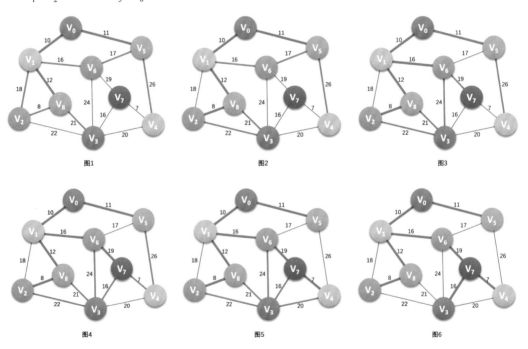

图1　　　　　　　　　　　　图2　　　　　　　　　　　　图3

图4　　　　　　　　　　　　图5　　　　　　　　　　　　图6

如果你可以利用这样的推理画出这个最小生成树，这个普里姆算法的精髓基本就掌握了。现在我们来看代码。

普里姆算法代码如下，左侧数字为行号。其中INFINITY为权值极大值，不妨是65535，MAXVEX为顶点个数最大值，此处大于等于9即可。现在假设我们自己就是计算机，在调用MiniSpanTree_Prim()函数，输入上述的邻接矩阵后，看看它是如何运行并打印出最小生成树的。

```
1   /* Prim算法生成最小生成树 */
2   void MiniSpanTree_Prim(MGraph G)
3   {
4       int min, i, j, k;
5       int adjvex[MAXVEX];              /* 保存相关顶点间边的权值点下标 */
6       int lowcost[MAXVEX];             /* 保存相关顶点间边的权值 */
7       lowcost[0] = 0;                  /* 初始化第一个权值为0，即v0加入生成树。*/
8       adjvex[0] = 0;                   /* 初始化第一个顶点下标为0 */
9       for(i = 1; i < G.numVertexes; i++)  /* 循环除下标为0外的全部顶点 */
10      {
11          lowcost[i] = G.arc[0][i];    /* 将v0顶点与之有边的权值存入数组 */
12          adjvex[i] = 0;               /* 初始化都为v0的下标 */
13      }
14      for(i = 1; i < G.numVertexes; i++)
15      {
16          min = INFINITY;              /* 初始化最小权值为∞，可以是较大数字如65535等 */
17          j = 1;k = 0;
18          while(j < G.numVertexes)     /* 循环全部顶点 */
19          {
20              if(lowcost[j]!=0 && lowcost[j] < min)
21              {                        /* 如果权值不为0且权值小于min */
22                  min = lowcost[j];    /* 则让当前权值成为最小值 */
23                  k = j;               /* 将当前最小值的下标存入k */
24              }
25              j++;
26          }
27          printf("(%d, %d)\n", adjvex[k], k); /* 打印当前顶点边中权值最小的边 */
28          lowcost[k] = 0;              /* 将当前顶点权值设置为0,此顶点已完成任务 */
29          for(j = 1; j < G.numVertexes; j++)  /* 循环所有顶点 */
30          {  /* 如果下标为k顶点的各边权值小于此前这些顶点未被加入生成树的权值 */
31              if(lowcost[j]!=0 && G.arc[k][j] < lowcost[j])
32              {
33                  lowcost[j] = G.arc[k][j];  /* 将较小的权值存入lowcost相应位置 */
34                  adjvex[j] = k;       /* 将下标为k的顶点存入adjvex */
35              }
36          }
37      }
38  }
```

注：图最小生成树Prim的相关代码请参看代码目录下"/第7章图/05最小生成树_Prim.c"。

（1）程序开始运行，我们在第5行和第6行，创建了两个一维数组lowcost和adjvex，长度都为顶点个数9。它们的作用我们慢慢细说。

（2）第7行和第8行我们分别给这两个数组的第一个下标赋值为0，adjvex[0]=0其实意思就是我们现在从顶点v_0开始（事实上，最小生成树从哪个顶点开始计算都无所谓，我们假定从v_0开始），lowcost[0]=0就表示v_0已经被纳入到最小生成树中，之后凡是lowcost数组中的值被设置为0就是表示此下标的顶点被纳入最小生成树。

（3）第9～13行表示我们读取P212页下图的右图邻接矩阵的第一行数据。将数值赋值给lowcost数组，所以此时lowcost数组值为{0,10,65535,65535,65535,11,65535, 65535, 65535}，而adjvex则全部为0。此时，我们已经完成了整个初始化的工作，准备开始生成。

（4）第14～37行，整个循环过程就是构造最小生成树的过程。

（5）第16行和第17行，将min设置为了一个极大值65535，它的目的是为了之后找到一定范围内的最小权值。j用来做顶点下标循环的变量，k用来存储最小权值的顶点下标。

（6）第18～26行，循环中不断修改min为当前lowcost数组中最小值，并用k保留此最小值的顶点下标。经过循环后，min=10，k=1。注意19行if判断的lowcost[j]!=0表示已经是生成树的顶点不参与最小权值的查找。

（7）第27行，因k=1，adjvex[1]=0，所以打印结果为（0，1），表示v_0至v_1边为最小生成树的第一条边，如右图所示。

（8）第28行，此时因k=1我们将lowcost[k]=0就是说顶点v_1纳入到最小生成树中。此时lowcost数组值为{0,0,65535,65535,11, 65535,65535,65535}。

（9）第29～36行，j循环由1至8，因k=1，查找邻接矩阵的第v_1行的各个权值，与lowcost的对应值比较，若更小则修改lowcost值，并将k值存入adjvex数组中。因第v_1行有18、16、12均比65535小，所以最终lowcost数组的值为{0,0,18,65535,65535,11,16,65535,12}。adjvex数组的值为{0,0,1,0,0,0,1,0,1}。这里第30行if判断的lowcost[j]!=0也说明v_0和v_1已经是生成树的顶点不参与最小权值的比对了。

（10）再次循环，由第16行到第27行，此时min=11，k=5，adjvex[5]=0。因此打印结构为(0, 5)。表示v_0至v_5边为最小生成树的第二条边，如右图所示。

（11）接下来执行到第37行，lowcost数组的值为{0,0,18,65535,26,0,16,65535, 12}。adjvex数组的值为{0,0,1,0,5,0,1,0,1}。

（12）之后，相信大家也都会自己去模拟了。通过不断的转换，构造的过程如下图中图1～图6所示。

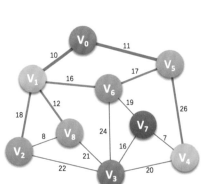

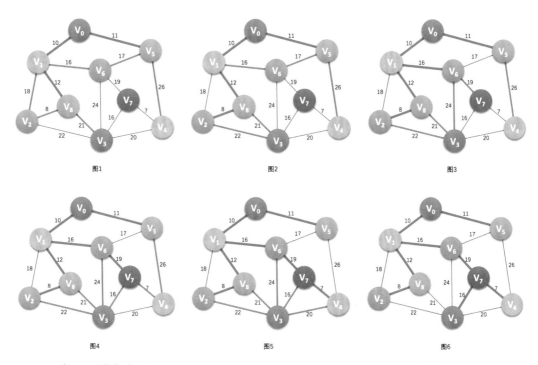

图1 图2 图3

图4 图5 图6

有了这样的讲解，再来介绍普里姆算法的实现定义可能就容易理解一些。

假设N=(V,{E})是连通网，TE是N上最小生成树中边的集合。算法从U={u_0}($u_0 \in V$)，TE={}开始。重复执行下述操作：在所有$u \in U, v \in V-U$的边$(u,v) \in E$中找一条代价最小的边(u_0,v_0)并入集合TE，同时v_0并入U，直至U=V为止。此时TE中必有n-1条边，则T=(V,{TE})为N的最小生成树。

由算法代码中的循环嵌套可得知此算法的时间复杂度为$O(n^2)$。[①]

7.6.2 克鲁斯卡尔（Kruskal）算法

现在我们来换一种思考方式，普里姆算法是以某顶点为起点，逐步找各顶点上最小权值的边来构建最小生成树的。这就像是我们如果去参观某个展会，例如去世博园，一种策略是你从一个入口进去后，先选最近的场馆观光，看完后再紧挨着看下一个，这算好吗？当然是可以。但我们还有一种策略，事先计划好所有的路线，进园后直接到你最想去的场馆观看呢？事实上，去世博园的观众，绝大多数都是事先做好攻略才去游玩的。

同样的思路，我们也可以直接就以边为目标去构建，因为权值是在边上，直接去找最小权值的边来构建生成树也是很自然的想法，只不过构建时要考虑是否会形成环路而

---

① 目前这个算法只是基本实现最小生成树的构建，算法还可以优化，请参考《算法导论》第六部分图算法的23.2节有详细讲解。

已。此时我们就用到了图的存储结构中的边集数组结构。以下是edge边集数组结构的定义代码：

```
/* 对边集数组Edge结构的定义 */
typedef struct
{
    int begin;
    int end;
    int weight;
}Edge;
```

> 注：图最小生成树Kruskal的相关代码请参看代码目录下"/第7章图/06最小生成树_Kruskal.c"。

我们将同样的图的邻接矩阵通过程序转化为右下图的边集数组，并且对它们按权值从小到大排序。

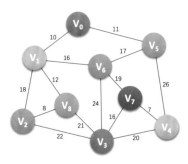

	begin	end	weight
Edges[0]	4	7	7
Edges[1]	2	8	8
Edges[2]	0	1	10
Edges[3]	0	5	11
Edges[4]	1	8	12
Edges[5]	3	7	16
Edges[6]	1	6	16
Edges[7]	5	6	17
Edges[8]	1	2	18
Edges[9]	6	7	19
Edges[10]	3	4	20
Edges[11]	3	8	21
Edges[12]	2	3	22
Edges[13]	3	6	24
Edges[14]	4	5	26

克鲁斯卡尔算法的思想就是站在了上帝视角。先把权值最短的边一个个挑出来。左下图找到了权值最短边v_7和v_4，中下图找到了权值第二短边v_2和v_8，右下图找到了权值第三短边v_0和v_1。

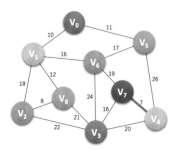
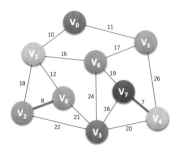
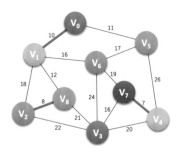

如果就这么简单，这算法也就不稀奇了。当我们找到了大量的权值短边后，发现了一个问题。比如当完成到左下图的情况时，我们接下来去找权值最小的边应该是v_6和v_5，这条边的权值是17，但是这会带来一个结果，v_6和v_5已经通过中转的顶点v_0和v_1连通了，它们并不需要继续再关联，否则就是重复。而v_6和v_5两个顶点更应该与顶点v_3、v_7和v_4进行连接。检查了它们的权值，22、21、24、19、26，最终选择了19作为最小的权值边。如右下图，完成最小生成树的构建。怎么样？是不是很好理解呢？

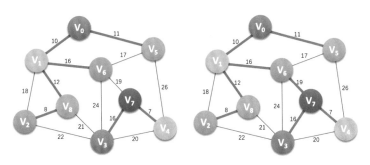

现在我们来看克鲁斯卡尔算法代码，左侧数字为行号。其中MAXEDGE为边数量的极大值，此处大于等于15即可，MAXVEX为顶点个数最大值，此处大于等于9即可。现在假设我们自己就是计算机，在调用MiniSpanTree_Kruskal函数，输入右上图的邻接矩阵后，看看它是如何运行并打印出最小生成树的。

```
1    /* Kruskal算法生成最小生成树 */
2    void MiniSpanTree_Kruskal(MGraph G)
3    {
4        int i, n, m;
5        Edge edges[MAXEDGE];/* 定义边集数组,edge的结构为begin,end,weight,均为整型 */
6        int parent[MAXVEX]; /* 定义一数组用来判断边与边是否形成环路 */
7
8        /* 此处省略将邻接矩阵G转化为边集数组edges并按权由小到大排序的代码 */
9
10       for (i = 0; i < G.numVertexes; i++)
11           parent[i] = 0;              /* 初始化数组值为0 */
12       for (i = 0; i < G.numEdges; i++)     /* 循环每一条边 */
13       {
14           n = Find(parent,edges[i].begin);
15           m = Find(parent,edges[i].end);
16           if (n != m) /* 假如n与m不等，说明此边没有与现有的生成树形成环路 */
17           {/* 将此边的结尾顶点放入下标为起点的parent中。表示此顶点已经在生成树集合中 */
18               parent[n] = m;
19               printf("(%d, %d) %d\n", edges[i].begin,
20                   edges[i].end, edges[i].weight);
21           }
22       }
23   }
24
25   /* 查找连线顶点的尾部下标 */
26   int Find(int *parent, int f)
27   {
28       while ( parent[f] > 0)
29       {
30           f = parent[f];
31       }
32       return f;
33   }
```

（1）程序开始运行，第6行之后，我们省略颇占篇幅但却很容易实现的将邻接矩阵转换为边集数组，并按权值从小到大排序的代码①，也就是说，从第6行开始，我们已经有了结构为edge，数据内容是上图的右图的一维数组edges。

（2）第6～11行，我们声明一个数组parent，并将它的值都初始化为0，它的作用我们后面慢慢说。

（3）第12～21行，我们开始对边集数组做循环遍历，开始时，$i=0$。

（4）第14行，我们调用了第25～32行的函数Find()，传入的参数是数组parent和当前权值最小边 (v_4, v_7) 的begin：4。因为parent中全都是0所以传出值使得$n=4$。

（5）第15行，同样做法，传入 (v_4, v_7) 的end：7。传出值使得$m=7$。

（6）第16～20行，很显然n与m不相等，因此parent[4]=7。此时parent数组值为{0,0,0,0,7,0,0,0,0}，并且打印得到"(4,7) 7"。此时我们已经将边 (v_4, v_7) 纳入到最小生成树中，如右图所示。

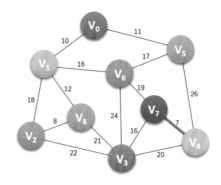

（7）循环返回，执行第14～20行，此时$i=1$，edge[1]得到边 (v_2, v_8)，$n=2$，$m=8$，parent[2]=8，打印结果为"(2,8)8"，此时parent数组值为{0,0,8,0,7,0,0,0,0}，这也就表示边 (v_4, v_7) 和边 (v_2, v_8) 已经纳入到最小生成树，如右图所示。

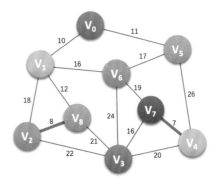

（8）再次执行第14～20行，此时$i=2$，edge[2]得到边 (v_0, v_1)，$n=0$，$m=1$，parent[0]=1，打印结果为"(0,1) 10"，此时parent数组值为{1,0,8,0,7,0,0,0,0}，此时边 (v_4, v_7)、(v_2, v_8) 和 (v_0, v_1) 已经纳入到最小生成树，如右图所示。

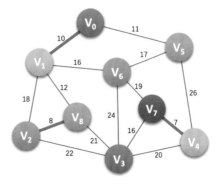

---

① 注：详细代码，本书提供下载。

（9）当i=3、4、5、6时，分别将边 (v_0,v_5)、(v_1,v_8)、(v_3,v_7)、(v_1,v_6) 纳入到最小生成树中，如下图所示。此时parent数组值为{1,5,8,7,7,8,0,0,6}，怎么去解读这个数组现在这些数字的意义呢？

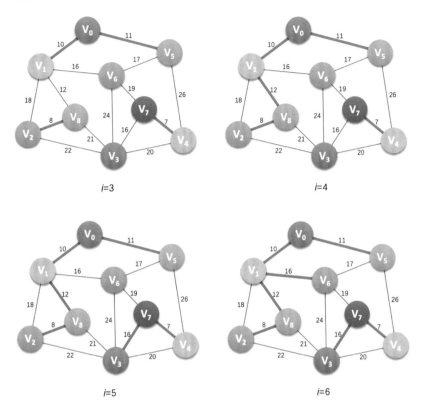

i=3 i=4

i=5 i=6

从上图的右下方的图i=6的粗线连线可以得到，我们其实是有两个连通的边集合A与B中纳入到最小生成树中的，如下图所示。当parent[0]=1，表示v_0和v_1已经在生成树的边集合A中。此时将parent[0]=1的1改为下标，由parent[1]=5，表示v_1和v_5在边集合A中，parent[5]=8表示v_5与v_8在边集合A中，parent[8]=6表示v_8与v_6在边集合A中，parent[6]=0表示集合A暂时到头，此时边集合A有v_0、v_1、v_5、v_8、v_6。我们查看parent中没有查看的值，parent[2]=8表示v_2与v_8在一个集合中，因此v_2也在边集合A中。再由parent[3]=7、parent[4]=7和parent[7]=0可知v_3、v_4、v_7在另一个边集合B中。

（10）当i=7时，第14行，调用Find函数，会传入参数edges[7].begin=5。此时第27行，parent[5]=8>0，所以f=8，再循环得parent[8]=6。因parent[6]=0所以Find返回后第14行得到n=6。而此时第12行，传入参数edges[7].end=6得到m=6。此时n=m，不再打印，继续下一循环。这就告诉我们，因为边 (v_5,v_6) 使得边集合A形成了环路。因此不能将它纳入到最小生成树中，如下图所示。

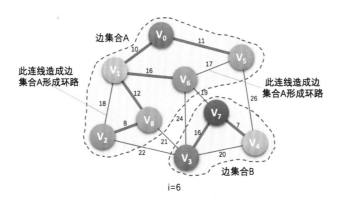

i=6

（11）当i=8时，与上面相同，由于边 (v_1,v_2) 使得边集合A形成了环路。因此不能将它纳入到最小生成树中，如上图所示。

（12）当i=9时，边 (v_6,v_7)，第14行得到n=6，第15行得到m=7，因此parent[6]=7，打印 "(6,7)19"。此时parent数组值为{1,5,8,7,7,8,7,0,6}，如下图所示。

（13）此后边的循环均造成环路，最终最小生成树即为右图所示。

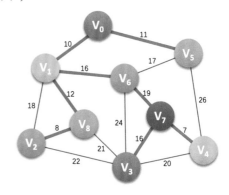

好了，我们来把克鲁斯卡尔算法的实现定义归纳一下结束这一节的讲解。

假设N=(V,{E})是连通网，则令最小生成树的初始状态为只有n个顶点而无边的非连通图T={V,{}}，图中每个顶点自成一个连通分量。在E中选择代价最小的边，若该边依附的顶点落在T中不同的连通分量上，则将此边加入到T中，否则舍去此边而选择下一条代价最小的边。以此类推，直至T中所有顶点都在同一连通分量上为止。

此算法的Find函数由边数e决定，时间复杂度为$O(\log e)$，而外面有一个for循环e次。所以克鲁斯卡尔算法的时间复杂度为$O(e\log e)$。

对比两个算法，克鲁斯卡尔算法主要是针对边来展开，边数少时效率会非常高，所以对于稀疏图有很大的优势；而普里姆算法对于稠密图，即边数非常多的情况会更好一些。①

7.7 最短路径

我们时常会面临着对路径选择的决策问题。例如在北京、上海、广州等城市，因其

---

① 注：关于该算法的详细讲解，请参考《算法导论》第六部分图算法的 23.2 节。

城市面积较大，乘地铁或公交都要考虑从A点到B点，如何换乘到达？比如下图这样的地铁网图，如果不是专门去做研究，对于刚接触的人来说，都会犯迷糊。

现实中，每个人需求不同，选择方案就不尽相同。有人为了省钱，它需要的是路程最短（定价以路程长短为标准），但可能由于线路班次少，换乘站间距离长等原因并不省时间；而另一些人，为了要赶飞机火车或者早晨上班不迟到，他最大的需求是总时间要短；还有一类人，如老人行动不便，或者上班族下班，忙碌一天累得要死，他们都不想多走路，哪怕车子绕远路耗时长也无所谓，关键是换乘要少，这样可以在车上好好休息一下（有些线路方案换乘两次比换乘三四次耗时还长）。这些都是老百姓的需求，简单的图形可以靠人的经验和感觉，但复杂的道路或地铁网就需要计算机通过算法计算来提供最佳的方案。我们今天就要来研究关于图的最短路径的问题。

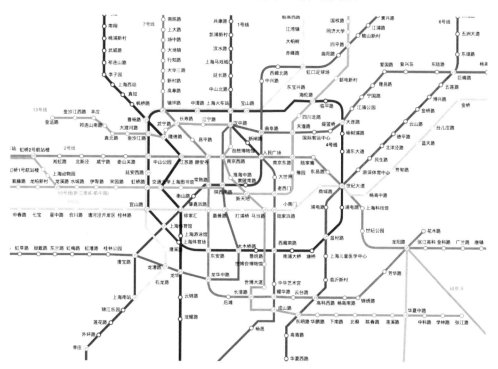

在网图和非网图中，最短路径的含义是不同的。由于非网图没有边上的权值，所谓的最短路径，其实就是指两顶点之间经过的边数最少的路径；而**对于网图来说，最短路径，是指两顶点之间经过的边上权值之和最少的路径，并且我们称路径上的第一个顶点是源点，最后一个顶点是终点**。显然，我们研究网图更有实际意义，就地图来说，距离就是两顶点间的权值之和。而非网图完全可以理解为所有的边的权值都为1的网。

我们要讲解两种求最短路径的算法。先来讲第一种，从某个源点到其余各顶点的最短路径问题。

你能很快计算出右图中由源点v_0到终点v_8的最短路径吗？如果不能，没关系，我们一同来研究看如何让计算机计算出来。如果能，哼哼，那仅代表你智商还不错，你还是要来好好学习，毕竟真实世界的图可没这么简单，人脑是用来创造而不是做枯燥复杂的计算的。好了，我们开始吧。

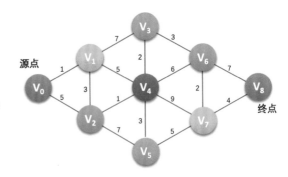

7.7.1　迪杰斯特拉（Dijkstra）算法

这是一个按路径长度递增的次序产生最短路径的算法。它的思路大体是这样的。

比如说要求右图中顶点v_0到顶点v_1的最短距离，没有比这更简单的了，答案就是1，路径就是直接v_0连线到v_1。

由于顶点v_1还与v_2、v_3、v_4连线，所以此时我们同时求得了$v_0 \to v_1 \to v_2 = 1+3 = 4$，$v_0 \to v_1 \to v_3 = 1+7 = 8$，$v_0 \to v_1 \to v_4 = 1+5 = 6$。

现在，我问v_0到v_2的最短距离，如果你不假思索地说是5，那就犯错了。因为边上都有权值，刚才已经有$v_0 \to v_1 \to v_2$的结果是4，比5还要小1个单位，它才是最短距离，如右图所示。

由于顶点v_2还与v_4、v_5连线，所以此时我们同时求得了$v_0 \to v_2 \to v_4$其实就是$v_0 \to v_1 \to v_2 \to v_4 = 4+1 = 5$，$v_0 \to v_2 \to v_5 = 4+7 = 11$。这里$v_0 \to v_2$我们用的是刚才计算出来的较小的4。此时我们也发现$v_0 \to v_1 \to v_2 \to v_4 = 5$要比$v_0 \to v_1 \to v_4 = 6$还小。所以$v_0$到$v_4$目前的最小距离是5，如右图所示。

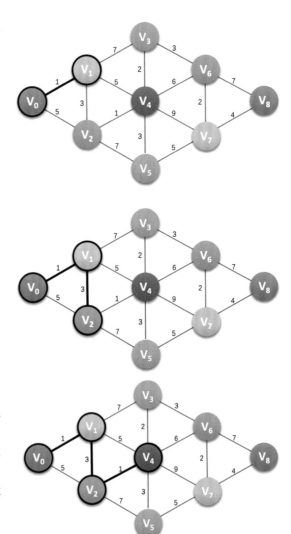

当我们要求 v_0 到 v_3 的最短距离时，通向 v_3 的三条边，除了 v_6 没有研究过外，$v_0 \rightarrow v_1 \rightarrow v_3$ 的结果是8，而 $v_0 \rightarrow v_4 \rightarrow v_3 = 5+2 = 7$。因此，$v_0$ 到 v_3 的最短距离是7，如右图所示。

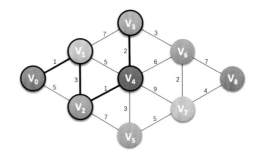

好了，我想你大致明白，这个迪杰斯特拉算法是如何干活的了。它并不是一下子就求出了 v_0 到 v_8 的最短路径，而是一步步求出它们之间顶点的最短路径，过程中都是基于已经求出的最短路径的基础上，求得更远顶点的最短路径，最终得到你要的结果。

如果还是不太明白，不要紧，现在我们来看代码，从代码的模拟运行中，再次去理解它的思想。

先来看数据结构：

```
#define MAXEDGE 20
#define MAXVEX 20
#define INFINITY 65535

typedef struct
{
    int vexs[MAXVEX];
    int arc[MAXVEX][MAXVEX];
    int numVertexes, numEdges;
}MGraph;

typedef int Patharc[MAXVEX];        /* 用于存储最短路径下标的数组 */
typedef int ShortPathTable[MAXVEX]; /* 用于存储到各点最短路径的权值和 */
```

注：图的最短路径Dijkstra算法的相关代码请参看代码目录下 "/第7章图/07最短路径_Dijkstra.c"。

算法代码如下：

```
1   /* Dijkstra算法，求有向网G的v0顶点到其余顶点v的最短路径P[v]及带权长度D[v] */
2   /* P[v]的值为前驱顶点下标，D[v]表示v0到v的最短路径长度和 */
3   void ShortestPath_Dijkstra(MGraph G, int v0, Patharc *P, ShortPathTable *D)
4   {
5       int v,w,k,min;
6       int final[MAXVEX];              /* final[w]=1表示求得顶点v0至vw的最短路径 */
7       for(v=0; v<G.numVertexes; v++)  /* 初始化数据 */
8       {
9           final[v] = 0;               /* 全部顶点初始化为未知最短路径状态 */
10          (*D)[v] = G.arc[v0][v];     /* 将与v0点有连线的顶点加上权值 */
11          (*P)[v] = -1;               /* 初始化路径数组P为-1 */
12      }
13      (*D)[v0] = 0;                   /* v0至v0路径为0 */
14      final[v0] = 1;                  /* v0至v0不需要求路径 */
15      /* 开始主循环，每次求得v0到某个顶点v的最短路径 */
16      for(v=1; v<G.numVertexes; v++)
17      {
18          min=INFINITY;               /* 当前所知离v0顶点的最近距离 */
```

```
19        for(w=0; w<G.numVertexes; w++)  /* 寻找离v0最近的顶点 */
20        {
21            if(!final[w] && (*D)[w]<min)
22            {
23                k=w;
24                min = (*D)[w];              /* w顶点离v0顶点更近 */
25            }
26        }
27        final[k] = 1;                      /* 将目前找到的最近的顶点置为1 */
28        for(w=0; w<G.numVertexes; w++)  /* 修正当前最短路径及距离 */
29        {
30            /* 如果经过v顶点的路径比现在这条路径的长度短的话 */
31            if(!final[w] && (min+G.arc[k][w]<(*D)[w]))
32            {                              /* 说明找到了更短的路径，修改D[w]和P[w] */
33                (*D)[w] = min + G.arc[k][w]; /* 修改当前路径长度 */
34                (*P)[w]=k;
35            }
36        }
37    }
38 }
```

调用此函数前，其实我们需要为左下图准备邻接矩阵MGraph的G，如右下图，并且定义参数v₀为0。

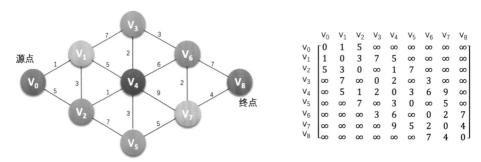

（1）程序开始运行，第6行final数组是为了v₀到某顶点是否已经求得最短路径的标记，如果v₀到v_w已经有结果，则final[w]=1。

（2）第7～12行，是在对数据进行初始化的工作。此时final数组值均为0，表示所有的点都未求得最短路径。D数组为{65535,1,5,65535,65535,65535, 65535,65535,65535}。因为v₀与v₁和v₂的边权值为1和5。P数组全为-1，表示目前没有路径。

（3）第13行，表示v₀到v₀自身，权值和结果为0。D数组为{0,1,5,65535,65535,65535,65535,65535,65535}。第14行，表示v₀点算是已经求得的最短路径，因此final[0]=1。此时final数组为{1,0,0,0,0,0,0,0,0}。此时整个初始化工作完成。

（4）第16～37行，为主循环，每次循环求得v₀与一个顶点的最短路径。因此v从1而不是0开始。

（5）第18～26行，先令min为65535的极大值，通过w循环，与D[w]比较找到最小值min=1，k=1。

（6）第27行，由k=1，表示与v₀最近的顶点是v₁，并且由D[1]=1，知道此时v₀到v₁的最短距离是1。因此将v₁对应的final[1]设置为1。此时final数组为{1,1,0,0,0,0,0,0,0}。

（7）第28～36行是一循环，此循环甚为关键。它的目的是在刚才已经找到v₀与

v_1的最短路径的基础上，对v_1与其他顶点的边进行计算，得到v_0与它们的当前最短距离，如下图所示。因为min=1，所以本来D[2]=5，现在$v_0 \to v_1 \to v_2$=D[2]=min+3=4，$v_0 \to v_1 \to v_3$=D[3]=min+7=8，$v_0 \to v_1 \to v_4$=D[4]=min+5=6，因此，D数组当前值为{0,1,4,8,6,65535,65535,65535,65535}。而P[2]=1，P[3]=1，P[4]=1，它表示的意思是v_0到v_2、v_3、v_4点的最短路径它们的前驱均是v_1。此时P数组值为{-1,-1,1,1,1,-1,-1,-1,-1}。

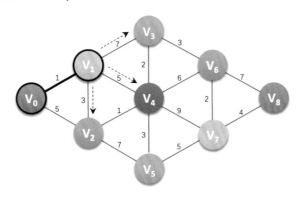

（8）重新开始循环，此时v=2。第18～26行，对w循环，注意因为final[0]=1和final[1]=1，由第21行的!final[w]可知，v_0与v_1并不参与最小值的获取。通过循环比较，找到最小值min=4，k=2。

（9）第27行，由k=2，表示已经求出v_0到v_2的最短路径，并且由D[2]=4，知道最短距离是4。因此将v_2对应的final[2]设置为1，此时final数组为{1,1,1,0,0,0,0,0,0}。

（10）第28～36行。在刚才已经找到v_0与v_2的最短路径的基础上，对v_2与其他顶点的边进行计算，得到v_0与它们的当前最短距离，如下图所示。因为min=4，所以本来D[4]=6，现在$v_0 \to v_2 \to v_4$=D[4]=min+1=5，$v_0 \to v_2 \to v_5$=D[5]=min+7=11，因此，D数组当前值为{0,1,4,8,5,11,65535,65535, 65535}。而原本P[4]=1，此时P[4]=2，P[5]=2，它表示v_0到v_4、v_5点的最短路径它们的前驱均是v_2。此时P数组值为{-1,-1,1,1,2,2,-1,-1,-1}。

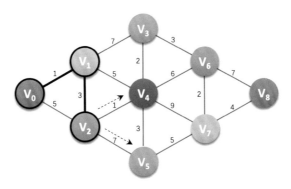

（11）重新开始循环，此时v=3。第17～25行，通过对w循环比较找到最小值min=5，k=4。

（12）第27行，由k=4，表示已经求出v_0到v_4的最短路径，并且由D[4]=5，知道最短距离是5。因此将v_4对应的final[4]设置为1。此时final数组为{1,1,1,0,1,0,0,0,0}。

（13）第28~36行，对v_4与其他顶点的边进行计算，得到v_0与它们的当前最短距离，如下图所示。因为min=5，所以本来D[3]=8，现在$v_0 \to v_4 \to v_3$=D[3]=min+2=7，本来D[5]=11，现在$v_0 \to v_4 \to v_5$=D[5]=min+3=8，另外$v_0 \to v_4 \to v_6$=D[6]=min+6=11，$v_0 \to v_4 \to v_7$=D[7]=min+9=14，因此，D数组当前值为{0,1,4,7,5,8,11,14,65535}。而原本P[3]=1，此时P[3]=4，原本P[5]=2，此时P[5]=4，另外P[6]=4，P[7]=4，它表示v_0到v_3、v_5、v_6、v_7点的最短路径它们的前驱均是v_4。此时P数组值为{-1,-1,1,4,2,4,4,4,-1}。

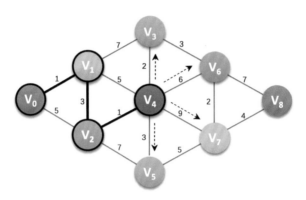

（14）之后的循环就完全类似了。得到最终的结果，如下图所示。此时final数组为{1,1,1,1,1,1,1,1,1}，它表示所有的顶点均完成了最短路径的查找工作。此时D数组为{0,1,4,7,5,8,10,12,16}，它表示v_0到各个顶点的最短路径数，比如D[8]=1+3+1+2+3+2+4=16。此时P数组值为{-1,-1,1,4,2,4,3,6,7}，这串数字可能略为难理解一些。比如P[8]=7，它的意思是v_0到v_8的最短路径，顶点v_8的前驱顶点是v_7，再由P[7]=6表示v_7的前驱是v_6，P[6]=3，表示v_6的前驱是v_3。这样就可以得到，v_0到v_8的最短路径为$v_8 \leftarrow v_7 \leftarrow v_6 \leftarrow v_3 \leftarrow v_4 \leftarrow v_2 \leftarrow v_1 \leftarrow v_0$，即$v_0 \to v_1 \to v_2 \to v_4 \to v_3 \to v_6 \to v_7 \to v_8$。

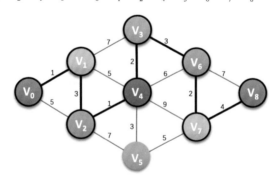

其实最终返回的数组D和数组P，是可以得到v_0到任意一个顶点的最短路径和路径长度的。例如v_0到v_8的最短路径并没有经过v_5，但我们已经知道v_0到v_5的最短路径了。由D[5]=8可知它的路径长度为8，由P[5]=4可知v_5的前驱顶点是v_4，所以v_0到v_5的最短路径是$v_0 \to v_1 \to v_2 \to v_4 \to v_5$。

也就是说，我们通过迪杰斯特拉算法解决了从某个源点到其余各顶点的最短路径问题。从循环嵌套可以很容易得到此算法的时间复杂度为$O(n^2)$，尽管有同学觉得，可不可以只找到从源点到某一个特定终点的最短路径，其实这个问题和求源点到其他所有顶点的最短路径一样复杂，时间复杂度依然是$O(n^2)$。

这就好比，你吃了七个包子终于算是吃饱了，就感觉很不划算，前六个包子白吃了，应该直接吃第七个包子，于是你就去寻找可以吃一个就能饱肚子的包子，能够满足你的要求最终结果只能有一个，那就是用七个包子的面粉和馅做的一个大包子。这种只关注结果而忽略过程的思想是非常不可取的。

可如果我们还需要知道如v_3到v_5、v_1到v_7这样的任一顶点到其余所有顶点的最短路径怎么办呢？此时简单的办法就是把每个顶点当作源点运行一次迪杰斯特拉算法，等于在原有算法的基础上，再来一次循环，此时整个算法的时间复杂度就成了$O(n^3)$。

对此，我们现在再来介绍另一个求最短路径的算法——弗洛伊德（Floyd），它求所有顶点到所有顶点的时间复杂度也是$O(n^3)$，但其算法非常简洁优雅，能让人感觉到智慧的无限魅力。好了，让我们一同来欣赏和学习它吧。[①]

7.7.2　弗洛伊德（Floyd）算法

为了能讲明白弗洛伊德算法的精妙所在，我们先来看最简单的案例。左下图是一个最简单的3个顶点连通网图。

从v_1到v_2，你觉得应该怎么走才是最短路径？通常人们都会认为是两点之间，直线最短——因为没有中间商赚差价。可根据最短路径定义，并不是这样，边权值的和最小才是最短。目测就可以发现，$v_1 \rightarrow v_2$要5个单位，$v_1 \rightarrow v_0 \rightarrow v_2$只需要2+1=3个单位，结果是最短路径为$v_1 \rightarrow v_0 \rightarrow v_2$。

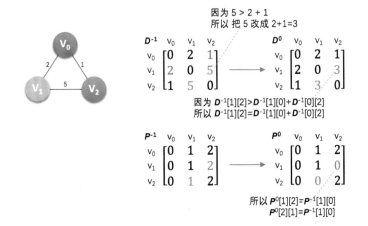

① 注：关于该算法的详细讲解，请参考《算法导论》第六部分图算法的第24.2节。本书实现的Dijkstra算法只能用于无孤立点的图，包含孤立点的图的Dijkstra算法留给读者练习。

我们先定义两个二维数组$D[3][3]$和$P[3][3]$，D代表顶点到顶点的最短路径权值和的矩阵。P代表对应顶点的最短路径的前驱矩阵，用来存储路径。在未分析任何顶点之前，我们将D命名为D^{-1}，其实它就是初始的图的邻接矩阵。将P命名为P^{-1}，初始化为图中所示的矩阵。

也就是说，我们要求所有的顶点经过v_0后到达另一顶点的最短路径。因为只有三个顶点，因此需要查看$v_1 \to v_0 \to v_2$，得到$D^{-1}[1][0]+D^{-1}[0][2]=2+1=3$。$D^{-1}[1][2]$表示的是$v_1 \to v_2$的权值为5，我们发现$D^{-1}[1][2]>D^{-1}[1][0]+D^{-1}[0][2]$，通俗的话讲就是$v_1 \to v_0 \to v_2$比直接$v_1 \to v_2$距离还要近。所以我们就让$D^{-1}[1][2]=D^{-1}[1][0]+D^{-1}[0][2]=3$，同样的$D^{-1}[2][1]=3$，于是就有了$D^0$的矩阵。因为有变化，所以$P$矩阵对应的$P^{-1}[1][2]$和$P^{-1}[2][1]$也修改为当前中转的顶点$v_0$的下标0，于是就有了$P^0$。即

$$D^0[v][w]= \min\{ D^{-1}[v][w],\ D^{-1}[v][0]+D^{-1}[0][w]\}$$

接下来，其实也就是在D^0和P^0的基础上继续处理所有顶点经过v_1和v_2后到达另一顶点的最短路径，得到D^1和P^1、D^2和P^2完成所有顶点到所有顶点的最短路径计算工作。

如果我就用这么简单的图形来讲解代码，大家一定会觉得不能说明什么问题。所以我们还是以前面的复杂网图为例，来讲解弗洛伊德算法。

首先我们针对左下网图准备两个矩阵D^{-1}和P^{-1}，D^{-1}就是网图的邻接矩阵，P^{-1}初设为$P[i][j]=j$这样的矩阵，它主要用来存储路径。

代码如下，注意因为是求所有顶点到所有顶点的最短路径，因此Pathmatirx和ShortPathTable都是二维数组。

```
typedef int Patharc[MAXVEX][MAXVEX];
typedef int ShortPathTable[MAXVEX][MAXVEX];
1   /* Floyd算法，求网图G中各顶点v到其余顶点w的最短路径P[v][w]及带权长度D[v][w] */
2   void ShortestPath_Floyd(MGraph G, Patharc *P, ShortPathTable *D)
3   {
4       int v,w,k;
5       for(v=0; v<G.numVertexes; ++v)          /* 初始化D与P */
6       {
7           for(w=0; w<G.numVertexes; ++w)
8           {
9               (*D)[v][w]=G.arc[v][w];         /* D[v][w]值即为对应点间的权值 */
10              (*P)[v][w]=w;                    /* 初始化P */
11          }
12      }
```

```
13          for(k=0; k<G.numVertexes; ++k)
14          {
15              for(v=0; v<G.numVertexes; ++v)
16              {
17                  for(w=0; w<G.numVertexes; ++w)
18                  {
19                      if ((*D)[v][w]>(*D)[v][k]+(*D)[k][w])
20                      {/* 如果经过下标为k顶点的路径比原两点间路径更短 */
21                          (*D)[v][w]=(*D)[v][k]+(*D)[k][w];/* 将当前两点间权值设更小一个 */
22                          (*P)[v][w]=(*P)[v][k];          /* 路径设置为经过下标为k的顶点 */
23                      }
24                  }
25              }
26          }
27  }
```

> 注：图的最短路径Floyd算法的相关代码请参看代码目录下"/第7章图/08最短路径_Floyd.c"。

（1）程序开始运行，第5～12行就是初始化了 D 和 P，使得它们成为上图的两个矩阵。从矩阵得到，$v_0 \to v_1$ 路径权值是1，$v_0 \to v_2$ 路径权值是5，$v_0 \to v_3$ 无边连线，所以路径权值为极大值65535。

（2）第13～26行，是算法的主循环，一共三层嵌套，k 代表的就是中转顶点的下标。v 代表起始顶点，w 代表结束顶点。

（3）当 $k=0$ 时，也就是所有的顶点都经过 v_0 中转，计算是否有最短路径的变化。可惜结果是，没有任何变化，如下图所示。

D^0	v_0	v_1	v_2	v_3	v_4	v_5	v_6	v_7	v_8
v_0	0	1	5	∞	∞	∞	∞	∞	∞
v_1	1	0	3	7	5	∞	∞	∞	∞
v_2	5	3	0	∞	1	7	∞	∞	∞
v_3	∞	7	∞	0	2	∞	3	∞	∞
v_4	∞	5	1	2	0	3	6	9	∞
v_5	∞	∞	7	∞	3	0	∞	5	∞
v_6	∞	∞	∞	3	6	∞	0	2	7
v_7	∞	∞	∞	∞	9	5	2	0	4
v_8	∞	∞	∞	∞	∞	∞	7	4	0

P^0	v_0	v_1	v_2	v_3	v_4	v_5	v_6	v_7	v_8
v_0	0	1	2	3	4	5	6	7	8
v_1	0	1	2	3	4	5	6	7	8
v_2	0	1	2	3	4	5	6	7	8
v_3	0	1	2	3	4	5	6	7	8
v_4	0	1	2	3	4	5	6	7	8
v_5	0	1	2	3	4	5	6	7	8
v_6	0	1	2	3	4	5	6	7	8
v_7	0	1	2	3	4	5	6	7	8
v_8	0	1	2	3	4	5	6	7	8

（4）当 $k=1$ 时，也就是所有的顶点都经过 v_1 中转。此时，当 $v=0$ 时，原本 $D[0][2]=5$，现在由于 $D[0][1]+D[1][2]=4$。因此由代码的第20行，二者取其最小值，得到 $D[0][2]=4$，同理可得 $D[0][3]=8$、$D[0][4]=6$，当 $v=2$、3、4时，也修改了一些数据，请参考下图中的蓝灰背景数据。由于这些最小权值的修正，所以在路径矩阵 P 上，也要作处理，将它们都改为当前的 $P[v][k]$ 值，见代码第22行。

D^1

	v_0	v_1	v_2	v_3	v_4	v_5	v_6	v_7	v_8
v_0	0	1	4	8	6	∞	∞	∞	∞
v_1	1	0	3	7	5	∞	∞	∞	∞
v_2	4	3	0	10	1	7	∞	∞	∞
v_3	8	7	10	0	∞	3	∞	∞	∞
v_4	6	5	1	2	0	3	6	9	∞
v_5	∞	∞	7	∞	3	0	5	∞	∞
v_6	∞	∞	∞	3	6	∞	0	2	7
v_7	∞	∞	∞	∞	9	5	2	0	4
v_8	∞	∞	∞	∞	∞	∞	7	4	0

P^1

	v_0	v_1	v_2	v_3	v_4	v_5	v_6	v_7	v_8
v_0	0	1	1	1	1	5	6	7	8
v_1	0	1	2	3	4	5	6	7	8
v_2	1	1	2	1	4	5	6	7	8
v_3	1	1	1	3	4	5	6	7	8
v_4	1	1	2	3	4	5	6	7	8
v_5	0	1	2	3	4	5	6	7	8
v_6	0	1	2	3	4	5	6	7	8
v_7	0	1	2	3	4	5	6	7	8
v_8	0	1	2	3	4	5	6	7	8

（5）接下来就是k=2一直到8结束，表示针对每个顶点做中转得到的计算结果，当然，我们也要清楚，D^0是以D^{-1}为基础，D^1是以D^0为基础，…，D^8是以D^7为基础，就像我们曾经说过的七个包子的故事，它们是有联系的，路径矩阵P也是如此。最终当k=8时，两矩阵数据如下图所示。

D^8

	v_0	v_1	v_2	v_3	v_4	v_5	v_6	v_7	v_8
v_0	0	1	4	7	5	8	10	12	16
v_1	1	0	3	6	4	7	9	11	15
v_2	4	3	0	3	1	4	6	8	12
v_3	7	6	3	0	2	5	3	5	9
v_4	5	4	1	2	0	3	5	7	11
v_5	8	7	4	5	3	0	7	7	9
v_6	10	9	6	3	5	7	0	2	6
v_7	12	11	8	5	7	5	2	0	4
v_8	16	15	12	9	11	9	6	4	0

P^8

	v_0	v_1	v_2	v_3	v_4	v_5	v_6	v_7	v_8
v_0	0	1	1	1	1	1	1	1	1
v_1	0	1	2	2	2	2	2	2	2
v_2	1	1	2	4	4	4	4	4	4
v_3	4	4	4	3	4	4	6	6	6
v_4	2	2	2	3	4	5	3	3	3
v_5	4	4	4	4	4	5	7	7	7
v_6	3	3	3	3	7	3	6	7	8
v_7	6	6	6	6	6	5	6	7	8
v_8	7	7	7	7	7	7	7	7	8

至此，我们的最短路径就算是完成了，你可以看到矩阵第v_0行的数值与迪杰斯特拉算法求得的D数组的数值是完全相同的，都是{0,1,4,7,5,8,10,12,16}。而且这里是所有顶点到所有顶点的最短路径权值和都可以计算出。

那么如何由P这个路径数组得出具体的最短路径呢？以v_0到v_8为例，从右上图第v_8列，$P[0][8]=1$，得到要经过顶点v_1，然后将1取代0得到$P[1][8]=2$，说明要经过v_2，然后将2取代1得到$P[2][8]=4$，说明要经过v_4，然后将4取代2得到$P[4][8]=3$，说明要经过v_3，…，这样很容易就推导出最终的最短路径值为$v_0 \to v_1 \to v_2 \to v_4 \to v_3 \to v_6 \to v_7 \to v_8$。

求最短路径的显示代码可以这样写：

```
printf("各顶点间最短路径如下:\n");
for(v=0; v<G.numVertexes; ++v)
{
    for(w=v+1; w<G.numVertexes; w++)
    {
        printf("v%d-v%d weight: %d ",v,w,D[v][w]);
        k=P[v][w];                  /* 获得第一个路径顶点下标 */
        printf(" path: %d",v);      /* 打印源点 */
        while(k!=w)                 /* 如果路径顶点下标不是终点 */
        {
            printf(" -> %d",k);     /* 打印路径顶点 */
            k=P[k][w];              /* 获得下一个路径顶点下标 */
        }
    }
```

```
        printf(" -> %d\n",w);   /* 打印终点 */
    }
    printf("\n");
}
```

再次回过头来看看弗洛伊德算法，它的代码简洁到就是一个二重循环初始化加一个三重循环权值修正，就完成了所有顶点到所有顶点的最短路径计算。几乎就如同是我们在学习C语言循环嵌套的样例代码而已。如此简单的实现，真是巧妙之极，在我看来，这是非常漂亮的算法，不知道你们是否喜欢？很可惜由于它的三重循环，因此也是$O(n^3)$时间复杂度。如果你面临需要求所有顶点至所有顶点的最短路径问题时，弗洛伊德算法应该是不错的选择。

另外，我们虽然对求最短路径的两个算法举例都是无向图，但它们对有向图依然有效，因为二者的差异仅仅是邻接矩阵是否对称而已。[①]

7.8 拓扑排序

前面讲了两个有环的图应用，现在我们来谈谈无环的图应用。无环，即是图中没有回路的意思。

7.8.1 拓扑排序介绍

我们会把施工过程、生产流程、软件开发、教学安排等都当成一个项目工程来对待，所有的工程都可分为若干个"活动"的子工程。例如下图是我这非专业人士绘制的一张电影制作流程图，现实中可能并不完全相同，但基本表达了一个工程和若干个活动的概念。在这些活动之间，通常会受到一定的条件约束，如其中某些活动必须在另一些活动完成之后才能开始。就像电影制作不可能在人员到位进驻场地时，导演还没有找到，也不可能在拍摄过程中，场地都没有。这都会导致荒谬的结果。因此这样的工程图，一定是无环的有向图。

在一个表示工程的有向图中，用顶点表示活动，用弧表示活动之间的优先关系，这样的有向图为顶点表示活动的网，我们称为AOV网（Activity On Vertex Network）。AOV网中的弧表示活动之间存在的某种制约关系。比如演职人员确定了，场地也联系好了，才可以开始进场拍摄。另外就是AOV网中不能存在回路。刚才已经举了例子，让某个活动的开始要以自己完成作为先决条件，显然是不可以的。

---

① 注：关于该算法的详细讲解，请参考《算法导论》第六部分图算法的 25.2 节。

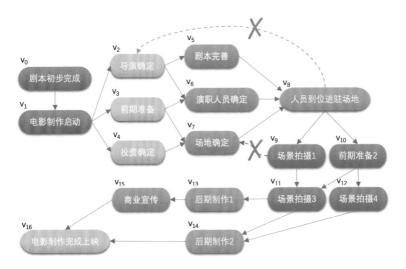

设G=(V,E)是一个具有n个顶点的有向图，V中的顶点序列$v_1,v_2,\cdots,v_n$，满足若从顶点v_i到v_j有一条路径，则在顶点序列中顶点v_i必在顶点v_j之前。则我们称这样的顶点序列为一个**拓扑序列**。

上图这样的AOV网的拓扑序列不止一条。序列$v_0v_1v_2v_3v_4v_5v_6v_7v_8v_9v_{10}v_{11}v_{12}v_{13}v_{14}v_{15}v_{16}$是一条拓扑序列，而$v_0v_1v_4\ v_3v_2v_7v_6\ v_5v_8v_{10}v_9v_{12}\ v_{11}v_{14}v_{13}v_{15}v_{16}$也是一条拓扑序列。

所谓**拓扑排序**，其实就是对一个有向图构造拓扑序列的过程。构造时会有两个结果，如果此网的全部顶点都被输出，则说明它是不存在环（回路）的AOV网；如果输出顶点数少了，哪怕是少了一个，也说明这个网存在环（回路），不是AOV网。

一个不存在回路的AOV网，我们可以将它应用在各种各样的工程或项目的流程图中，满足各种应用场景的需要，所以实现拓扑排序的算法就很有价值了。

7.8.2 拓扑排序算法

对AOV网进行拓扑排序的基本思路是：从AOV网中选择一个入度为0的顶点输出，然后删去此顶点，并删除以此顶点为尾的弧，继续重复此步骤，直到输出全部顶点或者AOV网中不存在入度为0的顶点为止。

首先我们需要确定一下这个图需要使用的数据结构。前面求最小生成树和最短路径时，我们用的都是邻接矩阵，但由于拓扑排序的过程中，需要删除顶点，显然用邻接表会更加方便。因此我们需要为AOV网建立一个邻接表。考虑到算法过程中始终要查找入度为0的顶点，我们在原来顶点表结点结构中，增加一个入度域in，结构如下表所示，其中in就是入度的数字。

in	data	firstedge

因此对于左下图的AOV网，我们可以得到如右下图的邻接表数据结构。

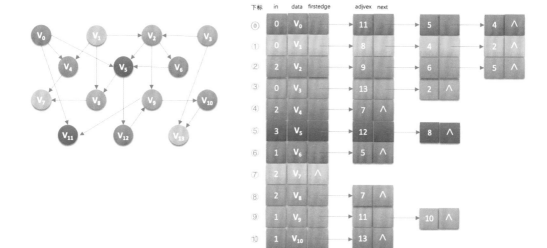

在拓扑排序算法中，涉及的结构代码如下：

```
typedef struct EdgeNode          /* 边表结点 */
{
    int adjvex;                  /* 邻接点域，存储该顶点对应的下标 */
    int weight;                  /* 用于存储权值，对于非网图可以不需要 */
    struct EdgeNode *next;       /* 链域，指向下一个邻接点 */
}EdgeNode;

typedef struct VertexNode        /* 顶点表结点 */
{
    int in;                      /* 顶点入度 */
    int data;                    /* 顶点域，存储顶点信息 */
    EdgeNode *firstedge;         /* 边表头指针 */
}VertexNode, AdjList[MAXVEX];

typedef struct
{
    AdjList adjList;
    int numVertexes,numEdges;    /* 图中当前顶点数和边数 */
}graphAdjList,*GraphAdjList;
```

注：图的拓扑排序算法的相关代码请参看代码目录下"/第7章图/09拓扑排序_TopologicalSort.c"。

在算法中，还需要辅助的数据结构——栈，用来存储处理过程中入度为0的顶点，目的是为了避免每次查找时都要去遍历顶点表找有没有入度为0的顶点。

现在我们来看代码，并且模拟运行它。

```
1    /* 拓扑排序，若GL无回路，则输出拓扑排序序列并返回1，若有回路返回0 */
2    Status TopologicalSort(GraphAdjList GL)
3    {
4        EdgeNode *e;
5        int i,k,gettop;
6        int top=0;                                        /* 用于栈指针下标 */
7        int count=0;                                      /* 用于统计输出顶点的个数 */
8        int *stack;                                       /* 建栈将入度为0的顶点入栈 */
9        stack=(int *)malloc(GL->numVertexes * sizeof(int) );
10       for(i = 0; i<GL->numVertexes; i++)
11           if(0 == GL->adjList[i].in)                    /* 将入度为0的顶点入栈 */
12               stack[++top]=i;
13       while(top!=0)
14       {
15           gettop=stack[top--];                          /* 出栈 */
16           printf("%d -> ",GL->adjList[gettop].data);    /* 打印此顶点 */
17           count++;                                       /* 统计输出顶点数 */
18           for(e = GL->adjList[gettop].firstedge; e; e = e->next)/* 对此顶点弧表遍历 */
19           {
20               k=e->adjvex;
21               if( !(--GL->adjList[k].in) )              /* 将k号顶点邻接点的入度减1*/
22                   stack[++top]=k;                        /* 若为0则入栈，以便下次循环输出 */
23           }
24       }
25       if(count < GL->numVertexes)                        /* count小于顶点数，说明存在环 */
26           return ERROR;
27       else
28           return OK;
29   }
```

（1）程序开始运行，第4～8行都是变量的定义，其中stack是一个栈，用来存储整型的数字。

（2）第9～11行，作了一个循环判断，把入度为0的顶点下标都入栈，从右下图邻接表可知，此时stack应该为{0,1,3}，即v_0、v_1、v_3的顶点入度为0，如下图所示。

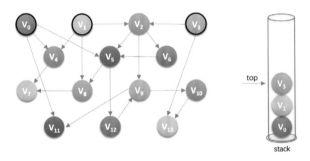

（3）第13～24行，while循环，当栈中有数据元素时，始终循环。

（4）第15～17行，v_3出栈得到gettop=3。并打印此顶点，然后count加1。

（5）第18～23行，循环其实是对v_3顶点对应的弧链表进行遍历，即下图中的灰色部分，找到v_3连接的两个顶点v_2和v_{13}，并将它们的入度减少一位，此时v_2和v_{13}的in值都为1。它的目的是为了将v_3顶点上的弧删除。

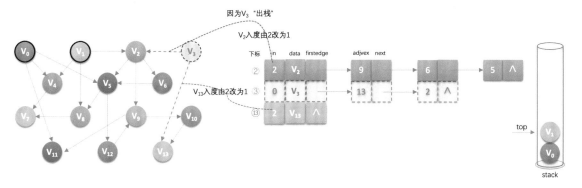

（6）再次循环，第13~24行。此时处理的是顶点v_1。经过出栈、打印、count=2后，我们对v_1到v_2、v_4、v_8的弧进行了遍历。并同样减少了它们的入度数，此时v_2入度为0，于是由第21行和第22行可知，v_2入栈，如下图所示。试想，如果没有在顶点表中加入in这个入度数据域，第21行的判断就必须要用循环，这显然是要消耗时间的，我们利用空间换取了时间。

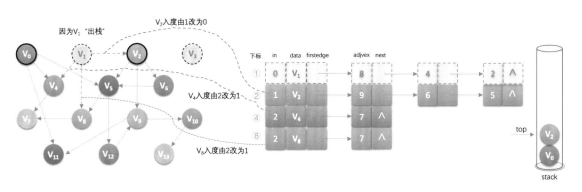

（7）接下来，就是同样的处理方式了。下图展示了$v_2 v_6 v_0 v_4 v_5 v_8$的打印删除过程，后面还剩几个顶点都类似，就不图示了。

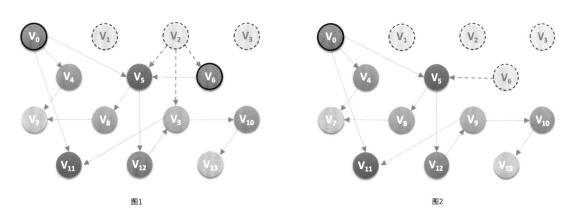

图1   图2

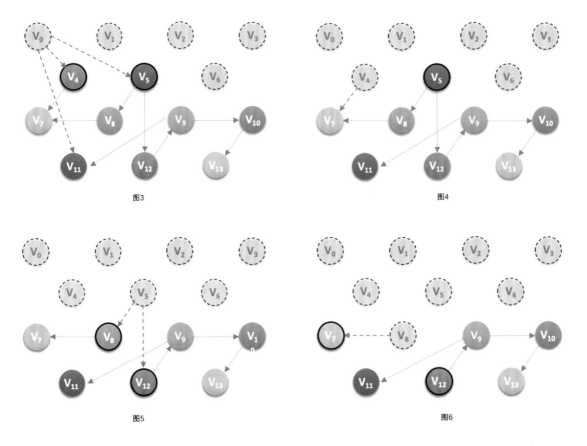

图3

图4

图5

图6

（8）最终拓扑排序打印结果为3->1->2->6->0->4->5->8->7->12->9->10->13->11。当然这个结果并不是唯一的一种拓扑排序方案。

分析整个算法，对一个具有n个顶点e条弧的AOV网来说，第9～11行扫描顶点表，将入度为0的顶点入栈的时间复杂为$O(n)$，而之后的while循环中，每个顶点进一次栈，出一次栈，入度减1的操作共执行了e次，所以整个算法的时间复杂度为$O(n+e)$。

7.9 关键路径

拓扑排序主要是为解决一个工程能否顺序进行的问题，但有时我们还需要解决工程完成需要的最短时间问题。比如说，造一辆汽车，我们需要先造各种各样的零件、部件，最终再组装成车，如右图所示。这些零部件基本都是在流水线上同时生产的，假如造一个轮子需要

0.5天，造一个发动机需要3天，造一个车底盘需要2天，造一个外壳需要2天，造其他零部件需要2天，全部零部件集中到一处需要0.5天，组装成车需要2天，请问，在汽车厂造一辆车，最短需要多少时间呢？

有人说时间就是全部加起来，这当然是不对的。我已经说了前提，这些零部件都是分别在流水线上同时生产的，也就是说，在生产发动机的3天里，可能已经生产了6个轮子，1.5个外壳和1.5个底盘，而组装车是在这些零部件都生产好后才可以进行。因此最短的时间其实是零部件中生产时间最长的发动机3天+集中零部件0.5天+组装车的2天，一共5.5天完成一辆汽车的生产。

因此，我们如果要对一个流程图获得最短时间，就必须要分析它们的拓扑关系，并且找到当中最关键的流程，这个流程的时间就是最短时间。

因此在前面讲了AOV网的基础上，我们来介绍一个新的概念。**在一个表示工程的带权有向图中，用顶点表示事件，用有向边表示活动，用边上的权值表示活动的持续时间，这种有向图的边表示活动的网，我们称之为AOE网**（Activity On Edge Network）。我们把AOE网中没有入边的顶点称为始点或源点，没有出边的顶点称为终点或汇点。由于一个工程，总有一个开始，一个结束，所以正常情况下，AOE网只有一个源点一个汇点。例如下图就是一个AOE网。其中v_0即是源点，表示一个工程的开始，v_9是汇点，表示整个工程的结束，顶点$v_0, v_1, \cdots, v_9$分别表示事件，弧$<v_0, v_1>$，$<v_0, v_2>, \cdots, <v_8, v_9>$都表示一个活动，用$a_0, a_1, \cdots, a_{12}$表示，它们的值代表着活动持续的时间，比如弧$<v_0, v_1>$就是从源点开始的第一个活动$a_0$，它的时间是3个单位。

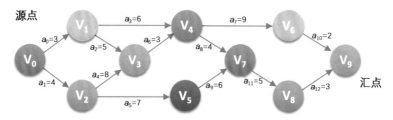

既然AOE网是表示工程流程的，所以它就具有明显的工程的特性。如有在某顶点所代表的事件发生后，从该顶点出发的各活动才能开始。只有在进入某顶点的各活动都已经结束，该顶点所代表的事件才能发生。

尽管AOE网与AOV网都是用来对工程建模的，但它们还是有很大的不同的，主要体现在AOV网是顶点表示活动的网，它只描述活动之间的制约关系，而AOE网是用边表示活动的网，边上的权值表示活动持续的时间，如下图所示两图的对比。因此，AOE网是要建立在活动之间制约关系没有矛盾的基础之上，再来分析完成整个工程至少需要多少时间，或者为缩短完成工程所需时间，应当加快哪些活动等问题。

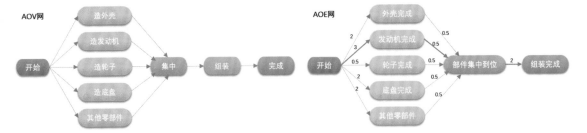

　　我们把路径上各个活动所持续的时间之和称为路径长度，从源点到汇点具有最大长度的路径叫关键路径，在关键路径上的活动叫关键活动。显然就上图的AOE网而言，开始→发动机完成→部件集中到位→组装完成就是关键路径，路径长度为5.5。

　　如果我们需要缩短整个工期，去改进轮子的生产效率，哪怕改动成0.1也是无益于整个工期的变化，只有缩短关键路径上的关键活动时间才可以减少整个工期长度。例如如果发动机制造缩短为2.5天，整车组装缩短为1.5天，那么关键路径长度就为4.5天，整整缩短了一天的时间。

　　那么现在的问题就是如何找出关键路径。对人来说，上图第二幅这样的AOE网，应该比较容易得出关键路径的，而对于上上图的AOE网，就相对麻烦一些，如果继续复杂下去，可能就非人脑该去做的事了。

7.9.1　关键路径算法的原理

　　为了讲清楚求关键路径的算法，我还是来举个例子。假设一个学生放学回家，除掉吃饭、洗漱外，到睡觉前有四小时空闲，而家庭作业需要两小时完成。不同的学生会有不同的做法，抓紧的学生，会在头两小时就完成作业，然后看看电视、读读课外书什么的；但也有超过一半的学生会在最后两小时才去做作业，要不是因为没时间，可能还要再拖延下去。下面的同学不要笑，像是在说你的是吧，你们是不是有过暑假两个月，要到最后几天才去赶作业的坏毛病呀？这也没什么好奇怪的，拖延就是人性几大弱点之一。

　　这里做家庭作业这一活动的最早开始时间是四小时的开始，可以理解为0，而最晚开始时间是两小时之后马上开始，不可以再晚，否则就是延迟了，此时可以理解为2。显然，当最早和最晚开始时间不相等时就意味着有空闲。

　　接着，你老妈发现了你拖延的小秘密，于是买了很多的课外习题，要求你四个小时，不许有一丝空闲，省得你拖延或偷懒。此时整个四小时全部被占满，最早开始时间和最晚开始时间都是0，因此它就是关键活动了。

　　也就是说，我们只需要找到所有活动的最早开始时间和最晚开始时间，并且比较它们，如果相等就意味着此活动是关键活动，活动间的路径为关键路径。如果不等，则就不是。

为此，我们需要定义如下几个参数。

- 事件的最早发生时间etv（earliest time of vertex）：即顶点v_k的最早发生时间。
- 事件的最晚发生时间ltv（latest time of vertex）：即顶点v_k的最晚发生时间，也就是每个顶点对应的事件最晚需要开始的时间，超出此时间将会延误整个工期。
- 活动的最早开工时间ete（earliest time of edge）：即弧a_k的最早发生时间。
- 活动的最晚开工时间lte（latest time of edge）：即弧a_k的最晚发生时间，也就是不推迟工期的最晚开工时间。

我们是由1和2可以求得3和4，然后再根据ete[k]是否与lte[k]相等来判断a_k是否是关键活动。

7.9.2　关键路径算法

我们将左下图的AOE网转化为邻接表结构右下图所示，注意与拓扑排序时邻接表结构不同的地方在于，这里弧链表增加了weight域，用来存储弧的权值。

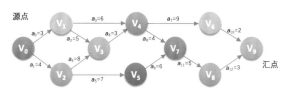

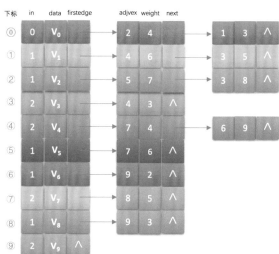

求事件的最早发生时间etv的过程，就是我们从头至尾找拓扑序列的过程，因此，在求关键路径之前，需要先调用一次拓扑序列算法的代码来计算etv和拓扑序列列表。为此，我们首先在程序开始处声明几个全局变量。

```
int *etv,*ltv; /* 事件最早发生时间和最迟发生时间数组 */
int *stack2;    /* 用于存储拓扑序列的栈 */
int top2;       /* 用于stack2的指针 */
```

注：图的关键路径算法的相关代码请参看代码目录下"/第7章图/10关键路径 CriticalPath.c"。

其中stack2用来存储拓扑序列，以便后面求关键路径时使用。

下面是改进过的求拓扑序列算法。

```
1   /* 拓扑排序 */
2   Status TopologicalSort(GraphAdjList GL)
3   {   /* 若GL无回路，则输出拓扑排序序列并返回1，若有回路返回0 */
4       EdgeNode *e;
5       int i,k,gettop;
6       int top=0;                                      /* 用于栈指针下标 */
7       int count=0;                                    /* 用于统计输出顶点的个数 */
8       int *stack;                                     /* 建栈将入度为0的顶点入栈 */
9       stack=(int *)malloc(GL->numVertexes * sizeof(int) );
10      for(i = 0; i<GL->numVertexes; i++)
11          if(0 == GL->adjList[i].in)                  /* 将入度为0的顶点入栈 */
12              stack[++top]=i;
13      top2=0;                                          /* 初始化 */
14      etv=(int *)malloc(GL->numVertexes * sizeof(int) );  /* 事件最早发生时间数组 */
15      for(i=0; i<GL->numVertexes; i++)
16          etv[i]=0;                                    /* 初始化 */
17      stack2=(int *)malloc(GL->numVertexes * sizeof(int) );/* 初始化拓扑序列栈 */
18      while(top!=0)
19      {
20          gettop=stack[top--];
21          count++;                                     /* 输出i号顶点，并计数 */
22          stack2[++top2]=gettop;                       /* 将弹出的顶点序号压入拓扑序列的栈 */
23          for(e = GL->adjList[gettop].firstedge; e; e = e->next)
24          {
25              k=e->adjvex;
26              if( !(--GL->adjList[k].in))
27                  stack[++top]=k;
28              if((etv[gettop] + e->weight) > etv[k])   /* 求各顶点事件的最早发生时间etv的值 */
29                  etv[k] = etv[gettop] + e->weight;
30          }
31      }
32      if(count < GL->numVertexes)
33          return ERROR;
34      else
35          return OK;
36  }
```

代码中，除高光部分外，与前面讲的拓扑排序算法没有什么不同。

第12～16行为初始化全局变量etv数组、top2和stack2的过程。第22行就是将本是要输出的拓扑序列压入全局栈stack2中。第28行和第29行很关键，它是求etv数组的每一个元素的值。比如说，假如我们已经求得顶点v_0对应的etv[0]=0，顶点v_1对应的etv[1]=3，顶点v_2对应的etv[2]=4，现在我们需要求顶点v_3对应的etv[3]，其实就是求etv[1]+len$<v_1,v_3>$与etv[2]+len$<v_2,v_3>$的较大值。显然3+5<4+8，得到etv[3]=12，如下图所示。在代码中e->weight就是当前弧的长度。

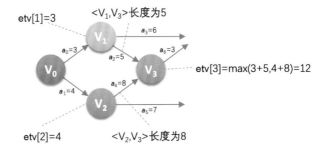

$$\text{etv}[1]=3 \quad <V_1,V_3>长度为5$$

$$\text{etv}[3]=\max(3+5,4+8)=12$$

$$\text{etv}[2]=4 \quad <V_2,V_3>长度为8$$

由此我们也可以得出计算顶点v_k即求etv[k]的最早发生时间的公式是：

$$\text{etv}[k]=\begin{cases}0, & \text{当}k=0\text{时}\\ \max\{\text{etv}[i]+\text{len}<v_i,v_k>\}, & \text{当}k\neq 0\text{且}<v_i,v_k>\in P[k]\ \text{时}\end{cases}$$

其中，P[k]表示所有到达顶点v_k的弧的集合。比如上图的P[3]就是$<v_1,v_3>$和$<v_2,v_3>$两条弧。len$<v_i,v_k>$是弧$<v_i,v_k>$上的权值。

下面我们来看求关键路径的算法代码。

```
1   /* 求关键路径,GL为有向网，输出G的各项关键活动 */
2   void CriticalPath(GraphAdjList GL)
3   {
4       EdgeNode *e;
5       int i,gettop,k,j;
6       int ete,lte;                /* 声明活动最早发生时间和最迟发生时间变量 */
7       TopologicalSort(GL);        /* 求拓扑序列，计算数组etv和stack2的值 */
8       ltv=(int *)malloc(GL->numVertexes*sizeof(int));/* 事件最晚发生时间数组 */
9       for(i=0; i<GL->numVertexes; i++)
10          ltv[i]=etv[GL->numVertexes-1];              /* 初始化ltv */
11      while(top2!=0)                                  /* 计算ltv */
12      {
13          gettop=stack2[top2--];
14          for(e = GL->adjList[gettop].firstedge; e; e = e->next)
15          {
16              k=e->adjvex;
17              if(ltv[k] - e->weight < ltv[gettop])    /* 求各顶点事件最晚发生时间ltv */
18                  ltv[gettop] = ltv[k] - e->weight;
19          }
20      }
21      for(j=0; j<GL->numVertexes; j++)                /* 求ete,lte和关键活动 */
22      {
23          for(e = GL->adjList[j].firstedge; e; e = e->next)
24          {
25              k=e->adjvex;
26              ete = etv[j];                           /* 活动最早发生时间 */
27              lte = ltv[k] - e->weight;               /* 活动最迟发生时间 */
28              if(ete == lte)                          /* 两者相等即在关键路径上 */
29                  printf("<v%d - v%d> length: %d \n",
30                      GL->adjList[j].data,GL->adjList[k].data,e->weight);
31          }
32      }
33  }
```

（1）程序开始执行。第6行，声明了ete和lte两个活动最早最晚发生时间变量。

（2）第7行，调用求拓扑序列的函数。执行完毕后，全局变量数组etv和栈stack2的值如下图所示，top2=10。也就是说，对于每个事件的最早发生时间，我们已经计算出来了。

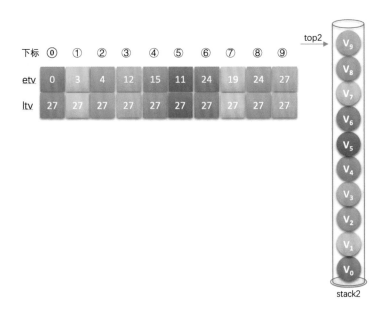

（3）第8～10行为初始化全局变量ltv数组，因为etv[9]=27，所以数组ltv当前的值为{27,27,27,27,27,27,27,27,27,27}。

（4）第11～20行为计算ltv的循环。第13行，先将stack2的栈头出栈，由后进先出得到gettop=9。根据邻接表中v_9没有弧表，所以第14～19行循环体未执行。

（5）再次来到第13行，gettop=8，在第14～19行的循环中，v_8的弧表只有一条$<v_8,v_9>$，第16行得到$k=9$，因为ltv[9]-3<ltv[8]，所以ltv[8]=ltv[9]-3=24，如下图所示。

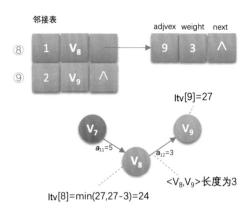

（6）再次循环，当gettop=7、5、6时，同理可算出ltv相对应的值为19、13、25，此时ltv值为 {27,27,27,27,27,13,25,19,24,27}

（7）当gettop=4时，由邻接表可得到v_4有两条弧$<v_4,v_6>$、$<v_4,v_7>$，通过第14～19行的循环，可以得到ltv[4]=min(ltv[7]-4,ltv[6]-9)=min(19-4,25-9)=15，如下图所示。

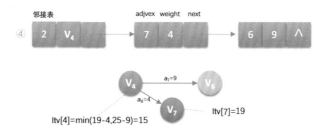

此时你应该发现，我们在计算ltv时，其实是把拓扑序列倒过来进行的。因此可以得出计算顶点v_k即求ltv[k]的最晚发生时间的公式是：

$$ltv[k] = \begin{cases} etv[k], & \text{当}k=n-1\text{时} \\ \min\{ltv[j]-\text{len}<v_k,v_j>\}, & \text{当}k<n-1\text{且}<v_k,v_j>\in S[k]\text{时} \end{cases}$$

其中，S[k]表示所有从顶点v_k出发的弧的集合。比如上图的S[4]就是$<v_4,v_6>$和$<v_4,v_7>$两条弧，len$<v_k,v_j>$是弧$<v_k,v_j>$上的权值。

就这样，当程序执行到第21行时，相关变量的值如下图所示，比如etv[1]=3而ltv[1]=7，表示的意思就是如果时间单位是天的话，哪怕v_1这个事件在第7天才开始，也可以保证整个工程的按期完成，你可以提前v_1事件开始的时间，但你最早也只能在第3天开始。跟我们前面举的例子，是先完成作业再玩还是先玩最后完成作业一个道理。

（8）第21～32行是用来求另两个变量活动最早开始时间ete和最晚开始时间lte的，并对相同下标的它们做比较。两重循环嵌套是对邻接表的顶点和每个顶点的弧表遍历。

（9）当$j=0$时，从v_0点开始，有$<v_0,v_2>$和$<v_0,v_1>$两条弧。当$k=2$时，ete=etv[j]=etv[0]=0。lte=ltv[k]-e->weight=ltv[2]-len$<v_0,v_2>$=4-4=0，此时ete=lte，表示弧$<v_0,v_2>$是关键活动，因此打印。当$k=1$时，ete=etv[j]=etv[0]=0。lte=ltv[k]-e->weight=ltv[1]-len$<v_0,v_1>$=7-3=4，此时ete≠lte，因此$<v_0,v_1>$并不是关键活动，如下图所示。

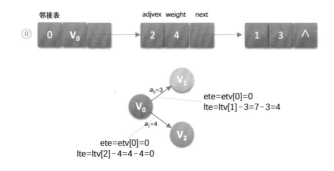

这里需要解释一下，ete本来是表示活动$<v_k,v_j>$的最早开工时间，是针对弧来说的。但只有此弧的弧尾顶点v_k的事件发生了，它才可以开始，因此ete=etv[k]。

而lte表示的是活动$<v_k,v_j>$的最晚开工时间，但此活动再晚也不能等v_j事件发生才开始，必须要在v_j事件之前发生，所以lte=ltv[j]-len$<v_k,v_j>$。就像你晚上23点睡觉，你不能说到23点才开始做作业，而必须要提前2小时，在21点开始，才有可能按时完成作业。

所以最终，其实就是判断ete与lte是否相等，相等意味着活动没有任何空闲，是关键活动，否则就不是。

（10）$j=1$一直到$j=9$为止，做法是完全相同的，关键路径打印结果为"$<v_0,v_2>$ 4,$<v_2,v_3>$ 8,$<v_3,v_4>$ 3,$<v_4,v_7>$ 4,$<v_7,v_8>$ 5,$<v_8,v_9>$ 3,"，最终关键路径如下图所示。

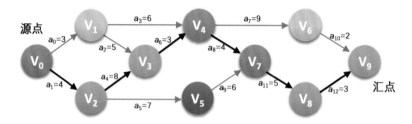

分析整个求关键路径的算法，第7行是拓扑排序，时间复杂度为$O(n+e)$，第9行和第10行时间复杂度为$O(n)$，第11~20行时间复杂度为$O(n+e)$，第21~32行时间复杂也为$O(n+e)$，根据我们对时间复杂度的定义，所有的常数系数可以忽略，所以最终求关键路径算法的时间复杂度依然是$O(n+e)$。

实践证明，通过这样的算法对于工程的前期工期估算和中期的计划调整都有很大的帮助。不过注意，本例是唯一一条关键路径，这并不等于不存在多条关键路径的有向无环图。如果是多条关键路径，则单是提高一条关键路径上的关键活动的速度并不能导致整个工程缩短工期，而必须提高同时在几条关键路径上的活动的速度。这就像仅仅是有事业的成功，而没有健康的身体以及快乐的生活，是根本谈不上幸福的人生一样，三者缺一不可。

7.10 总结回顾

图是计算机科学中非常常用的一类数据结构，有许许多多的计算问题都是用图来定义的。由于图也是最复杂的数据结构，对它讲解时，涉及数组、链表、栈、队列、树等之前学的几乎所有数据结构。因此从某种角度来说，学好了图，基本就等于理解了"数据结构"这门课的精神。

我们在图的定义这一节，介绍了一大堆定义和术语，一开始可能会有些迷茫，不过一回生二回熟，多读几遍，基本都可以理解并记住它们的特征，在图的定义这一节的末尾，我们已经有所总结，这里就不再赘述了。

图的存储结构我们一共讲了五种，如下图所示，其中比较重要的是邻接矩阵和邻接表，它们分别代表着边集是用数组还是链表的方式存储。十字链表是针对有向图邻接表结构的优化，邻接多重表是针对无向图邻接表结构的优化。边集数组更多考虑的是对边的关注。用什么存储结构需要具体问题具体分析，通常稠密图，或读存数据较多、结构修改较少的图，用邻接矩阵要合适，反之则应该考虑邻接表。

| 邻接矩阵 | 邻接表 | 边集数组 | 十字链表 | 邻接多重表 |

图的遍历分为深度和广度两种，各有优缺点，就像人在追求卓越时，是着重深度还是看重广度，总是很难说得清楚。

图的应用是我们这一章浓墨重彩的一部分，一共谈了三种应用：最小生成树、最短路径和有向无环图的应用。

最小生成树，我们讲了两种算法：普里姆算法和克鲁斯卡尔算法。普里姆算法像是走一步看一步的思维方式，逐步生成最小生成树。而克鲁斯卡尔算法则更有全局意识，直接从图中最短权值的边入手，找寻最后的答案。

最短路径的现实应用非常多，我们也介绍了两种算法。迪杰斯特拉算法更强调单源顶点查找路径的方式，比较符合我们正常的思路，容易理解原理，但算法代码相对复杂。而弗洛伊德算法则完全抛开了单点的局限思维方式，巧妙地应用矩阵的变换，用最清爽的代码实现了多顶点间最短路径求解的方案，原理理解有难度，但算法编写很简洁。

有向无环图时常应用于工程规划中，对于整个工程或系统来说，我们一方面关心的是工程能否顺利进行的问题，通过拓扑排序的方式，我们可以有效地分析出一个有向图是否存在环，如果不存在，那它的拓扑序列是什么？另一方面关心的是整个工程完成所必需的最短时间问题，利用求关键路径的算法，可以得到最短完成工程的工期以及关键的活动有哪些。

事实上，图的应用算法还有不少，本章节只是抛砖引玉，有兴趣的同学可以去查阅相关的书籍获得更多的知识。

7.11 结尾语

还记得我们章节开头谈的问题吗？如果现在对应该如何去做还答不上来，那就非常不应该了。全国所有省市的最佳旅游路线，只要你可以得到每个相邻城市间的交通距离，其实就是最小生成树算法要解决的问题。当然现实中，可能会比较复杂，考虑的因素较多，但再复杂的问题也是从基本的算法开始入手的，你都已经拥有了金手指，还担心不能点石成金吗？

最后，我用网络上非常有名的"世界上最遥远的距离……"造句，赠送给大家，来结束我们这一章的课程。

世界上最遥远的距离，
不是从南极到北极，
而是我在讲解算法为何如此精妙，
你却能够安详在课堂上休息。
世界上最遥远的距离，
不是珠峰与马里亚纳海沟的距离，
而是我欲把古人的智慧全盘给你，
你却不屑一顾毫不怜惜。
世界上最遥远的距离，
不是牛A与牛C之间的狭小空隙，
而是你们当中，
有人在通往牛×的路上一路狂奔，
而有人步入大学校园就学会了放弃。

第8章 查找

启示 | revelation

查找：查找（Searching）就是根据给定的某个值，在查找表中确定一个其关键字等于给定值的数据元素（或记录）。

8.1 开场白

相信在座的所有同学都用过搜索引擎。那么，你知道它的大概工作原理吗？

当你精心制作了一个网页、或写了一篇博客、或者上传一组照片到互联网上，来自世界各地的无数"蜘蛛"便会蜂拥而至。所谓蜘蛛就是搜索引擎公司服务器上的软件，它如同蜘蛛一样把互联网当成了蜘蛛网，没日没夜地访问互联网上的各种信息。

它抓取并复制你的网页，且通过你网页上的链接爬上更多的页面，将所有信息纳入到搜索引擎网站的索引数据库。服务器拆解你网页上的文字内容、标记关键词的位置、字体、颜色，以及相关图片、音频、视频的位置等信息，并生成庞大的索引记录，如下图所示。

当你在搜索引擎的搜索框中输入一个单词，单击"搜索"按钮时，它会在不到1秒的时间，带着单词奔向索引数据库的每个"神经末梢"，检索到所有包含搜索词的网页，依据它们的浏览次数与关联性等一系列算法确定网页级别，排列出顺序，最终按你期望的格式呈现在网页上。

这就是一个"关键词"的云端之旅。在过去的十多年里，成就了本世纪最早期的创新明星Google，还有Yandex、Navar、Bing和百度等来自全球各地的搜索引擎，搜索引擎已经成为人们最依赖的互联网工具。

作为学习编程的人，面对查找或者叫做搜索（Search）这种最为频繁的操作，理解它的原理并学习应用它是非常必要的事情，让我们开始对"Search"的探索之旅吧。

8.2 查找概论

只要你打开电脑，就会涉及查找技术。如炒股软件中查股票信息、硬盘文件中找照片、在光盘中搜DVD，甚至玩游戏时在内存中查找攻击力、魅力值等数据修改用来作弊等，都要涉及查找。当然，在互联网上查找信息就更是家常便饭。所有这些需要被查的数据所在的集合，我们给它一个统称叫查找表。

查找表（Search Table）是由同一类型的数据元素（或记录）构成的集合。例如下图就是一个查找表。

关键字（Key）是数据元素中某个数据项的值，又称为键值，用它可以标志一个数据元素。也可以标志一个记录的某个数据项（字段），我们称为关键码，如下图中①和②所示。

若此关键字可以唯一地标志一个记录，则称此关键字为主关键字（Primary Key）。注意这也就意味着，对不同的记录，其主关键字均不相同。主关键字所在的数据项称为主关键码，如下图中③和④所示。

那么对于那些可以识别多个数据元素（或记录）的关键字，我们称为次关键字（Secondary Key），如下图中⑤所示。次关键字也可以理解为不是唯一标志一个数据元素（或记录）的关键字，它对应的数据项就是次关键码。

| ③主关键字 | ④主关键码 | ⑤次关键字 | ②数据项（字段） |

名称	代码	涨跌幅	最新价	涨跌额	买入/卖出价	成交量(手)
中国石油	sh601857	-0.47%	12.68	-0.06	12.68/12.69	391306
工商银行	sh601398	-2.31%	4.66	-0.11	4.65/4.66	442737
中国银行	sh601988	-1.43%	3.45	-0.05	3.45/3.46	194203
招商银行	sh600036	-1.63%	14.52	-0.24	14.52/14.54	385271
交通银行	sh601328	-1.29%	6.10	-0.08	6.09/6.10	347937
中信证券	sh600030	-2.69%	15.22	-0.42	15.22/15.23	597025
中国石化	sh600028	-1.16%	9.38	-0.11	9.37/9.38	538895
中国人寿	sh601628	-0.16%	25.63	-0.04	25.61/25.63	66666
中国平安	sh601318	+1.28%	63.29	+0.80	63.29/63.30	153700
宝钢股份	sh600019	-1.77%	7.21	-0.13	7.21/7.22	211077
中国远洋	sh601919	-2.35%	11.24	-0.27	11.22/11.24	156162
万科A	sz000002	-1.85%	9.01	-0.17	9.00/9.01	542249

①数据元素(记录)

查找就是根据给定的某个值，在查找表中确定一个其关键字等于给定值的数据元素（或记录）。

若表中存在这样的一个记录，则称查找是成功的，此时查找的结果给出整个记录的信息，或指示该记录在查找表中的位置。比如上图所示，在我们查找主关键码"代码"的主关键字为"sh601398"的记录时，就可以得到第2条唯一记录。如果我们查找次关键码"涨跌额"为"-0.11"的记录时，就可以得到两条记录。

若表中不存在关键字等于给定值的记录，则称查找不成功，此时查找的结果可给出一个"空"记录或"空"指针。

查找表按照操作方式来分有两大种：静态查找表和动态查找表。

静态查找表（Static Search Table）：只作查找操作的查找表。它的主要操作有：

（1）查询某个"特定的"数据元素是否在查找表中。

（2）检索某个"特定的"数据元素和各种属性。

按照我们大多数人的理解，查找，当然是在已经有的数据中找到我们需要的。静态查找就是在干这样的事情，不过，现实中还存在这样的应用：查找的目的不仅仅只是查找。

比如网络时代的新名词，如反映年轻人生活的"蜗居""蚁族""孩奴""啃老"等，以及"×客"系列如博客、播客、闪客、黑客、威客等，如果需要将它们收录到汉语词典中，显然收录时就需要查找它们是否存在，以及如果不存在时应该收录的位置。再比如，如果你需要对某网站上亿的注册用户进行清理工作，注销一些非法用户，你就需要查找到它们后进行删除，删除后其实整个查找表也会发生变化。对于这样的应用，我们就引入了动态查找表。

动态查找表（Dynamic Search Table）：**在查找过程中同时插入查找表中不存在的数据元素，或者从查找表中删除已经存在的某个数据元素。**显然动态查找表的操作就是两个：

（1）查找时插入数据元素。

（2）查找时删除数据元素。

为了提高查找的效率，我们需要专门为查找操作设置数据结构，这种面向查找操作的数据结构称为查找结构。

从逻辑上来说，查找所基于的数据结构是集合，集合中的记录之间没有本质关系。可是要想获得较高的查找性能，我们就不能不改变数据元素之间的关系，在存储时可以将查找集合组织成表、树等结构。

例如，对于静态查找表来说，我们不妨应用线性表结构来组织数据，这样可以使用顺序查找算法，如果再对主关键字排序，则可以应用折半查找等技术进行高效的查找。

如果需要动态查找，则会复杂一些，可以考虑二叉排序树的查找技术。

另外，还可以用散列表结构来解决一些查找问题，这些技术都将在后面的讲解中说明。

8.3 顺序表查找

试想一下，要在散落的一大堆书中找到你需要的那本有多么麻烦。碰到这种情况的人大都会考虑做一件事，那就是把这些书排列整齐，比如竖起来放置在书架上，这样根据书名，就很容易查找到需要的图书。

散落的图书可以理解为一个集合，而将它们排列整齐，就如同是将此集合构造成一个线性表。我们要针对这一线性表进行查找操作，因此它就是静态查找表。

此时图书尽管已经排列整齐，但还没有分类，因此我们要找书只能从头到尾或从尾到头一本一本查看，直到找到或全部查找完为止。这就是我们现在要讲的顺序查找。

顺序查找（Sequential Search）又叫线性查找，是最基本的查找技术，它的查找过程是：从表中第一个（或最后一个）记录开始，逐个进行记录的关键字和给定值比较，若某个记录的关键字和给定值相等，则查找成功，找到所查的记录；如果直到最后一个（或第一个）记录，其关键字和给定值比较都不等时，则表中没有所查的记录，查找不成功。

8.3.1　顺序表查找算法

顺序查找的算法实现如下。

```
/* 顺序查找，a为数组，n为要查找的数组个数，key为要查找的关键字 */
int Sequential_Search(int *a,int n,int key)
{
    int i;
    for(i=1;i<=n;i++)
    {
        if (a[i]==key)
            return i;
    }
    return 0;
}
```

注：查找的顺序查找相关代码请参看代码目录下"/第8章查找/01静态查找_Search.c"。

这段代码非常简单，就是在数组a（注意元素值从下标1开始）中查看有没有关键字（key），当你需要查找复杂表结构的记录时，只需要把数组a与关键字key定义成你需要的表结构和数据类型即可。

8.3.2　顺序表查找优化

到这里并非足够完美，因为每次循环时都需要对i是否越界，即是否小于等于n作判断。事实上，还可以有更好一点的办法，设置一个哨兵，可以解决不需要每次让i与n作比较。看下面改进后的顺序查找算法代码。

```
/* 有哨兵顺序查找 */
int Sequential_Search2(int *a,int n,int key)
{
    int i;
    a[0]=key;          /* 设置a[0]为关键字值，我们称之为"哨兵" */
    i=n;               /* 循环从数组尾部开始 */
    while(a[i]!=key)
    {
        i--;
    }
    return i;          /* 返回0则说明查找失败 */
}
```

此时代码是从尾部开始查找，由于a[0]=key，也就是说，如果在a[i]中有key则返回i值，查找成功。否则一定在最终的a[0]处等于key，此时返回的是0，即说明a[1]～a[n]中没有关键字key，查找失败。

这种在查找方向的尽头放置"哨兵"免去了在查找过程中每一次比较后都要判断查找位置是否越界的小技巧，看似与原先差别不大，但在总数据较多时，效率提高很大，是非常好的编码技巧。当然，"哨兵"也不一定就必须在数组开始，也可以在末端。

对于这种顺序查找算法来说，查找成功最好的情况就是在第一个位置就找到了，算法时间复杂度为$O(1)$，最坏的情况是在最后一位置才找到，需要n次比较，时间复杂度为$O(n)$，当查找不成功时，需要$n+1$次比较，时间复杂度为$O(n)$。我们之前推导过，关键字在任何一位置的概率是相同的，所以平均查找次数为$(n+1)/2$，所以最终时间复杂度还是$O(n)$。

很显然，顺序查找技术是有很大缺点的，当n很大时，查找效率极为低下，不过优点也是有的，这个算法非常简单，对静态查找表的记录没有任何要求，在一些小型数据的查找时，是可以适用的。

另外，也正由于查找概率的不同，我们完全可以将容易查找到的记录放在前面，而不常用的记录放置在后面，效率就可以有大幅提高。

8.4 有序表查找

我们如果仅仅是把书整理在书架上，要找到一本书还是比较困难的，也就是刚才讲的需要逐个顺序查找。但如果我们在整理书架时，将图书按照书名的拼音排序放置，那么要找到某一本书就相对容易了。说白了，就是对图书做了有序排列，一个线性表有序时，对于查找总是很有帮助的。

8.4.1 折半查找

我们在讲树结构的二叉树定义（第6.5节）时，曾经提到过一个小游戏，我在纸上已经写好了一个100以内的正整数数字请你猜，问几次可以猜出来，当时已经介绍了如何最快猜出这个数字。我们把这种每次取中间记录查找的方法叫做折半查找，如下图所示。

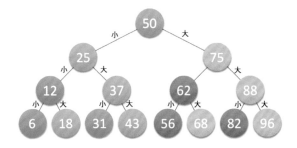

折半查找（Binary Search）技术，又称为二分查找。它的前提是线性表中的记录必须是关键码有序（通常从小到大有序），线性表必须采用顺序存储。折半查找的基本思想是：在有序表中，取中间记录作为比较对象，若给定值与中间记录的关键字相等，则查找成功；若给定值小于中间记录的关键字，则在中间记录的左半区继续查找；若给定值大于中间记录的关键字，则在中间记录的右半区继续查找。不断重复上述过程，直到查找成功，或所有查找区域无记录，查找失败为止。

假设我们现在有这样一个有序表数组{0,1,16,24,35,47,59,62,73,88,99}[1]，除0下标外共10个数字。对它进行查找是否存在62这个数。我们来看折半查找的算法是如何工作的。

---

① 注：对于如何将表中记录排序我们将在后续章节介绍。

```
1    int Binary_Search(int *a,int n,int key)
2    {
3        int low,high,mid;
4        low=1;                    /* 定义最低下标为记录首位 */
5        high=n;                   /* 定义最高下标为记录末位 */
6        while(low<=high)
7        {
8            mid=(low+high)/2;     /* 折半 */
9            if (key<a[mid])       /* 若查找值比中值小 */
10               high=mid-1;       /* 最高下标调整到中位下标小一位 */
11           else if (key>a[mid])/* 若查找值比中值大 */
12               low=mid+1;        /* 最低下标调整到中位下标大一位 */
13           else
14               return mid;       /* 若相等则说明mid即为查找到的位置 */
15       }
16       return 0;
17   }
```

（1）程序开始运行，参数a={0,1,16,24,35,47,59,62,73,88,99}，n=10，key=62，第3～5行，此时low=1，high=10，如下图所示。

（2）第6～15行循环，进行查找。

（3）第8行，mid计算得5，由于a[5]=47<key，所以执行第12行，low=5+1=6，如下图所示。

（4）再次循环，mid=(6+10)/2=8，此时a[8]=73>key，所以执行第10行，high=8-1=7，如下图所示。

（5）再次循环，mid=(6+7)/2=6，此时a[6]=59<key，所以执行第12行，low=6+1=7，如下图所示。

（6）再次循环，mid=(7+7)/2=7，此时a[7]=62=key，查找成功，返回7。

该算法还是比较容易理解的，同时我们也能感觉到它的效率非常高。但到底高多少？关键在于此算法的时间复杂度分析。

首先，我们将这个数组的查找过程绘制成一棵二叉树，如下图所示，从图上就可以理解，如果查找的关键字不是中间记录47的话，折半查找等于是把静态有序查找表分成了两棵子树，即查找结果只需要找其中的一半数据记录即可，等于工作量少了一半，然后继续折半查找，效率当然是非常高了。

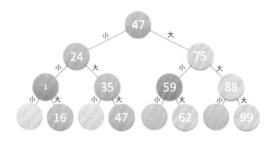

我们之前6.6节讲的二叉树的性质4，有过对"具有n个结点的完全二叉树的深度为$\lfloor \log_2 n \rfloor +1$。[①]"性质的推导过程。在这里尽管折半查找判定二叉树并不是完全二叉树，但同样由相同的推导可以得出，最坏情况是查找到关键字或查找失败的次数为$\lfloor \log_2 n \rfloor +1$。

有人还在问最好的情况？那还用说嘛，当然是1次了。

因此最终我们折半算法的时间复杂度为$O(\log n)$，它显然远远好于顺序查找的$O(n)$时间复杂度了。

不过由于折半查找的前提条件是需要有序表顺序存储，对于静态查找表，一次排序后不再变化，这样的算法已经比较好了。但对于需要频繁执行插入或删除操作的数据集来说，维护有序的排序会带来不小的工作量，那就不建议使用。

8.4.2　插值查找

现在我们的新问题是，为什么一定要折半，而不是折四分之一或者折更多呢？

打个比方，在英文词典里查单词"apple"，你下意识里翻开词典是翻前面的书页还是后面的书页呢？如果再让你查单词"zoo"，你又怎么查？很显然，这里你绝对不会是从中间开始查起，而是有一定目的地往前或往后翻。

---
①　注：$\lfloor x \rfloor$表示不大于x的最大整数。

同样地，比如要在取值范围为0～10000的100个元素从小到大均匀分布的数组中查找5，我们自然会考虑从数组下标较小的开始查找。

看来，我们的折半查找还是有改进空间的。

折半查找代码的第8句，我们略微等式变换后得到：

$$\text{mid} = \frac{\text{low} + \text{high}}{2} = \text{low} + \frac{1}{2}(\text{high} - \text{low})$$

也就是mid等于最低下标low加上最高下标high与low的差的一半。算法科学家们考虑的就是将这个1/2进行改进，改进为下面的计算方案：

$$\text{mid} = \text{low} + \frac{\text{key} - a[\text{low}]}{a[\text{high}] - a[\text{low}]}(\text{high} - \text{low})$$

将1/2改成了 $\dfrac{\text{key} - a[\text{low}]}{a[\text{high}] - a[\text{low}]}$ 有什么道理呢？假设a[11]={0,1,16,24,35,47,59,62,73,88,99}，low=1，high=10，则a[low]=1，a[high]=99，如果我们要找的是key=16时，按原来折半的做法，我们需要四次（如8.4.1节的最后一图）才可以得到结果，但如果用新办法，$\dfrac{\text{key} - a[\text{low}]}{a[\text{high}] - a[\text{low}]}$ = (16-1) / (99-1)≈0.153，即mid≈1+0.153×（10-1）=2.377取整得到mid=2，我们只需要两次就查找到结果了，显然大大提高了查找的效率。

换句话说，我们只需要在折半查找算法的代码中把折半代码改成下面高光行代码即可。代码如下：

```
/* 插值查找 */
int Interpolation_Search(int *a,int n,int key)
{
    int low,high,mid;
    low=1;   /* 定义最低下标为记录首位 */
    high=n;  /* 定义最高下标为记录末位 */
    while(low<=high)
    {
        mid=low+ (high-low)*(key-a[low])/(a[high]-a[low]); /* 插值 */
        if (key<a[mid])     /* 若查找值比插值小 */
            high=mid-1;     /* 最高下标调整到插值下标小一位 */
        else if (key>a[mid])/* 若查找值比插值大 */
            low=mid+1;      /* 最低下标调整到插值下标大一位 */
        else
            return mid;     /* 若相等则说明mid即为查找到的位置 */
    }
    return 0;
}
```

这就得到了另一种有序表查找算法——插值查找法。**插值查找（Interpolation Search）是根据要查找的关键字key与查找表中最大最小记录的关键字比较后的查找方法，其核心就在于插值的计算公式 $\dfrac{\text{key} - a[\text{low}]}{a[\text{high}] - a[\text{low}]}$。** 应该说，从时间复杂度来看，它也是$O(\log n)$，但对于表长较大，而关键字分布又比较均匀的查找表来说，插值查找算法的平均性能比折半查找要好得多。反之，数组中如果分布类似{0,1,2,2000,2001,…,999998,999999}这种极端不均匀的数据，用插值查找未必是很合适的选择。

8.4.3　斐波那契查找

还有没有其他办法？我们折半查找是从中间分，也就是说，每一次查找总是一分为二，无论数据偏大还是偏小，很多时候这都未必就是最合理的做法。除了插值查找，我们再介绍一种有序查找，斐波那契查找（Fibonacci Search），它是利用了黄金分割原理来实现的。

斐波那契数列我们在前面4.8节讲递归时，也详细地介绍了它。如何利用这个数列来作为分割呢？

为了能够介绍清楚这个查找算法，我们先需要有一个斐波那契数列的数组，如下图所示。

下面我们根据代码来看程序是如何运行的。

```
1   int Fibonacci_Search(int *a,int n,int key) /* 斐波那契查找 */
2   {
3       int low,high,mid,i,k;
4       low=1;                          /* 定义最低下标为记录首位 */
5       high=n;                         /* 定义最高下标为记录末位 */
6       k=0;
7       while(n>F[k]-1)                 /* 计算n位斐波那契数列的位置 */
8           k++;
9       for (i=n;i<F[k]-1;i++)          /* 将不满的数值补全 */
10          a[i]=a[n];
11      while(low<=high)
12      {
13          mid=low+F[k-1]-1;           /* 计算当前分隔的下标 */
14          if (key<a[mid])             /* 若查找记录小于当前分隔记录 */
15          {
16              high=mid-1;             /* 最高下标调整到分隔下标mid-1处 */
17              k=k-1;                  /* 斐波那契数列下标减一位 */
18          }
19          else if (key>a[mid])        /* 若查找记录大于当前分隔记录 */
20          {
21              low=mid+1;              /* 最低下标调整到分隔下标mid+1处 */
22              k=k-2;                  /* 斐波那契数列下标减两位 */
23          }
24          else
25          {
26              if (mid<=n)
27                  return mid;         /* 若相等则说明mid即为查找到的位置 */
28              else
29                  return n;           /* 若mid>n说明是补全数值, 返回n */
30          }
31      }
32      return 0;
33  }
```

（1）程序开始运行，参数a={0,1,16,24,35,47,59,62,73,88,99}，*n*=10，要查找的关键字key=59。注意此时我们已经有了事先计算好的全局变量数组F的具体数据，它是斐波那契数列，*F*={0,1,1,2,3,5,8,13,21,…}。

（2）第6～8行是计算当前的n处于斐波那契数列的位置。现在$n=10$，$F[6]<n<F[7]$，所以计算得出$k=7$。

（3）第9行和第10行，由于$k=7$，计算时是以$F[7]=13$为基础，而a中最大的仅是$a[10]$，后面的$a[11]$未赋值，这不能构成有序数列，因此将它们都赋值为最大的数组值，所以此时$a[11]=a[10]=99$（此段代码作用后面还有解释）。

（4）第11～31行查找正式开始。

（5）第13行，mid$=1+F[7-1]-1=8$，也就是说，我们第一个要对比的数值是从下标为8开始的。

（6）由于此时key$=59$而$a[8]=73$，因此执行第16行和第17行，得到high$=7$，$k=6$。

（7）再次循环，mid$=1+F[6-1]-1=5$。此时$a[5]=47<$key，因此执行第21行和第22行，得到low$=6$，$k=6-2=4$。注意此时k下调2个单位。

（8）再次循环，mid$=6+F[4-1]-1=7$。此时$a[7]=62>$key，因此执行第16行和第17行，得到high$=6$，$k=4-1=3$。

（9）再次循环，mid$=6+F[3-1]-1=6$。此时$a[6]=59=$key，因此执行第26行和第27行，得到返回值为6。程序运行结束。

如果key$=99$，此时查找循环第一次时，mid$=8$与上例$k=59$结果是相同的，第二次循环时，mid$=11$，如果$a[11]$没有值就会使得与key的比较失败，为了避免这样的情况出现，第9行和第10行的代码就起到这样的作用。

斐波那契查找算法的核心在于：

① 当key$=a$[mid]时，查找成功。

② 当key<a[mid]时，新范围是第low个到第mid-1个，此时范围个数为F[k-1]-1个。

③ 当key>a[mid]时，新范围是第mid+1个到第high个，此时范围个数为F[k-2]-1个。

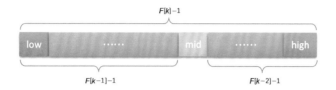

也就是说，如果要查找的记录在右侧，则左侧的数据都不用再判断了，不断反复进行下去，对处于当中的大部分数据，其工作效率要高一些。所以尽管斐波那契查找的时间复杂一度也为$O(\log n)$，但就平均性能来说，斐波那契查找要优于折半查找。可惜如果是最坏情况，比如这里key=1，那么始终都处于左侧长半区在查找，则查找效率要低于折半查找。

还有比较关键的一点，折半查找是进行加法与除法运算（mid=(low+high)/2），插值查找进行复杂的四则运算（mid=low+(high-low)*(key-a[low])/(a[high]-a[low])），而斐波那契查找只是最简单的加减法运算（mid=low+F[k-1]-1），在海量数据的查找过程中，这种细微的差别可能会影响最终的查找效率。

应该说，三种有序表的查找本质上是分隔点的选择不同，各有优劣，实际开发时可根据数据的特点综合考虑再做出选择。

8.5 线性索引查找

我们前面讲的几种比较高效的查找方法都是基于有序的基础之上的，但事实上，很多数据集可能增长非常快，例如，某些社交网站或大型论坛的帖子和回复总数每天都是成百万上千万条，或者一些服务器的日志信息记录也可能是海量数据，要保证记录全部是按照当中的某个关键字有序，其时间代价是非常高昂的，所以这种数据通常都是按先后顺序存储。

那么对于这样的查找表，我们如何能够快速查找到需要的数据呢？办法就是——索引。

数据结构的最终目的是提高数据的处理速度，索引是为了加快查找速度而设计的一种数据结构。**索引就是把一个关键字与它对应的记录相关联的过程**，一个索引由若干个索引项构成，每个索引项至少应包含关键字和其对应的记录在存储器中的位置等信息。索引技术是组织大型数据库以及磁盘文件的一种重要技术。

索引按照结构可以分为线性索引、树形索引和多级索引。我们这里就只介绍线性索引技术。**所谓线性索引就是将索引项集合组织为线性结构，也称为索引表。**我们重点介绍三种线性索引：稠密索引、分块索引和倒排索引。

8.5.1 稠密索引

我母亲年纪大了，记忆力不好，经常在家里找不到东西，于是她想到了一个办法。她用一小本子记录了家里所有小东西放置的位置，比如户口本放在右手床头柜下面抽屉中，针线放在电视柜中间的抽屉中，钞票放在衣柜……咳，这个就不提了（同学们坏笑）。总之，她老人家把这些小物品的放置位置都记录在了小本子上，并且每隔一段时间还按照本子整理一遍家中的物品，用完都放回原处，这样她就几乎再没有找不到东西。

记得有一次我申请职称时，单位一定要我的大学毕业证，我在家里找了很长时间未果，急得要死。和老妈一说，她的神奇小本子马上发挥作用，一下子就找到了，原来被她整理后放到了衣橱里的抽屉里。

从这件事就可以看出，家中的物品尽管是无序的，但是如果有一个小本子记录，寻找起来也是非常容易的，而这个小本子就是索引。

稠密索引是指在线性索引中，将数据集中的每个记录对应一个索引项，如右图所示。

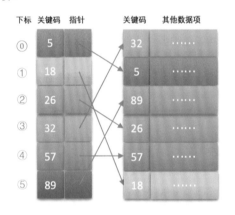

刚才的小例子和稠密索引还是略有不同，家里的东西毕竟少，小本子再多也就几十页，全部翻看完就几分钟时间，而稠密索引要应对的可能是成千上万的数据，因此**对于稠密索引这个索引表来说，索引项一定是按照关键码有序排列的。**

索引项有序也就意味着，我们要查找关键字时，可以用到折半、插值、斐波那契等有序查找算法，大大提高了效率。比如上图中，我要查找关键字是18的记录，如果直接从右侧的数据表中查找，那只能顺序查找，需要查找6次才可以查到结果。而如果是从左侧的索引表中查找，只需两次折半查找就可以得到18对应的指针，最终查找到结果。

这显然是稠密索引的优点，但是如果数据集非常大，比如上亿，那也就意味着索引也得有同样的数据集长度规模，对于内存有限的计算机来说，可能就需要反复去访问磁盘，查找性能反而大大下降了。

8.5.2 分块索引

回想一下图书馆是如何藏书的。显然它不会是顺序摆放后，给我们一个稠密索引表去查，然后再找到书给你。图书馆的图书分类摆放是一门非常完整的科学体系，而它最重要的一个特点就是分块。

稠密索引因为索引项与数据集的记录个数相同，所以空间代价很大。为了减少索引项的个数，我们可以对数据集进行分块，使其分块有序，然后再对每一块建立一个索引项，从而减少索引项的个数。

分块有序，是把数据集的记录分成了若干块，并且这些块需要满足以下两个条件：

- 块内无序，即每一块内的记录不要求有序。当然，你如果能够让块内有序对查找来说更理想，不过这就要付出大量时间和空间的代价，因此通常我们不要求块内有序。
- 块间有序，例如，要求第二块所有记录的关键字均要大于第一块中所有记录的关键字，第三块所有记录的关键字均要大于第二块所有记录的关键字……因为只有块间有序，才有可能在查找时提高效率。

对于分块有序的数据集，将每块对应一个索引项，这种索引方法叫做分块索引。如右图所示，我们定义的分块索引的索引项结构分三个数据项：

- 最大关键码，它存储每一块中的最大关键字，这样的好处就是可以使得在它之后的下一块中的最小关键字也能比这一块最大的关键字要大。
- 存储了块中的记录个数，以便于循环时使用。
- 用于指向块首数据元素的指针，便于开始对这一块中的记录进行遍历。

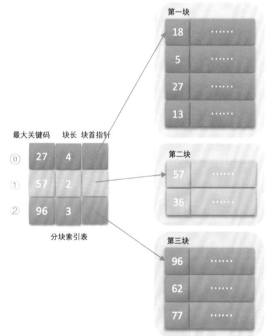

在分块索引表中查找，就是分以下两步进行：

（1）在分块索引表中查找要查关键字所在的块。由于分块索引表是块间有序的，因此很容易利用折半、插值等算法得到结果。例如，在上图的数据集中查找62，我们可以很快从左上角的索引表中由57<62<96得到62在第三个块中。

（2）根据块首指针找到相应的块，并在块中顺序查找关键码。因为块中可以是无序的，因此只能顺序查找。

应该说，分块索引的思想是很容易理解的，我们通常在整理书架时，都会考虑不同的层板放置不同类别的图书。例如，我家里就是最上层放不太常翻阅的小说书，中间层放经常用到的如菜谱、字典等生活和工具用书，最下层放大开本比较重的计算机书。这就是分块的概念，并且让它们块间有序了。至于上层中《红楼梦》是应该放在《三国演义》的左边还是右边，并不是很重要。毕竟要找小说《三国演义》，只需要对这一层的图书用眼睛扫过一遍就能很容易查找到。

我们再来分析一下分块索引的平均查找长度。设n个记录的数据集被平均分成m块，每个块中有t条记录，显然$n=m\times t$，或者说$m=n/t$。再假设L_b为查找索引表的平均查找长度，因最好与最差的等概率原则，所以L_b的平均长度为$\dfrac{m+1}{2}$。L_w为块中查找记录的平均查找长度，同理可知它的平均查找长度为$\dfrac{t+1}{2}$。

这样分块索引查找的平均查找长度为：

$$ASL_w = L_b + L_w = \frac{m+1}{2} + \frac{t+1}{2} = \frac{1}{2}(m+t)+1 = \frac{1}{2}\left(\frac{n}{t}+t\right)+1$$

注意上面这个式子的推导是为了让整个分块索引查找长度依赖n和t两个变量。从这里我们也就得到，平均长度不仅仅取决于数据集的总记录数n，还和每一个块的记录个数t相关。最佳的情况就是分的块数m与块中的记录数t相同，此时意味着$n=m\times t=t^2$，即$ASL_w = \dfrac{1}{2}\left(\dfrac{n}{t}+t\right)+1 = t+1 = \sqrt{n}+1$。

可见，分块索引的效率比顺序查找的$O(n)$是高了不少，不过显然它与折半查找的$O(\log n)$相比还有不小的差距。因此在确定所在块的过程中，由于块间有序，所以可以应用折半、插值等手段来提高效率。

总的来说，分块索引在兼顾了对细分块不需要有序的情况下，大大增加了整体查找的速度，所以普遍被用于数据库表查找等技术的应用当中。

8.5.3 倒排索引

我不知道大家有没有对搜索引擎好奇过，无论你查找什么样的信息，它都可以在极短的时间内给你一些结果，如右图所示。是什么算法技术达到这样的高效查找呢？

我们在这里介绍最简单的，也算是最基础的搜索技术——倒排索引。

我们来看样例，现在有两篇极短的英文"文章"——其实只能算是句子，我们暂认

数据结构

Q All　　🖻 Images　　▶ Videos　　📚 Books

About 251,000,000 results (0.43 seconds)

为它是文章，编号分别是1和2。

1. Books and friends should be few but good.（读书如交友，应求少而精。）

2. A good book is a good friend.（好书如挚友。）

假设我们忽略掉如"books""friends"中的复数"s"以及如"A"这样的大小写差异。我们可以整理出这样一张单词表，如右表所示，并将单词做了排序，也就是表格显示了每个不同的单词分别出现在哪篇文章中，比如"good"它在两篇文章中都有出现，而"is"只是在文章2中才有。

英文单词	文章编号
a	2
and	1
be	1
book	1,2
but	1
few	1
friend	1,2
good	1,2
is	2
should	1

有了这样一张单词表，我们要搜索文章，就非常方便了。如果你在搜索框中填写"book"关键字。系统就先在这张单词表中有序查找"book"，找到后将它对应的文章编号1和2的文章地址（通常在搜索引擎中就是网页的标题和链接）返回，并告诉你，查找到两条记录，用时0.0001秒。由于单词表是有序的，查找效率很高，返回的又只是文章的编号，所以整体速度都非常快。

如果没有这张单词表，为了能证实所有的文章中有还是没有关键字"book"，则需要对每一篇文章每一个单词顺序查找。在文章数是海量的情况下，这样的做法只存在理论上的可行性，现实中是没有人愿意使用的。

在这里这张单词表就是索引表，**索引项的通用结构是：**

- 次关键码，例如上面的"英文单词"。
- 记录号表，例如上面的"文章编号"。

其中记录号表存储具有相同次关键字的所有记录的记录号（可以是指向记录的指针或者是该记录的主关键字）。这样的索引方法就是倒排索引（inverted index）。倒排索引源于实际应用中需要根据属性（或字段、次关键码）的值来查找记录。这种索引表中的每一项都包括一个属性值和具有该属性值的各记录的地址。由于不是由记录来确定属性值，而是由属性值来确定记录的位置，因而称为倒排索引。

倒排索引的优点显然就是查找记录非常快，基本等于生成索引表后，查找时都不用去读取记录，就可以得到结果。但它的缺点是这个记录号不定长，比如上例有7个单词的文章编号只有一个，而"book""friend""good"有两个文章编号，若是对多篇文章所有单词建立倒排索引，那每个单词都将对应相当多的文章编号，维护比较困难，插入和删除操作都需要作相应的处理。

当然，现实中的搜索技术非常复杂，比如我们不仅要知道某篇文章有要搜索的关键字，还想知道这个关键字在文章中的哪些地方出现，这就需要我们对记录号表做一些改良。再比如，文章编号上亿，如果都用长数字也没必要，可以进行压缩，比如三篇文章的编号是"112,115,119"，我们可以记录成"112，+3，+4"，即只记录差值，这样每个关键字就只占用一两个字节。甚至关键字也可以压缩，比如前一条记录的关键字是

"and"而后一条是"android"，那么后面这个可以改成"<3,roid>"，这样也可以起到压缩数据的作用。再比如搜索时，尽管告诉你有几千几万条查找到的记录，但其实真正显示给你看的，就只是当中的前10或者前20条左右的数据，只有在单击"下一页"按钮时才会获得后面的部分索引记录，这也可以大大提高整体搜索的效率。

呵呵，有同学说得没错，如果文章是中文就更加复杂。比如文章中出现"中国人"，它本身是关键字，那么"中国""国人"也都可能是要查找的关键字——啊，太复杂了，你还是自己去找相关资料吧。如果想彻底明白，努力进入google或者百度公司做搜索引擎的软件工程师，我想他们会满足你对技术知识的渴求。

我们课堂上就是起到抛砖引玉的作用，希望可以让你对搜索技术产生兴趣，我会非常欣慰的，休息一下。

8.6 二叉排序树

大家可能都听过这个故事，说有两个年轻人正在深山中行走。忽然发现远处有一只老虎要冲过来，怎么办？其中一个赶忙弯腰系鞋带，另一个奇怪地问："你系鞋带干什么？你不可能跑得比老虎还快。"系鞋带者说："我有什么必要跑赢老虎呢？我只要跑得比你快就行了。"

这真是交友不慎呀！别急，如果你的朋友是系鞋带者，你怎么办？

后来老虎来了，系鞋带者拼命地跑，另一人则急中生智，爬到了树上。老虎在选择爬树还是追人之间，当然是会选择后者，于是结果……爬树者改变了跑的思想，这一改变何等重要，捡回了自己的一条命。

好了，这个故事也告诉我们，所谓优势只不过是比别人多深入思考一点而已。

假设查找的数据集是普通的顺序存储，那么插入操作就是将记录放在表的末端，给表记录数加一即可，删除操作可以是删除后，后面的记录向前移，也可以是要删除的元素与最后一个元素互换，表记录数减一，反正整个数据集也没有什么顺序，这样的效率也不错。应该说，插入和删除对于顺序存储结构来说，效率是可以接受的，但这样的表由于无序造成查找的效率很低，前面我们有讲解，这里就不再啰嗦。

如果查找的数据集是有序线性表，并且是顺序存储的，查找可以用折半、插值、斐波那契等查找算法来实现，可惜，因为有序，在插入和删除操作上，就需要耗费大量的时间。

有没有一种既可以使得插入和删除效率不错，又可以比较高效率地实现查找的算法呢？还真有。

我们在8.2节把这种需要在查找时插入或删除的查找表称为动态查找表。我们现在就来看看什么样的结构可以实现动态查找表的高效率。

如果在复杂的问题面前，我们束手无策的话，不妨先从最最简单的情况入手。现在我们的目标是插入和查找同样高效。假设我们的数据集开始只有一个数{62}，现在需要将88插入数据集，于是数据集成了{62,88}，还保持着从小到大有序。再查找有没有58，没有则插入，可此时要想在线性表的顺序存储中有序，就得移动62和88的位置，如左下图所示，可不可以不移动呢？嗯，当然是可以，那就是二叉树结构。当我们用二叉树的方式时，首先我们将第一个数62定为根结点，88因为比62大，因此让它做62的右子树，58因比62小，所以成为它的左子树。此时58的插入并没有影响到62与88的关系，如右下图所示。

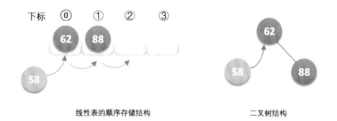

若我们现在需要对集合{62,88,58,47,35,73,51,99,37,93}做查找，在我们打算创建此集合时就考虑用二叉树结构，而且是排好序的二叉树来创建。如下图所示，62、88、58创建好后，下一个数47因比58小，是它的左子树（见③），35是47的左子树（见④），73比62大，但却比88小，是88的左子树（见⑤），51比62小、比58小、比47大，是47的右子树（见⑥），99比62、88都大，是88的右子树（见⑦），37比62、58、47都小，但却比35大，是35的右子树（见⑧），93则因比62、88大是99的左子树（见⑨）。

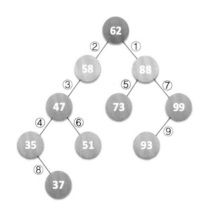

这样我们就得到了一棵二叉树，并且当我们对它进行中序遍历时，就可以得到一个有序的序列{35,37,47,51,58,62,73,88,93,99}，所以我们通常称它为二叉排序树。

二叉排序树（Binary Sort Tree），又称为**二叉查找树。它或者是一棵空树，或者是具有下列性质的二叉树。**

- 若它的左子树不空，则左子树上所有结点的值均小于它的根结点的值。
- 若它的右子树不空，则右子树上所有结点的值均大于它的根结点的值。
- 它的左、右子树也分别为二叉排序树。

从二叉排序树的定义也可以知道，它前提是二叉树，然后它采用了递归的定义方法，再者，它的结点间满足一定的次序关系，左子树结点一定比其双亲结点小，右子树结点一定比其双亲结点大。

构造一棵二叉排序树的目的，其实并不是为了排序，而是为了提高查找和插入删除关键字的速度。不管怎么说，在一个有序数据集上的查找，速度总是要快于无序的数据集的，而二叉排序树这种非线性的结构，也有利于插入和删除的实现。

8.6.1　二叉排序树的查找操作

首先我们提供一个二叉树的结构。

```
/* 二叉树的二叉链表的结点结构定义 */
typedef  struct BiTNode              /* 结点结构 */
{
    int data;                        /* 结点数据 */
    struct BiTNode *lchild, *rchild; /* 左右孩子指针 */
} BiTNode, *BiTree;
```

> 注：查找的二叉树查找相关代码请参看代码目录下 "/第8章查找/02二叉排序树_BinarySortTree.c"。

然后我们来看看二叉排序树的查找是如何实现的。

```
1   Status SearchBST(BiTree T, int key, BiTree f, BiTree *p)
2   { /* 递归查找二叉排序树T中是否存在key, */
3       if (!T)          /* 若查找不成功, 指针p指向查找路径上访问的最后一个结点并返回FALSE */
4       {
5           *p = f;
6           return FALSE;
7       }
8       else if (key==T->data) /* 若查找成功, 则指针p指向该数据元素结点, 并返回TRUE */
9       {
10          *p = T;
11          return TRUE;
12      }
13      else if (key<T->data)
14          return SearchBST(T->lchild, key, T, p);      /* 在左子树中继续查找 */
15      else
16          return SearchBST(T->rchild, key, T, p);      /* 在右子树中继续查找 */
17  }
```

（1）SearchBST() 函数是一个可递归运行的函数，函数调用时的语句为SearchBST (T,93,NULL,p)，参数T是一个二叉链表，其中数据结构如下图所示，key代表要查找的关键字，目前我们打算查找93，二叉树f指向T的双亲，当T指向根结点时，f的初值就为NULL，它在递归时有用，最后的参数p是为了查找成功后可以得到查找到的结点位置。

（2）第3～7行，是用来判断当前二叉树是否到叶子结点，显然下图告诉我们当前T指向根结点62的位置，T不为空，第5行和第6行不执行。

（3）第8～12行是查找到相匹配的关键字时执行的语句，显然93≠62，第10行和第11行不执行。

（4）第13行和第14行是当要查找关键字小于当前结点值时执行的语句，由于93>62，第14行不执行。

（5）第15行和第16行是当要查找关键字大于当前结点值时执行的语句，由于93>62，所以递归调用SearchBST(T->rchild, key, T, p)。此时T指向了62的右孩子88，如右图所示。

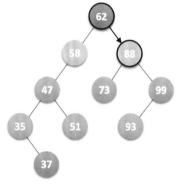

（6）此时第二层SearchBST，因93比88大，所以执行第16行，再次递归调用SearchBST(T->rchild, key, T, p)。此时T指向了88的右孩子99，如右图所示。

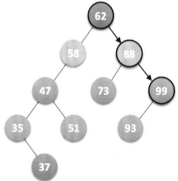

（7）第三层的SearchBST，因93比99小，所以执行第14行，递归调用SearchBST(T->lchild, key, T, p)。此时T指向了99的左孩子93，如右图所示。

（8）第四层SearchBST，因key等于T->data，所以执行第10行和第11行，此时指针p指向93所在的结点，并返回True到第三层、第二层、第一层，最终函数返回TRUE。

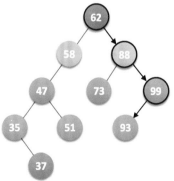

8.6.2　二叉排序树的插入操作

有了二叉排序树的查找函数，那么所谓的二叉排序树的插入，其实也就是将关键字放到树中的合适位置而已，来看代码：

```
Status InsertBST(BiTree *T, int key)
{
    BiTree p,s;
    if (!SearchBST(*T, key, NULL, &p))      /* 查找不成功 */
    {
        s = (BiTree)malloc(sizeof(BiTNode));
        s->data = key;
        s->lchild = s->rchild = NULL;
        if (!p)
            *T = s;                          /* 插入s为新的根结点 */
        else if (key<p->data)
            p->lchild = s;                   /* 插入s为左孩子 */
        else
            p->rchild = s;                   /* 插入s为右孩子 */
        return TRUE;
    }
    else
        return FALSE;                        /* 树中已有与关键字相同的结点，不再插入 */
}
```

这段代码非常简单。如果你调用函数是"InsertBST (&T,93);"，那么结果就是FALSE，如果是"InsertBST (&T,95);"，那么一定就是在93的结点增加一个右孩子95，并且返回TRUE。如右图所示。

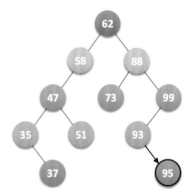

有了二叉排序树的插入代码，我们要实现二叉排序树的构建就非常容易了。下面的代码就可以创建一棵右图这样的树。

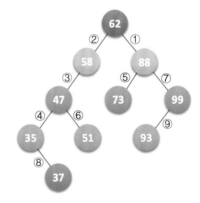

```
int i;
int a[10]={62,88,58,47,35,73,51,99,37,93};
BiTree T=NULL;
for(i=0;i<10;i++)
{
    InsertBST(&T, a[i]);
}
```

在你的大脑里，是否已经有一幅随着循环语句的运行逐步生成这棵二叉排序树的动画图案呢？如果不能，那只能说明你还没真正理解它的原理哦。

8.6.3 二叉排序树的删除操作

俗话说"请神容易送神难"，我们已经介绍了二叉排序树的查找与插入算法，但是对于二叉排序树的删除，就不是那么容易了，我们不能因为删除了结点，而让这棵树变得不满足二叉排序树的特性，所以删除需要考虑多种情况。

如果需要查找并删除如37、51、73、93这些在二叉排序树中是叶子的结点，那是很容易的，毕竟删除它们对整棵树来说，其他结点的结构并未受到影响，如右图所示。

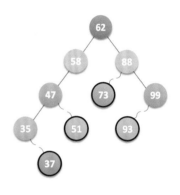

对于要删除的结点只有左子树或只有右子树的情况，相对也比较好解决。那就是结点删除后，将它的左子树或右子树整个移动到删除结点的位置即可，可以理解为独子继承父业。比如下图，就是先删除35和99结点，再删除58结点的变化图，最终，整个结构还是一个二叉排序树。

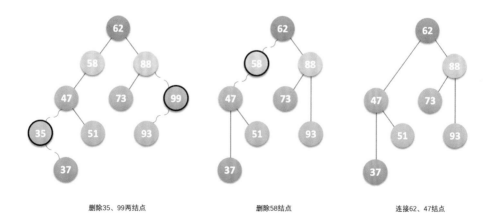

删除35、99两结点   删除58结点   连接62、47结点

但是对于要删除的结点既有左子树又有右子树的情况怎么办呢？比如右图中的47结点若要删除了，它的两儿子以及子孙们怎么办呢？[1]

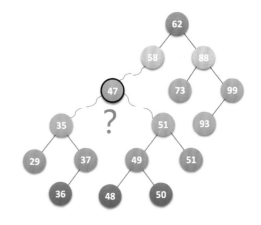

　　起初的想法，我们当47结点只有一个左子树，那么做法和一个左子树的操作一样，让35及它之下的结点成为58的左子树，然后再对47的右子树所有结点进行插入操作，如右图所示。这是比较简单的想法，可是47的右子树有子孙共5个结点，这么做效率不高且不说，还会导致整个二叉排序树结构发生很大的变化，有可能会增加树的高度。增加高度可不是个好事，这我们待会再说，总之这个想法不太好。

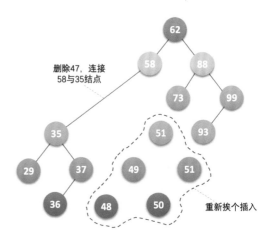

　　我们仔细观察一下，47的两个子树中能否找出一个结点可以代替47呢？果然有，37或者48都可以代替47，此时在删除47后，整个二叉排序树并没有发生什么本质的改变。

　　为什么是37和48？对的，它们正好是二叉排序树中比它小或比它大的最接近47的两个数。也就是说，如果我们对这棵二叉排序树进行中序遍历，得到的序列{29,35,36,37,47,48,49,50,51, 56,58,62,73,88,93,99}，它们正好是47的前驱和后继。

　　因此，比较好的办法就是，找到需要删除的结点p的直接前驱（或直接后继）s，用s来替换结点p，然后再删除此结点s，如下图所示。

---

　　①　注：为了更好地说明问题，我们增加了结点47下的子孙结点数量。

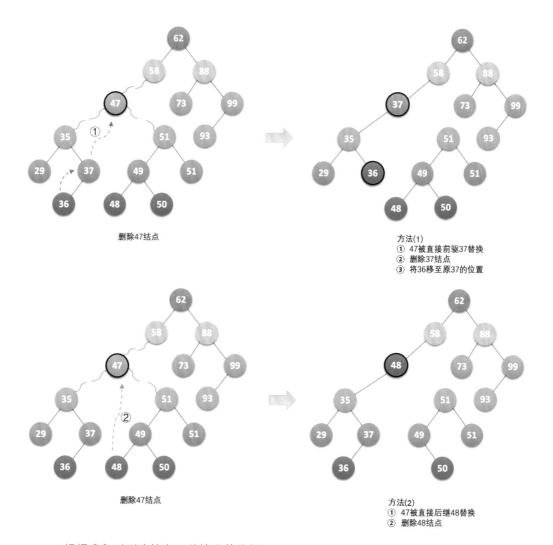

删除47结点

方法(1)
① 47被直接前驱37替换
② 删除37结点
③ 将36移至原37的位置

删除47结点

方法(2)
① 47被直接后继48替换
② 删除48结点

根据我们对删除结点三种情况的分析：

- 叶子结点；

- 仅有左或右子树的结点；

- 左右子树都有的结点，我们来看代码，下面这个算法是递归方式对二叉排序树T
  查找key，查找到时删除。

```
1  Status DeleteBST(BiTree *T,int key)
2  {/* 二叉排序树T中存在关键字等于key的数据元素时，则删除该数据结点 */
3      if(!*T)                        /* 不存在关键字等于key的数据元素 */
4          return FALSE;
5      else
6      {
7          if (key==(*T)->data)       /* 找到关键字等于key的数据元素 */
8              return Delete(T);
9          else if (key<(*T)->data)
10             return DeleteBST(&(*T)->lchild,key);
```

```
11              else
12                  return DeleteBST(&(*T)->rchild,key);
13
14      }
15  }
```

上面这段代码和前面的二叉排序树查找几乎完全相同，唯一的区别就在于第8行，此时执行的是Delete方法，对当前结点进行删除操作。我们来看Delete的代码。

```
1   Status Delete(BiTree *p)
2   {/* 从二叉排序树中删除结点p，并重接它的左或右子树。 */
3       BiTree q,s;
4       if((*p)->rchild==NULL) /* 右子树空则只需重接它的左子树（待删结点是叶子也走此分支）*/
5       {
6           q=*p; *p=(*p)->lchild; free(q);
7       }
8       else if((*p)->lchild==NULL) /* 只需重接它的右子树 */
9       {
10          q=*p; *p=(*p)->rchild; free(q);
11      }
12      else                        /* 左右子树均不空 */
13      {
14          q=*p; s=(*p)->lchild;
15          while(s->rchild)        /* 转左，然后向右到尽头（找待删结点的前驱）*/
16          {
17              q=s; s=s->rchild;
18          }
19          (*p)->data=s->data; /* s指向被删结点直接前驱(用被删结点前驱的值取代被删结点的值) */
20          if(q!=*p)
21              q->rchild=s->lchild;/* 重接q的右子树 */
22          else
23              q->lchild=s->lchild;/* 重接q的左子树 */
24          free(s);
25      }
26      return TRUE;
27  }
```

（1）程序开始执行，代码第4~7行的目的是删除没有右子树只有左子树的结点。此时只需将此结点的左孩子替换它自己，然后释放此结点内存，就等于删除了。

（2）代码第8~11行是同样的道理，处理只有右子树没有左子树的结点的删除问题。

（3）第12~25行处理复杂的左右子树均存在的问题。

（4）第14行，将要删除的结点p赋值给临时的变量q，再将p的左孩子p->lchild赋值给临时的变量s。此时q指向47结点，s指向35结点，如右图所示。

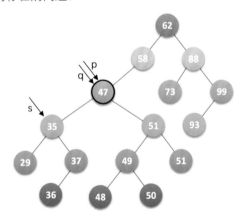

（5）第15～18行，循环找到左子树的右结点，直到右侧尽头。就当前例子来说就是让q指向35，而s指向了37这个再没有右子树的结点，如右图所示。

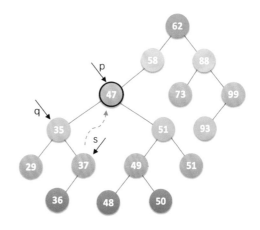

（6）第19行，此时让要删除的结点p的位置的数据被赋值为s->data，即让p->data=37，如右图所示。

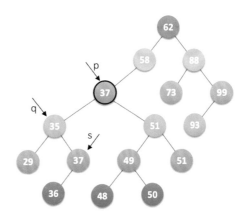

（7）第20～23行，如果p和q指向不同，则将s->lchild赋值给q->rchild，否则就是将s->lchild赋值给q->lchild。显然这个例子p不等于q，将s->lchild指向的36赋值给q->rchild，也就是让q->rchild指向36结点，如右图所示。

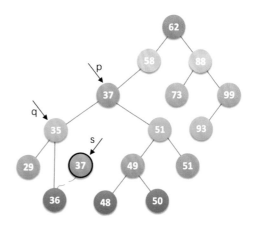

（8）第24行，free(s)，就非常好理解了，将37结点删除，如右图所示。

从这段代码也可以看出，我们其实是在找删除结点的前驱结点替换的方法，对于用后继结点来替换，方法上是一样的。

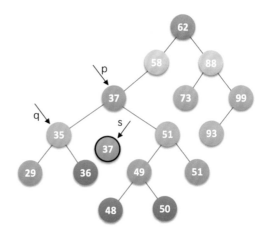

8.6.4　二叉排序树总结

总之，二叉排序树以链接的方式存储，保持了链接存储结构在执行插入或删除操作时不用移动元素的优点，只要找到合适的插入和删除位置后，仅需修改链接指针即可。插入删除的时间性能比较好。而对于二叉排序树的查找，走的就是从根结点到要查找的结点的路径，其比较次数等于给定值的结点在二叉排序树中的层数。极端情况，最少为1次，即根结点就是要找的结点，最多也不会超过树的深度。也就是说，二叉排序树的查找性能取决于二叉排序树的形状。可问题就在于，二叉排序树的形状是不确定的。

例如{62,88,58,47,35,73,51,99,37,93}这样的数组，我们可以构建如左下图所示的二叉排序树。但如果数组元素的次序是从小到大有序，如{35,37,47,51,58,62,73,88,93,99}，则二叉排序树就成了极端的右斜树，注意它依然是一棵二叉排序树，如右下图。此时，同样是查找结点99，左下图只需要两次比较，而右下图就需要10次比较才可以得到结果，二者差异很大。

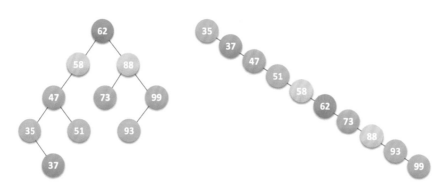

也就是说，我们希望二叉排序树是比较平衡的，即其深度与完全二叉树相同，均为 $\lfloor \log_2 n \rfloor + 1$，那么查找的时间复杂也就为 $O(\log n)$，近似于折半查找，事实上，左上图也不够平衡，明显的左重右轻。

不平衡的最坏情况就是像右上图的斜树，查找时间复杂度为$O(n)$，这等同于顺序查找。

因此，如果我们希望对一个集合按二叉排序树查找，最好是把它构建成一棵平衡的二叉排序树。这样我们就引申出另一个问题，如何让二叉排序树平衡的问题。

8.7 平衡二叉树（AVL树）

我在网络上，看到过一部德国人制作的叫《平衡》（英文名：Balance）的短片，它在1989年获得奥斯卡最佳短片奖。说的是在空中，悬浮着一个四方的平板，上面站立着5个人，同样的相貌，同样的装束，同样的面无表情。平板的中心是个看不见的支点，为了平衡，5个人必须寻找合适的位置。原本，简单地站在中心就可以了，可是，如同我们一样，他们也好奇于这个世界，想知道下面是什么样子。而随着一个箱子的来临，这种平衡被打破了，箱子带来了音乐，带来了兴奋，也带来了不平衡，带来了分歧和斗争。

平板就是一个世界，当诱惑降临，当人们心中的平衡被打破，世界就会混乱，最后留下的只有孤独寂寞失败。这种单调的机械化社会，禁不住诱惑的侵蚀，很容易崩溃。最容易被侵蚀的，恰恰是最空虚的心灵。

尽管这部小短片很精彩，但显然我们课堂上是没时间去观摩的，有兴趣的同学可以自己搜索观看。这里我们主要是讲与平衡这个词相关的数据结构——平衡二叉树。

平衡二叉树（Self-Balancing Binary Search Tree 或 Height-Balanced Binary Search Tree），是一种二叉排序树，其中每一个结点的左子树和右子树的高度差至多等于1。

有两位俄罗斯数学家G.M.Adelson-Velskii和E.M.Landis在1962年共同发明一种解决平衡二叉树的算法，所以有不少资料中也称这样的平衡二叉树为AVL树。

从平衡二叉树的英文名字，你也可以体会到，它是一种高度平衡的二叉排序树。那什么叫做高度平衡呢？意思是说，要么它是一棵空树，要么它的左子树和右子树都是平衡二叉树，且左子树和右子树的高度之差的绝对值不超过1。我们将二叉树上结点的左子树高度减去右子树高度的值称为平衡因子BF（Balance Factor），那么平衡二叉树上所有结点的平衡因子只可能是-1、0和1。只要二叉树上有一个结点的平衡因子的绝对值大于1，则该二叉树就是不平衡的。

看下图，为什么图1是平衡二叉树，而图2却不是呢？这里就是考查我们对平衡二叉树的定义的理解，它的前提首先是一棵二叉排序树，图2的59比58大，却是58的左子树，这是不符合二叉排序树的定义的。图3不是平衡二叉树的原因就在于，结点58的左子树高度为3，而右子树为空，二者差的绝对值大于1，因此它也不是平衡的。而经过适当的调整后的图4，它就符合了定义，因此它是平衡二叉树。

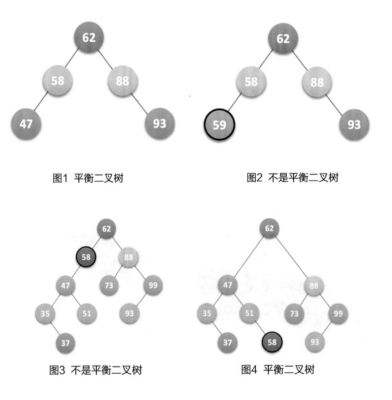

图1 平衡二叉树　　　　　　　　图2 不是平衡二叉树

图3 不是平衡二叉树　　　　　　图4 平衡二叉树

距离插入结点最近的，且平衡因子的绝对值大于1的结点为根的子树，我们称为最小不平衡子树。右图中，当新插入结点37时，距离它最近的平衡因子绝对值超过1的结点是58（即它的左子树高度3减去右子树高度1），所以从58开始以下的子树为最小不平衡子树。

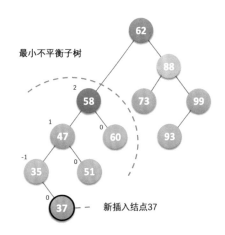

8.7.1　平衡二叉树的实现原理

平衡二叉树构建的基本思想就是在构建二叉排序树的过程中，每当插入一个结点时，先检查是否因插入而破坏了树的平衡性，若是，则找出最小不平衡子树。在保持二叉排序树特性的前提下，调整最小不平衡子树中各结点之间的连接关系，进行相应的旋转，使之成为新的平衡子树。

为了能在讲解算法时轻松一些，我们先讲一个平衡二叉树构建过程的例子。假设我们现在有一个数组a[10]={3,2,1,4,5,6,7,10,9,8}需要构建二叉排序树。在没有学习平衡二叉树之前，根据二叉排序树的特性，我们通常会将它构建成如下图的图1所示的样子。虽然它完全符合二叉排序树的定义，但是对这样高度达到8的二叉树来说，查找是非常不利的。我们更期望能构建成如下图的图2的样子，高度为4的二叉排序树才可以提供高效的查找效率。那么现在我们就来研究如何将一个数组构建出图2的树结构。

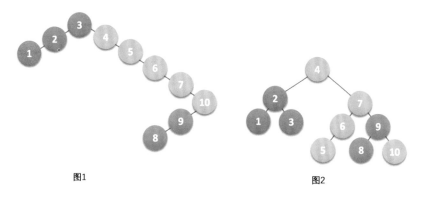

图1　　　　　　　　　　　　　　　图2

对于数组a[10]={3,2,1,4,5,6,7,10,9,8}的前两位3和2，我们很正常地构建，到了第3个数"1"时，发现此时根结点"3"的平衡因子变成了2，此时整棵树都成了最小不平衡子树，因此需要调整，如下图的图1（结点左上角数字为平衡因子BF值）。因为BF值为正，因此我们将整个树进行右旋（顺时针旋转），此时结点2成了根结点，3成了2的右孩子，这样三个结点的BF值均为0，非常的平衡，如下图的图2所示。

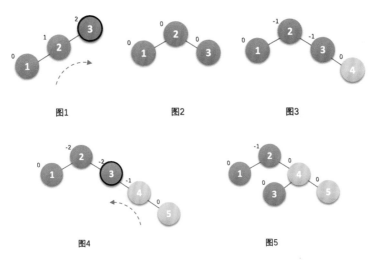

图1　　　　　　　图2　　　　　　　图3

图4　　　　　　　图5

　　然后我们再增加结点4，平衡因子没有超出限定范围（-1，0，1），如图3。增加结点5时，结点3的BF值为-2，说明要旋转了。由于BF是负值，所以我们对这棵最小平衡子树进行左旋（逆时针旋转），如图4，此时整个树又达到了平衡。

　　继续，增加结点6时，发现根结点2的BF值变成了-2，如下图的图6。所以我们对根结点进行了左旋，注意此时本来结点3是4的左孩子，由于旋转后需要满足二叉排序树特性，因此它成了结点2的右孩子，如图7。增加结点7，同样的左旋转，使得整棵树达到平衡，如图8和图9所示。

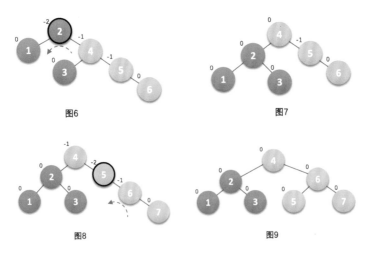

图6　　　　　　　　　　图7

图8　　　　　　　　　　图9

　　当增加结点10时，结构无变化，如下图的图10。再增加结点9，此时结点7的BF变成了-2，理论上我们只需要旋转最小不平衡子树7、9、10即可，但是如果左旋转后，结点9就成了10的右孩子，这是不符合二叉排序树的特性的，此时不能简单地左旋，如图11所示。

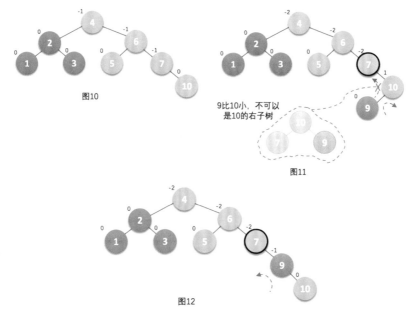

图10

9比10小，不可以
是10的右子树

图11

图12

仔细观察图11，发现根本原因在于结点7的BF是-2，而结点10的BF是1，也就是说，它们俩一正一负，符号并不统一，而前面的几次旋转，无论左旋还是右旋，最小不平衡子树的根结点与它的子结点符号都是相同的。这就是不能直接旋转的关键。那么怎么办呢？

不统一，不统一就把它们先转到符号统一再说，于是我们先对结点9和结点10进行右旋，使得结点10成为结点9的右子树，结点9的BF为-1，此时就与结点7的BF值符号统一了，如上图的图12所示。

这样我们再以结点7为最小不平衡子树进行左旋，得到下图的图13。接着插入8，情况与刚才类似，结点6的BF是-2，而它的右孩子9的BF是1，如图14，因此首先以9为根结点，进行右旋，得到图15，此时结点6和结点7的符号都是负，再以6为根结点左旋，最终得到最后的平衡二叉树，如下图的图16所示。

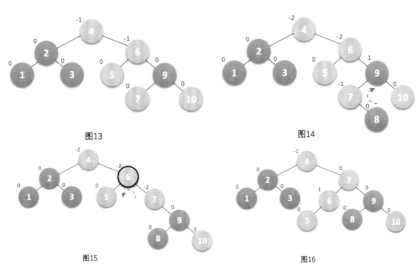

图13

图14

图15

图16

西方有一句民谣是这样说的："丢失一个钉子，坏了一只蹄铁；坏了一只蹄铁，折了一匹战马；折了一匹战马，伤了一位骑士；伤了一位骑士，输了一场战斗；输了一场战斗，亡了一个帝国。"相信大家应该有点明白，所谓的平衡二叉树，其实就是在二叉排序树创建过程中保证它的平衡性，一旦发现有不平衡的情况，马上处理，这样就不会造成不可收拾的情况出现。通过刚才这个例子，你会发现，当最小不平衡子树根结点的平衡因子BF大于1时，就右旋，小于-1时就左旋，如上例中结点1、5、6、7的插入等。插入结点后，最小不平衡子树的BF与它的子树的BF符号相反时，就需要对结点先进行一次旋转以使得符号相同后，再反向旋转一次才能够完成平衡操作，如上例中结点9、8插入时。

8.7.2　平衡二叉树的实现算法

好了，有这么多的准备工作，我们可以来讲解代码了。首先是需要改进二叉排序树的结点结构，增加一个变量bf，用来存储平衡因子。

```
/* 二叉树的二叉链表结点结构定义 */
typedef  struct BiTNode              /* 结点结构 */
{
    int data;                        /* 结点数据 */
    int bf;                          /* 结点的平衡因子 */
    struct BiTNode *lchild, *rchild; /* 左右孩子指针 */
} BiTNode, *BiTree;
```

> 注：查找的平衡二叉树查找相关代码请参看代码目录下"/第8章查找/03平衡二叉树_AVLTree.c"。

然后，对于右旋操作，我们的代码如下。

```
/* 对以P为根的二叉排序树作右旋处理，  */
/* 处理之后p指向新的树根结点，即旋转处理之前的左子树的根结点 */
void R_Rotate(BiTree *P)
{
    BiTree L;
    L=(*P)->lchild;           /* L指向P的左子树根结点 */
    (*P)->lchild=L->rchild;   /* L的右子树挂接为P的左子树 */
    L->rchild=(*P);
    *P=L;                     /* P指向新的根结点 */
}
```

此函数代码的意思是说，当传入一个二叉排序树P，将它的左孩子结点定义为L，将L的右子树变成P的左子树，再将P改成L的右子树，最后将L替换P成为根结点。这样就完成了一次右旋操作，如下图所示。图中三角形代表子树，N代表新增结点。

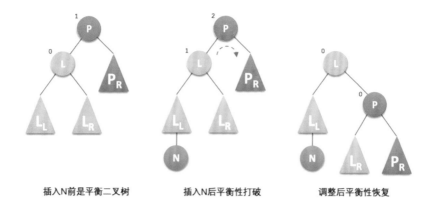

插入N前是平衡二叉树　　　　插入N后平衡性打破　　　　调整后平衡性恢复

上面例子中的新增结点N（如下图的图1和图2），就是右旋操作。

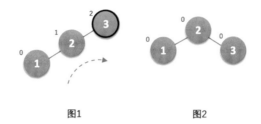

图1　　　　　　　　　　图2

左旋操作代码如下。

```
/* 对以P为根的二叉排序树作左旋处理 */
/* 处理之后P指向新的树根结点，即旋转处理之前的右子树的根结点0 */
void L_Rotate(BiTree *P)
{
    BiTree R;
    R=(*P)->rchild;              /* R指向P的右子树根结点 */
    (*P)->rchild=R->lchild;     /* R的左子树挂接为P的右子树 */
    R->lchild=(*P);
    *P=R;                        /* P指向新的根结点 */
}
```

这段代码与右旋代码是对称的，在此不做解释了。上面例子中的新增结点5、6、7（具体见下图），都是左旋操作。

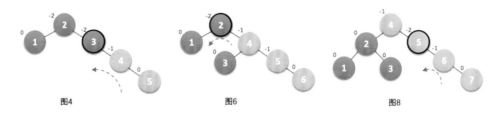

图4　　　　　　　　　　图6　　　　　　　　　　图8

现在我们来看左平衡旋转处理的函数代码。

```
#define LH +1 /* 左高 */
#define EH 0  /* 等高 */
#define RH -1 /* 右高 */

/* 对以指针T所指结点为根的二叉树作左平衡旋转处理 */
/* 本算法结束时，指针T指向新的根结点 */
1  void LeftBalance(BiTree *T)
2  {
3      BiTree L,Lr;
4      L=(*T)->lchild;                     /* L指向T的左子树根结点 */
5      switch(L->bf)         /* 检查T的左子树的平衡度，并作相应的平衡处理 */
6      {
7          case LH:        /* 新结点插入在T的左孩子的左子树上，要作单右旋处理 */
8              (*T)->bf=L->bf=EH;
9              R_Rotate(T);
10             break;
11         case RH:        /* 新结点插入在T的左孩子的右子树上，要作双旋处理 */
12             Lr=L->rchild;                /* Lr指向T的左孩子的右子树根 */
13             switch(Lr->bf)              /* 修改T及其左孩子的平衡因子 */
14             {
15                 case LH: (*T)->bf=RH;
16                          L->bf=EH;
17                          break;
18                 case EH: (*T)->bf=L->bf=EH;
19                          break;
20                 case RH: (*T)->bf=EH;
21                          L->bf=LH;
22                          break;
23             }
24             Lr->bf=EH;
25             L_Rotate(&(*T)->lchild);     /* 对T的左子树作左旋平衡处理 */
26             R_Rotate(T);                 /* 对T作右旋平衡处理 */
27      }
28  }
```

首先，我们定义了三个常数变量，分别代表1、0、-1。

（1）函数被调用，传入一个需调整平衡性的子树T。由于LeftBalance()函数被调用时，其实是已经确认当前子树是不平衡状态，且左子树的高度大于右子树的高度。换句话说，此时T的根结点应该是平衡因子BF的值大于1的数。

（2）第4行，我们将T的左孩子赋值给L。

（3）第5～27行是分支判断。

（4）当L的平衡因子为LH，即为1时，表明它与根结点的BF值符号相同，因此，第8行，将它们的BF值都改为0，并且第9行，进行右旋操作。操作的方式如本节的图1、图2所示。

（5）当L的平衡因子为RH，即为-1时，表明它与根结点的BF值符号相反，此时需要做双旋处理。第13～22行，针对L的右孩子L_r的BF值作判断，修改根结点T和L的BF值。第24行将当前L_r的BF改为0。

（6）第25行，对根结点的左子树进行左旋，如下图第二个图所示。

（7）第26行，对根结点进行右旋，如下图的第三个图所示，完成平衡操作。

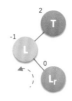
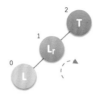
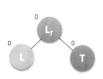

插入L_r前是平衡二叉树   插入L_r后平衡性被打破，先左旋以保证根结点和它的左孩子的BF符号相同   再右旋调整其平衡性   调整后平衡性恢复

同样的，右平衡旋转处理的函数代码非常类似，直接看代码，不做讲解了。

```
void RightBalance(BiTree *T)
{
    BiTree R,Rl;
    R=(*T)->rchild;                    /* R指向T的右子树根结点 */
    switch(R->bf)
    { /* 检查T的右子树的平衡度，并作相应平衡处理 */
      case RH: /* 新结点插入在T的右孩子的右子树上，要作单左旋处理 */
               (*T)->bf=R->bf=EH;
               L_Rotate(T);
               break;
      case LH: /* 新结点插入在T的右孩子的左子树上，要作双旋处理 */
               Rl=R->lchild;           /* Rl指向T的右孩子的左子树根 */
               switch(Rl->bf)          /* 修改T及其右孩子的平衡因子 */
               {
                 case RH: (*T)->bf=LH;
                          R->bf=EH;
                          break;
                 case EH: (*T)->bf=R->bf=EH;
                          break;
                 case LH: (*T)->bf=EH;
                          R->bf=RH;
                          break;
               }
               Rl->bf=EH;
               R_Rotate(&(*T)->rchild); /* 对T的右子树作右旋平衡处理 */
               L_Rotate(T);             /* 对T作左旋平衡处理 */
    }
}
```

我们前面例子中新增结点9和8就是典型的右平衡旋转，并且双旋完成平衡的例子（此前图11、图14就是类似样例，如下图所示）。

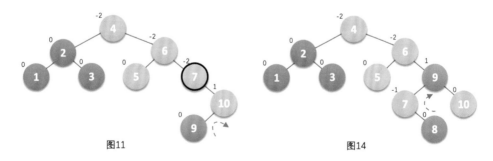

图11   图14

有了这些准备，我们的主函数才算是正式登场了。

```
1   Status InsertAVL(BiTree *T,int e,Status *taller)
2   {
3       if(!*T)                         /* 插入新结点，树"长高"，置taller为TRUE */
4       {
5           *T=(BiTree)malloc(sizeof(BiTNode));
6           (*T)->data=e;
7           (*T)->lchild=(*T)->rchild=NULL;
8           (*T)->bf=EH;
9           *taller=TRUE;
10      }
11      else
12      {
13          if (e==(*T)->data)          /* 树中已存在和e有相同关键字的结点则不再插入 */
14          {
15              *taller=FALSE;
16              return FALSE;
17          }
18          if (e<(*T)->data)           /* 应继续在T的左子树中进行搜索 */
19          {
20              if(!InsertAVL(&(*T)->lchild,e,taller)) /* 未插入 */
21                  return FALSE;
22              if(*taller)             /* 已插入到T的左子树中且左子树"长高" */
23              {
24                  switch((*T)->bf)/* 检查T的平衡度 */
25                  {
26                      case LH:        /* 原本左子树比右子树高，需要作左平衡处理 */
27                          LeftBalance(T);
28                          *taller=FALSE;
29                          break;
30                      case EH:        /* 原本左、右子树等高，现因左子树增高而使树增高 */
31                          (*T)->bf=LH;
32                          *taller=TRUE;
33                          break;
34                      case RH:        /* 原本右子树比左子树高，现左、右子树等高 */
35                          (*T)->bf=EH;
36                          *taller=FALSE;
37                          break;
38                  }
39              }
40          }
41          else                        /* 应继续在T的右子树中进行搜索 */
42          {
43              if(!InsertAVL(&(*T)->rchild,e,taller)) /* 未插入 */
44                  return FALSE;
45              if(*taller)             /* 已插入到T的右子树且右子树"长高" */
46              {
47                  switch((*T)->bf)/* 检查T的平衡度 */
48                  {
49                      case LH:        /* 原本左子树比右子树高，现左、右子树等高 */
50                          (*T)->bf=EH;
51                          *taller=FALSE;
52                          break;
53                      case EH:        /* 原本左、右子树等高，现因右子树增高而使树增高 */
54                          (*T)->bf=RH;
55                          *taller=TRUE;
56                          break;
57                      case RH:        /* 原本右子树比左子树高，需要作右平衡处理 */
58                          RightBalance(T);
59                          *taller=FALSE;
60                          break;
61                  }
62              }
63          }
64      }
65      return TRUE;
66  }
```

（1）程序开始执行时，第3～10行是指当前T为空时，则申请内存新增一个结点。

（2）第13～17行表示当存在相同结点，则不需要插入。

（3）第18～40行，当新结点e小于T的根结点值时，则在T的左子树查找。

（4）第20～21行，递归调用本函数，直到找到则返回FALSE，否则说明插入结点成功，执行下面的语句。

（5）第22～39行，当taller为TRUE时，说明插入了结点，此时需要判断T的平衡因子，如果是1，说明左子树高于右子树，需要调用LeftBalance()函数进行左平衡旋转处理。如果为0或-1，则说明新插入结点没有让整棵二叉排序树失去平衡性，只需要修改相关的BF值即可。

（6）第41～63行，说明新结点e大于T的根结点的值，在T的右子树中查找。代码与之前类似，这里不再详述。

对于这段代码来说，我们只用在需要构建平衡二叉树的时候执行如下列代码即可在内存中生成一棵与下图相同的平衡二叉树。

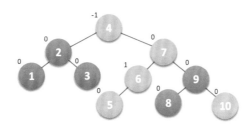

```
int i;
int a[10]={3,2,1,4,5,6,7,10,9,8};
BiTree T=NULL;
Status taller;
for(i=0;i<10;i++)
{
    InsertAVL(&T,a[i],&taller);
}
```

不容易，终于讲完了，本算法代码很长，是有些复杂，编程中容易在很多细节上出错，要想真正掌握它，需要同学们自己多练习。不过其思想还是不难理解的，总之就是把不平衡消灭在最早时刻。

如果我们需要查找的集合本身没有顺序，在频繁查找的同时也需要经常进行插入和删除操作，显然我们需要构建一棵二叉排序树，但是不平衡的二叉排序树，查找效率是非常低的，因此我们需要在构建时，就让这棵二叉排序树是平衡二叉树，此时我们的查找时间复杂度就为$O(\log n)$，而插入和删除也为$O(\log n)$。这显然是比较理想的一种动态查找表算法[1]。

---

[1] 注：本节未对平衡二叉树的删除结点进行讲解，有兴趣的同学可查阅《数据结构从应用到实现（Java版）》一书的第10章内容。二叉排序树还有另外的平衡算法，如红黑树（Red Black Tree）等，与平衡二叉树（AVL树）相比各有优势，可以参考《算法导论》第13章的内容。

8.8 多路查找树（B树）

中国台湾出版人何飞鹏在《自慢》书中曾经有
这样的文字："要观察一个公司是否严谨，看他们
如何开会就知道了。如果开会时每一个人都只是带
一张嘴，即兴发言，这肯定是一家不严谨的公司，
因为肯定每一个人都只是用直觉与反射神经在互相
应对，不可能有深度的思考与规划……，语言是沟
通的工具，文字是记录存证的工具，而文字化的过
程，又可以让思考彻底沉淀，善于使用文字的人，通常是深沉而严谨的。"显然，这是
一个很好理解的观点，但许多人都难以做到。

要是我们把开会比作内存中的数据处理的话，那么写下来和时常阅读它就是内存数
据对外存磁盘上的存取操作了。

内存一般都是由硅制的存储芯片组成的，这种技术的每一个存储单位代价都要比磁
存储技术昂贵两个数量级，因此基于磁盘技术的外存，容量比内存的容量至少大两个数
量级。这也就是目前PC通常内存只有几个GB而已、而硬盘却可以有成百上千GB容量的
原因。

我们前面讨论过的数据结构，处理数据都是在内存中，因此考虑的都是内存中的运
算时间复杂度。

但如若我们要操作的数据集非常大，大到内存已经没办法处理了怎么办呢？如数据
库中的上千万条记录的数据表、硬盘中的上万个文件等。在这种情况下，对数据的处理
需要不断从硬盘等存储设备中调入或调出内存页面。

一旦涉及这样的外部存储设备，关于时间复杂度的计算就会发生变化，访问该集合
元素的时间已经不仅仅是寻找该元素所需比较次数的函数，我们必须考虑对硬盘等外部
存储设备的访问时间以及将会对该设备做出多少次单独访问。

试想一下，为了要在一个拥有几十万个文件的磁盘中查找一个文本文件，你设计的
算法需要读取磁盘上万次还是读取几十次，这是有本质差异的。此时，为了降低对外存
设备的访问次数，我们就需要新的数据结构来处理这样的问题。

我们之前谈的树，都是一个结点可以有多个孩子，但是它自身只存储一个元素。二
叉树限制更多，结点最多只能有两个孩子。

一个结点只能存储一个元素，在元素非常多的时候，就使得要么树的度非常大（结
点拥有子树的个数的最大值），要么树的高度非常大，甚至两者都必须足够大才行。这
就使得内存存取外存次数非常多，这显然成了时间效率上的瓶颈，这迫使我们要打破每
一个结点只存储一个元素的限制，为此引入了多路查找树的概念。

多路查找树（Muitl-Way Search Tree），其每一个结点的孩子数可以多于两个，

且每一个结点处可以存储多个元素。由于它是查找树，所有元素之间存在某种特定的排序关系。

在这里，每一个结点可以存储多少个元素，以及它的孩子数的多少是非常关键的。为此，我们讲解它的4种特殊形式：2-3树、2-3-4树、B树和B+树。

8.8.1 2-3树

说到二三，我就会想起儿时的童谣，"一去二三里，烟村四五家。亭台六七座，八九十支花。"2和3是最基本的阿拉伯数字，用它们来命名一种树结构，显然是说明这种结构与数字2和3有密切关系。

2-3树是这样的一棵多路查找树：其中的每一个结点都具有两个孩子（我们称它为2结点）或三个孩子（我们称它为3结点）。

一个2结点包含一个元素和两个孩子（或没有孩子），且与二叉排序树类似，左子树包含的元素小于该元素，右子树包含的元素大于该元素。不过，与二叉排序树不同的是，这个2结点要么没有孩子，要有就有两个孩子，不能只有一个孩子。

一个3结点包含一小一大两个元素和三个孩子（或没有孩子），一个3结点要么没有孩子，要么具有3个孩子。如果某个3结点有孩子的话，左子树包含小于较小元素的元素，右子树包含大于较大元素的元素，中间子树包含介于两元素之间的元素。

并且2-3树中所有的叶子都在同一层次上。如下图所示，就是一棵有效的2-3树。

事实上，2-3树复杂的地方就在于新结点的插入和已有结点的删除。毕竟，每个结点可能是2结点也可能是3结点，要保证所有叶子都在同一层次，是需要进行一番复杂操作的。

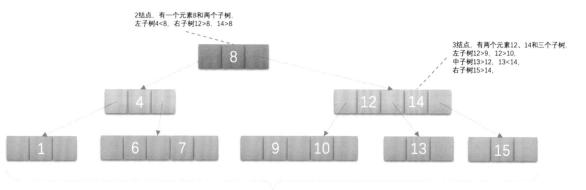

2-3树所有叶子都在同一层次

1. 2-3树的插入实现

对于2-3树的插入来说，与二叉排序树相同，插入操作一定是发生在叶子结点上。可与二叉排序树不同的是，2-3树插入一个元素的过程有可能会对该树的其余结构产生连锁反应。

2-3树插入可分为以下三种情况。

（1）对于空树，插入一个2结点即可，这很容易理解。

（2）插入结点到一个2结点的叶子上。应该说，由于其本身就只有一个元素，所以只需要将其升级为3结点即可。如下图所示①。我们希望从左下图的2-3树中插入元素3，根据遍历可知，3比8小、比4小，于是就只能考虑插入到叶子结点1所在的位置，因此很自然的想法就是将此结点变成一个3结点，即右下图这样完成插入操作。当然，要视插入的元素与当前叶子结点的元素比较大小后，决定谁在左谁在右。例如，若插入的是0，则此结点就是"0"在左"1"在右了。

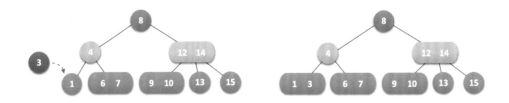

（3）要往3结点中插入一个新元素。因为3结点本身已经是2-3树的结点最大容量（已经有两个元素），因此就需要将其拆分，且将树中两元素或插入元素的三者中选择其一向上移动一层。复杂的情况也正在于此。

第一种情况，见下图，需要向左下图中插入元素5。经过遍历可得到元素5比8小比4大，因此它应该是需要插入在拥有6、7元素的3结点位置。问题就在于，6和7结点已经是3结点，不能再加。此时发现它的双亲结点4是个2结点，因此考虑让它升级为3结点，这样它就得有三个孩子，于是就想到，将6、7结点拆分，让6与4结成3结点，将5成为它的中间孩子，将7成为它的右孩子，如右下图所示。

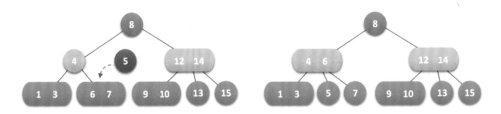

另一种情况，如下图所示，需要向左下图中插入元素11。经过遍历可得到元素11比12、14小比9、10大，因此它应该是需要插入在拥有9、10元素的3结点位置。同样的道理，9和10结点不能再增加结点。此时发现它的双亲结点12、14也是一个3结点，也不能再插入元素了。再往上看，12、14结点的双亲，结点8是个2结点。于是就想到，将9、10拆分，12、14也拆分，让根结点8升级为3结点，最终形成如右下图的样子。

---

① 注：为了对树结构进行更清晰的表达，将2-3树第一图的结点用简化形式表示。

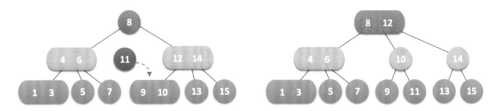

再来看个例子，如下图所示，需要在左下图中插入元素2。经过遍历可得到元素2比4小、6比1大，因此它应该是需要插入在拥有1、3元素的3结点位置。与上例一样，你会发现，1、3结点，4、6结点都是3结点，都不能再插入元素了，再往上看，8、12结点还是一个3结点，那就意味着，当前我们的树结构是三层已经不能满足当前结点增加的需要了。于是将1、3拆分，4、6拆分，连根结点8、12也拆分，最终形成如下图的样子。

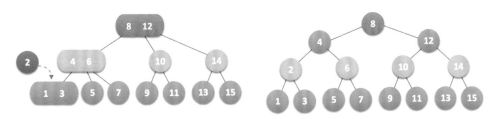

通过这个例子，也让我们发现，如果2-3树插入的传播效应导致了根结点的拆分，则树的高度就会增加。

2. 2-3树的删除实现

对于2-3树的删除来说，如果对前面插入的理解足够到位的话，应该不是难事了。2-3树的删除也分为三种情况。与插入相反，我们从3结点开始说起。

（1）所删除元素位于一个3结点的叶子结点上，这非常简单，只需要在该结点处删除该元素即可，不会影响到整棵树的其他结点结构。如下图所示，删除元素9，只需要将此结点改成只有元素10的2结点即可。

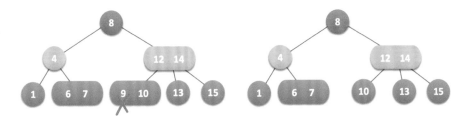

（2）所删除的元素位于一个2结点上，即要删除的是一个只有一个元素的结点。如果按照以前树的理解，删除即可，可现在的2-3树的定义告诉我们这样做是不可以的。比如下图所示，如果我们删除了结点1，那么结点4本来是一个2结点（它拥有两个孩子），此时它就不满足定义了。

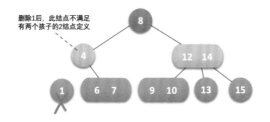

删除1后，此结点不满足
有两个孩子的2结点定义

因此，对于删除叶子是2结点的情况，我们需要分以下四种情形来处理。

情形一，此结点的双亲也是2结点，且拥有一个3结点的右孩子。如下图所示，删除结点1，那么只需要左旋，即6成为双亲，4成为6的左孩子，7是6的右孩子。

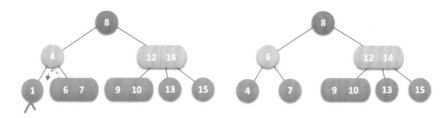

情形二，此结点的双亲是2结点，它的右孩子也是2结点。如下图所示，此时删除结点4，如果直接左旋会造成没有右孩子，因此需要对整棵树变形，办法就是，我们目标是让结点7变成3结点，那得让比7稍大的元素8下来，随即就得让比元素8稍大的元素9补充结点8的位置，于是就有了下中图，于是再用左旋的方式，变成右下图结果。

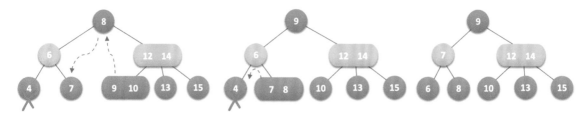

情形三，此结点的双亲是一个3结点。如下图所示，此时删除结点10，意味着双亲12、14这个结点不能成为3结点了，于是将此结点拆分，并将12与13合并成为左孩子。

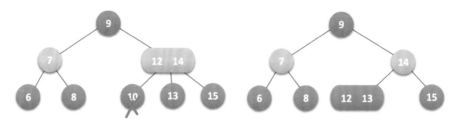

情形四，如果当前树是一个满二叉树的情况，此时删除任何一个叶子都会使得整棵树不能满足2-3树的定义。如下图所示，删除叶子结点8时（其实删除任何一个结点都一

样），就不得不考虑要将2-3的层数减少，办法是将8的双亲和其左子树6合并为一3个结点，再将14与9合并为3结点，最后成为右下图的样子。

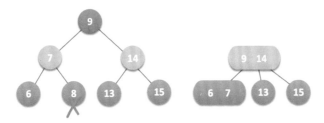

（3）所删除的元素位于非叶子的分支结点。此时我们通常是将树按中序遍历后得到此元素的前驱或后继元素，考虑让它们来补位即可。

如果我们要删除的分支结点是2结点。如下图所示我们要删除4结点，分析后得到它的前驱是1后继是6，显然，由于6、7是3结点，只需要用6来补位即可，如右下图所示。

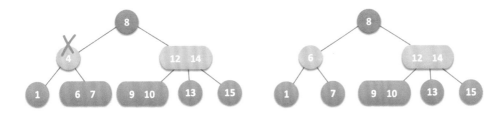

如果我们要删除的分支结点是3结点的某一元素，如下图所示我们要删除12、14结点的12，此时，经过分析，显然应该是将是3结点的左孩子的10上升到删除位置合适。

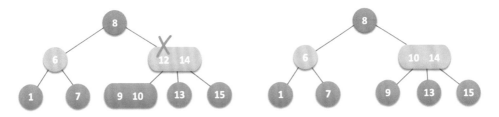

当然，如果对2-3树的插入和删除等所有的情况进行讲解，既占篇幅，又没必要，总的来说它是有规律的，需要你们在上面的这些例子中多去体会后掌握。

8.8.2 2-3-4树

有了2-3树的讲解，**2-3-4树**就很好理解了，它其实就是2-3树的概念扩展，包括了4结点的使用。一个4结点包含小中大3个元素和4个孩子（或没有孩子），一个4结点要么没有孩子，要么具有4个孩子。如果某个4结点有孩子的话，左子树包含小于最小元素的元素；第二子树包含大于最小元素，小于第二元素的元素；第三子树包含大于第二元素，小于最大元素的元素；右子树包含大于最大元素的元素。

由于2-3-4树和2-3树是类似的，我们这里就简单介绍一下，如果我们构建一个数组为{7,1,2,5,6,9,8,4,3}的2-3-4树的过程，如下图所示。图1是在分别插入7、1、2时的结果图，因为3个元素满足2-3-4树的单个4结点定义，因此此时不需要拆分，接着插入元素5，因为已经超过了4结点的定义，因此拆分为图2的形状。之后的图其实就是在元素不断插入时最后形成了图7的2-3-4树。

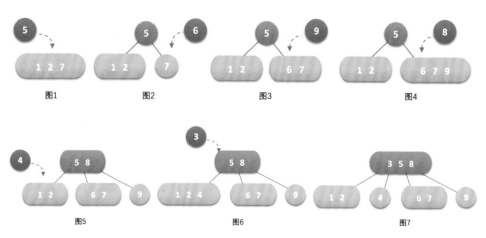

下图是对一个2-3-4树的删除结点的演变过程，删除顺序是1、6、3、4、5、2、9。

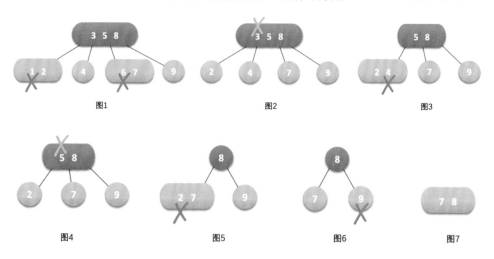

8.8.3　B树

我们本节名称叫B树，但到了现在才开始提到它，似乎这主角出来的实在太晚了，可其实，我们前面一直都在讲B树。

B树（B-tree）是一种平衡的多路查找树，2-3树和2-3-4树都是B树的特例。结点最大的孩子数目称为B树的阶（order），因此，2-3树是3阶B树，2-3-4树是4阶B树。

一个m阶的B树具有如下属性：

- 如果根结点不是叶结点，则其至少有两棵子树。

- 每一个非根的分支结点都有$k-1$个元素和k个孩子，其中$\lceil m/2 \rceil \leqslant k \leqslant m$[1]。每一个叶子结点$n$都有$k-1$个元素，其中$\lceil m/2 \rceil \leqslant k \leqslant m$。

- 所有叶子结点都位于同一层次。

- 所有分支结点包含下列信息数据 $(n, A_0, K_1, A_1, K_2, A_2, \cdots, K_n, A_n)$，其中：$K_i$ $(i=1,2,\cdots,n)$ 为关键字，且$K_i < K_{i+1}$ $(i=1,2,\cdots,n-1)$；A_i $(i=0,2,\cdots,n)$ 为指向子树根结点的指针，且指针A_{i-1}所指子树中所有结点的关键字均小于K_i $(i=1,2,\cdots,n)$，A_n所指子树中所有结点的关键字均大于K_n，n $(\lceil m/2 \rceil -1 \leqslant n \leqslant m-1)$ 为关键字的个数（或$n+1$为子树的个数）。

例如，在讲2-3-4树时插入9个数后的图转成B树示意就如右下图所示。左侧灰色方块表示当前结点的元素个数。

在B树上查找的过程是一个顺指针查找结点和在结点中查找关键字的交叉过程。

比方说，我们要查找数字7，首先从外存（比如硬盘中）读取得到根结点3、5、8三个元素，发现7不在当中，但在5和8之间，因此就通过A_2再读取外存的6、7结点，查找到所要的元素。

至于B树的插入和删除，方式与2-3树和2-3-4树是类似的，只不过阶数可能会很大而已。

我们在本节的开头提到，如果内存与外存交换数据次数频繁，会造成时间效率上的瓶颈，那么B树结构怎么就可以做到减少次数呢？

我们的外存，比如硬盘，是将所有的信息分割成等大小的页面，每次硬盘读写的都是一个或多个完整的页面，对于一个硬盘来说，一页的长度可能是21～214B。

在一个典型的B树应用中，要处理的硬盘数据量很大，因此无法一次全部装入内存。因此我们会对B树进行调整，使得B树的阶数（或结点的元素）与硬盘存储的页面大小相匹配。比如说一棵B树的阶为1001（即1个结点包含1000个关键字），高度为2，它可以存储超过10亿个关键字，我们只要让根结点持久地保留在内存中，那么在这棵树上，寻找

---

[1] 注："$\lceil m/2 \rceil$"表示不小于$m/2$ 的最小整数。

某一个关键字至多需要两次硬盘的读取即可。这就好比我们普通人数钱都是一张一张地数，而银行职员数钱则是五张、十张，甚至几十张一数，速度当然是比常人快了不少。

通过这种方式，在有限内存的情况下，每一次磁盘的访问我们都可以获得最大数量的数据。由于B树每结点可以具有比二叉树多得多的元素，所以与二叉树的操作不同，它们减少了必须访问结点和数据块的数量，从而提高了性能。可以说，B树的数据结构就是为内外存的数据交互准备的。

那么对于n个关键字的m阶B树，最坏情况是要查找几次呢？我们来作一分析。

第一层至少有1个结点，第二层至少有2个结点，由于除根结点外每个分支结点至少有$\lceil m/2 \rceil$棵子树，则第三层至少有$2 \times \lceil m/2 \rceil$个结点，……，这样第$k+1$层至少有$2 \times (\lceil m/2 \rceil)^{k-1}$个结点，而实际上，$k+1$层的结点就是叶子结点。若$m$阶B树有$n$个关键字，那么当你找到了叶子结点，其实也就等于查找不成功的结点为$n+1$，因此$n+1 \geq 2 \times (\lceil m/2 \rceil)^{k-1}$，即：

$$k \leq \log_{\lceil \frac{m}{2} \rceil} \left(\frac{n+1}{2} \right) + 1$$

也就是说，在含有n个关键字的B树上查找时，从根结点到关键字结点的路径上涉及的结点数不超过$\log_{\lceil \frac{m}{2} \rceil} \left(\frac{n+1}{2} \right) + 1$。

8.8.4　B+树

尽管前面我们已经讲了B树的诸多好处，但其实它还是有缺陷的。对于树结构来说，我们都可以通过中序遍历来顺序查找树中的元素，这一切都是在内存中进行。

可是在B树结构中，我们往返于每个结点之间也就意味着，我们必须得在硬盘的页面之间进行多次访问，如下图所示，我们希望遍历这棵B树，假设每个结点都属于硬盘的不同页面，我们为了中序遍历所有的元素，页面2→页面1→页面3→页面1→页面4→页面1→页面5。而且我们每次经过结点遍历时，都会对结点中的元素进行一次遍历，这就非常糟糕。有没有可能让遍历时每个元素只访问一次呢？

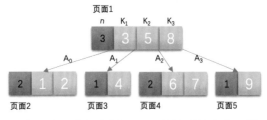

为了说明这个解决的办法，我举个例子。一个优秀的企业尽管可能有非常成熟的树状组织结构，但是这并不意味着员工也很满意，恰恰相反，由于企业管理更多考虑的是企业的利益，这就容易忽略员工的各种诉求，造成了管理者与员工之间的矛盾。正因为此，工会就产生了，工会原意是指基于共同利益而自发组织的社会团体。这个共同利益团体诸如为同一雇主工作的员工，在某一产业领域的个人。工会组织成立的主要作用，可以与雇主谈判工资薪水、工作时限和工作条件等。这样，其实在整个企业的运转过程中，除了正规的层级管理外，还有一个代表员工的团队在发挥另外的作用。

同样的，为了能够解决所有元素遍历等基本问题，我们在原有的B树结构基础上，加上了新的元素组织方式，这就是B+树。

B+树是应文件系统所需而出的一种B树的变形树，注意严格意义上讲，它其实已经不是第6章定义的树了。在B树中，每一个元素在该树中只出现一次，有可能在叶子结点上，也有可能在分支结点上。而在B+树中，出现在分支结点中的元素会被当作它们在该分支结点位置的中序后继者（叶子结点）中再次列出。另外，每一个叶子结点都会保存一个指向后一叶子结点的指针。

例如下图所示，就是一棵B+树的示意，红色关键字即是根结点中的关键字在叶子结点再次列出，并且所有叶子结点都链接在一起。

一棵m阶的B+树和m阶的B树的差异在于：

- 有n棵子树的结点中包含有n个关键字。
- 所有的叶子结点包含全部关键字的信息，及指向含这些关键字记录的指针，叶子结点本身依关键字的大小自小而大顺序链接。
- 所有分支结点可以看成是索引，结点中仅含有其子树中的最大（或最小）关键字。

这样的数据结构最大的好处就在于，如果是要随机查找，我们就从根结点出发，与B树的查找方式相同，只不过即使在分支结点找到了待查找的关键字，它也只是用来索引的，不能提供实际记录的访问，还是需要到达包含此关键字的终端结点。

如果需要从最小关键字进行从小到大的顺序查找，我们就可以从最左侧的叶子结点出发，不经过分支结点，而是沿着指向下一叶子的指针就可遍历所有的关键字。

B+树的结构特别适合带有范围的查找。比如查找我们学校18～22岁的学生人数，我们可以通过从根结点出发找到第一个18岁的学生，然后再在叶子结点按顺序查找到符合范围的所有记录。

B+树的插入、删除过程也都与B树类似，只不过插入和删除的元素都是在叶子结点上进行而已。[①]

① 注：本节详细内容讲解可以参考《算法导论》第18章的内容。

注：查找的B树查找相关代码请参看代码目录下"/第8章查找/04B树_BTree.c"。

8.9 散列表查找（哈希表）概述

在本章前面的顺序表查找时，我们曾经说过，如果你要查找某个关键字的记录，就是从表头开始，挨个地比较记录a[i]与key的值是"＝"还是"≠"，直到有相等才算是查找成功，返回i。到了有序表查找时，我们可以利用a[i]与key的"<"或">"来折半查找，直到相等时查找成功返回i。最终我们的目的都是为了找到那个i，其实也就是相对的下标，再通过顺序存储的存储位置计算方法，$LOC(a_i)=LOC(a_1)+(i-1)\times c$，也就是通过第一个元素内存存储位置加上i-1个单元位置，得到最后的内存地址。

此时我们发现，为了查找到结果，之前的方法"比较"都是不可避免的，但这是否真的有必要？能否直接通过关键字key得到要查找的记录的内存存储位置呢？

8.9.1 散列表查找定义

试想这样的场景，你很想学太极拳，听说学校有个叫张三丰的人打得特别好，于是你到学校学生处找人，学生处的工作人员可能会拿出学生名单，一个一个地查找，最终告诉你，学校没这个人，并说张三丰几百年前就已经在武当山作古了。可如果你找对了人，比如在操场上找那些爱运动的同学，人家会告诉你，"哦，你找张三丰呀，有有有，我带你去。"于是他把你带到了体育馆内，并告诉你，那个教大家打太极的小伙子就是"张三丰"，原来"张三丰"是因为他太极拳打得好而得到的外号。

学生处的老师找张三丰，那就是顺序表查找，依赖的是姓名关键字的比较。而通过爱好运动的同学询问时，没有遍历，没有比较，就凭他们"欲找太极'张三丰'，必在体育馆当中"的经验，直接告诉你位置。

也就是说，我们只需要通过某个函数f，使得

存储位置=f（关键字）

那样我们可以通过查找关键字不需要比较就可获得需要记录的存储位置。这就是一种新的存储技术——散列技术。

散列技术是在记录的存储位置和它的关键字之间建立一个确定的对应关系f，使得每个关键字key对应一个存储位置f（key）。查找时，根据这个确定的对应关系找到给定值key的映射f(key)，若查找集合中存在这个记录，则必定在f(key)的位置上。

这里我们把这种对应关系f称为散列函数，又称为哈希（Hash）函数。按这个思想，采用散列技术将记录存储在一块连续的存储空间中，这块连续存储空间称为散列表或哈希表（Hash Table）。那么关键字对应的记录存储位置我们称为散列地址。

8.9.2　散列表查找步骤

整个散列过程其实就是两步。

（1）在存储时，通过散列函数计算记录的散列地址，并按此散列地址存储该记录。就像张三丰我们就让他在体育馆，那如果是‘爱因斯坦’我们让他在图书馆，如果是‘居里夫人’，那就让她在化学实验室，如果是‘巴顿将军’，这个打仗的将军——我们可以让他到网吧。总之，不管什么记录，我们都需要用同一个散列函数计算出地址再存储。

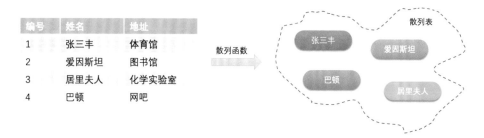

（2）当查找记录时，我们通过同样的散列函数计算记录的散列地址，按此散列地址访问该记录。说起来很简单，在哪存的，上哪去找，由于存取用的是同一个散列函数，因此结果当然也是相同的。

所以说，**散列技术既是一种存储方法，也是一种查找方法**。然而它与线性表、树、图等结构不同的是，前面几种结构，数据元素之间都存在某种逻辑关系，可以用连线图示表示出来，而散列技术的记录之间不存在什么逻辑关系，它只与关键字有关联。因此，散列主要是面向查找的存储结构。

散列技术最适合的求解问题是查找与给定值相等的记录。对于查找来说，简化了比较过程，效率就会大大提高。但万事有利就有弊，散列技术不具备很多常规数据结构的能力。

比如那种同样的关键字，它能对应很多记录的情况，就不适合用散列技术。一个班级几十个学生，他们的性别有男有女，你用关键字"男"去查找，对应的有许多学生的记录，这显然是不合适的。只有如用班级学生的学号或者身份证号来散列存储，此时一个号码唯一对应一个学生才比较合适。

同样散列表也不适合范围查找，比如查找一个班级18～22岁的同学，在散列表中没法进行。想获得表中记录的排序也不可能，像最大值、最小值等结果也都无法从散列表中计算出来。

我们说了这么多，散列函数应该如何设计？这个我们需要重点来讲解，总之设计一个简单、均匀、存储利用率高的散列函数是散列技术中最关键的问题。

另一个问题是冲突。在理想的情况下，每一个关键字，通过散列函数计算出来的地址都是不一样的，可现实中，这只是一个理想。我们时常会碰到**两个关键字** $key_1 \neq key_2$，**但是却有** $f(key_1) = f(key_2)$，**这种现象我们称为冲突（collision），并把 key_1 和 key_2 称为这个散列函数的同义词（synonym）**。出现了冲突当然非常糟糕，这将造成数据查找错误。尽管我们可以通过精心设计的散列函数让冲突尽可能地少，但是不能完全避免。于是如何处理冲突就成了一个很重要的课题，这在我们后面也需要详细讲解。

8.10 散列函数的构造方法

不管做什么事要达到最优都不容易，既要使付出尽可能的少，又要得到最大化的多。那么什么才算是**好的散列函数**呢？这里我们有两个原则可以参考。

1. 计算简单

如果说设计一个算法可以保证所有的关键字都不会产生冲突，但是这个算法需要很复杂的计算，会耗费很多时间，这对于频繁地查找来说，就会大大降低查找的效率了。因此散列函数的计算时间不应该超过其他查找技术与关键字比较的时间。

2. 散列地址分布均匀

我们刚才也提到冲突带来的问题，最好的办法就是尽量让散列地址均匀地分布在存储空间中，这样可以保证存储空间的有效利用，并减少为处理冲突而耗费的时间。

接下来我们就要介绍几种常用的散列函数构造方法。估计设计这些方法的前辈们当年可能是从事间谍工作，因为这些方法都是将原来数字按某种规律变成另一个数字而已。

8.10.1 直接定址法

对于如右表所示的0~100岁的人口数字
统计表，对年龄这个关键字就可以直接用年
龄的数字作为地址。此时$f(key)=key$。

地址	年龄	人数
00	0	500万
01	1	600万
02	2	450万
…	…	…
20	20	1500万
…		…

如果我们现在要统计的是1980年后出生
年份的人口数，如右表所示，那么我们对出
生年份这个关键字可以用年份减去1980来作
为地址。此时$f(key)=key-1980$。

地址	出生年份	人数
00	1980	1500万
01	1981	1600万
02	1982	1300万
…	…	…
2000	2000	800万
…	…	…

也就是说，我们可以**取关键字的某个线性函数值为散列地址**，即

$$f(key)=a×key+b（a、b为常数）$$

这样的散列函数的优点就是简单、均匀，也不会产生冲突，但问题是这需要事先
知道关键字的分布情况，适合查找表较小且连续的情况。由于这样的限制，在现实应用
中，此方法虽然简单，但却并不常用。

8.10.2 数字分析法

如果我们的关键字是位数较多的数字，比如我们的11位手
机号"130××××1234"，其中前三位是接入号，一般对应不同运
营商公司的子品牌，如130是联通如意通、136是移动神州行、
153是电信等；中间四位是HLR识别号，表示用户号的归属地；
后四位才是真正的用户号，如右表所示。

```
130xxxx1234
130xxxx2345
138xxxx4829
138xxxx2396
138xxxx8354
```
易重复分布   分布均匀，
太集中某几   可用作散列
个数字   地址

若我们现在要存储某家公司员工登记表，如果用手机号
作为关键字，那么极有可能前7位都是相同的。那么我们选择
后面的4位成为散列地址就是不错的选择。如果这样的抽取工
作还是容易出现冲突问题，还可以对抽取出来的数字再进行反转（如1234改成4321）、
右环位移（如1234改成4123）、左环位移、甚至前两数与后两数叠加（如1234改成
12+34=46）等方法。总的目的就是为了提供一个散列函数，能够合理地将关键字分配到

散列表的各位置。

这里我们提到了一个关键词——抽取。抽取方法是使用关键字的一部分来计算散列存储位置的方法，这在散列函数中是常常用到的手段。

数字分析法通常适合处理关键字位数比较多的情况，如果事先知道关键字的分布且关键字的若干位分布较均匀，就可以考虑用这个方法。

8.10.3　平方取中法

这个方法计算很简单，假设关键字是1234，那么它的平方就是1522756，再抽取中间的3位就是227，用做散列地址。再比如关键字是4321，那么它的平方就是18671041，抽取中间的3位就可以是671，也可以是710，用做散列地址。平方取中法比较适合不知道关键字的分布，而位数又不是很多的情况。

8.10.4　折叠法

折叠法是将关键字从左到右分割成位数相等的几部分（注意最后一部分位数不够时可以短些），然后将这几部分叠加求和，并按散列表表长，取后几位作为散列地址。

比如我们的关键字是9876543210，散列表表长为3位，我们将它分为4组，987|654|321|0，然后将它们叠加求和987+654+321+0=1962，再求后3位得到散列地址为962。

有时可能这还不能够保证分布均匀，不妨从一端向另一端来回折叠后对齐相加。比如我们将987和321反转，再与654和0相加，变成789+654+123+0=1566，此时散列地址为566。

折叠法事先不需要知道关键字的分布，适合关键字位数较多的情况。

8.10.5　除留余数法

此方法为最常用的构造散列函数的方法。对于散列表长为m的散列函数公式为：

$$f(key) = key \bmod p \quad (p \leq m)$$

mod是取模（求余数）的意思。事实上，这方法不仅可以对关键字直接取模，也可在折叠、平方取中后再取模。

很显然，本方法的关键就在于选择合适的p，p如果选得不好，就可能会产生同义词。

例如下表，我们对于有12个记录的关键字构造散列表时，就用了$f(key)=key \bmod 12$的方法。比如29 mod 12 = 5，所以它存储在下标为5的位置。

下标	0	1	2	3	4	5	6	7	8	9	10	11
关键字	12	25	38	15	16	29	78	67	56	21	22	47

不过这也是存在冲突的可能的，因为12=2×6=3×4。如果关键字中有像18 (3×6)、30 (5×6)、42 (7×6) 等数字，它们的余数都为6，这就和78所对应的下标位置冲突了。

甚至极端一些，对于下表的关键字，如果我们让p为12的话，就可能出现下面的情况，所有的关键字都得到了0这个地址数，这未免也太糟糕了点。

下标	0	0	0	0	0	0	0	0	0	0	0	0
关键字	12	24	36	48	60	72	84	96	108	120	132	144

我们不选用p=12来做除留余数法，而选用p=11，如下表所示。

下标	1	2	3	4	5	6	7	8	9	10	0	1
关键字	12	24	36	48	60	72	84	96	108	120	132	144

此时就只有12和144有冲突，相对来说，就要好很多。

因此根据前辈们的经验，若散列表表长为m，通常p为小于或等于表长（最好接近m）的最小质数或不包含小于20质因子的合数。

8.10.6　随机数法

选择一个随机数，取关键字的随机函数值为它的散列地址。也就是$f(key)=$ random(key)。这里random是随机函数。当关键字的长度不等时，采用这个方法构造散列函数是比较合适的。

有同学问，那如果关键字是字符串如何处理？其实无论是英文字符，还是中文字符，也包括各种各样的符号，它们都可以转化为某种数字来对待，比如ASCII码或者Unicode码等，因此也就可以使用上面的这些方法。

总之，现实中，应该视不同的情况采用不同的散列函数。我们只能给出一些考虑的因素来提供参考：

（1）计算散列地址所需的时间。

（2）关键字的长度。

（3）散列表的大小。

（4）关键字的分布情况。

（5）记录查找的频率。

综合这些因素，才能决策选择哪种散列函数更合适。

8.11 处理散列冲突的方法

我们每个人都希望身体健康，虽然疾病能够预防，但是不可避免，没有任何成年人生下来到现在没有生过一次病。

从刚才除留余数法的例子也可以看出，我们设计得再好的散列函数也不可能完全避免冲突，这就像我们再健康也只能尽量预防疾病，但却无法保证永远不得病一样，既然冲突不能避免，就要考虑如何处理它。

那么当我们在使用散列函数后发现两个关键字$key_1 \neq key_2$，但是却有$f(key_1)=f(key_2)$，即有冲突时，怎么办呢？我们可以从生活中找寻思路。

试想一下，当你观望很久很久，终于看上一套房打算要买了，正准备下订金，人家告诉你，这房子已经被人买走了，你怎么办？

对呀，再找别的房子呗！这其实就是一种处理冲突的方法——开放定址法。

8.11.1 开放定址法

所谓的**开放定址法就是一旦发生了冲突，就去寻找下一个空的散列地址，只要散列表足够大，空的散列地址总能找到，并将记录存入。**

它的公式是：

$$f_i(key) = (f(key)+d_i)\ MOD\ m\ (d_i=1,2,3,\cdots,m-1)$$

比如说，我们的关键字集合为{12,67,56,16,25,37,22,29,15,47,48,34}，表长为12。我们用散列函数$f(key)=key\ mod\ 12$。

当计算前5个数{12,67,56,16,25}时，都是没有冲突的散列地址，直接存入，如下表所示。

下标	0	1	2	3	4	5	6	7	8	9	10	11
关键字	12	25			16			67	56			

计算key=37时，发现$f(37)=1$，此时就与25所在的位置冲突。于是我们应用上面的公式$f(37)=(f(37)+1)\ mod\ 12=2$。于是将37存入下标为2的位置。这其实就是房子被人买了于是买下一间的作法，如下表所示。

下标	0	1	2	3	4	5	6	7	8	9	10	11
关键字	12	25	37		16			67	56	22		

接下来22,29,15,47都没有冲突，正常存入，如下表所示。

下标	0	1	2	3	4	5	6	7	8	9	10	11
关键字	12	25	37	15	16	29		67	56		22	47

到了key=48，我们计算得到$f(48)=0$，与12所在的0位置冲突了，不要紧，我们$f(48)=(f(48)+1) \bmod 12=1$，此时又与25所在的位置冲突。于是$f(48)=(f(48)+2) \bmod 12=2$，还是冲突……一直到$f(48)=(f(48)+6) \bmod 12=6$时，才有空位，机不可失，赶快存入，如下表所示。

下标	0	1	2	3	4	5	6	7	8	9	10	11
关键字	12	25	37	15	16	29	48	67	56		22	47

我们把这种解决冲突的开放定址法称为**线性探测法**。

从这个例子我们也看到，在解决冲突的时候，还会碰到如48和37这种本来都不是同义词却需要争夺一个地址的情况，**我们称这种现象为堆积**。很显然，堆积的出现，使得我们需要不断处理冲突，无论是存入还是查找效率都会大大降低。

考虑深一步，如果发生这样的情况，当最后一个key=34，$f(\text{key})=10$，与22所在的位置冲突，可是22后面没有空位置了，反而它的前面有一个空位置，尽管可以不断地求余数后得到结果，但效率很差。因此我们可以改进$d_i=1^2, -1^2, 2^2, -2^2, \cdots, q^2, -q^2 (q \leq m/2)$，这样就等于是可以双向寻找到可能的空位置。对于34来说，我们取$d_i=-1$即可找到空位置了。另外增加平方运算的目的是为了不让关键字都聚集在某一块区域。我们称这种方法为**二次探测法**。

$$f_i(\text{key}) = (f(\text{key})+d_i) \text{ MOD } m \quad (d_i=1^2, -1^2, 2^2, -2^2, \cdots, q^2, -q^2, q \leq m/2)$$

还有一种方法是，**在冲突时，对于位移量d_i采用随机函数计算得到，我们称之为随机探测法**。

此时一定有人问，既然是随机，那么查找的时候不也随机生成d_i吗？如何可以获得相同的地址呢？这是个问题。这里的随机其实是伪随机数。伪随机数是说，如果我们设置随机种子相同，则不断调用随机函数可以生成不会重复的数列，我们在查找时，用同样的随机种子，它每次得到的数列是相同的，相同的d_i当然可以得到相同的散列地址。

嗯？随机种子又不知道？罢了罢了，不懂的还是去查阅资料吧，我不能在课上没完没了地介绍这些基础知识呀。

$$f_i(\text{key}) = (f(\text{key})+d_i) \text{ MOD } m \quad (d_i\text{是一个随机数列})$$

总之，开放定址法只要在散列表未填满时，总是能找到不发生冲突的地址，是我们常用的解决冲突的办法。

8.11.2 再散列函数法

我们继续用买房子来举例，如果你看房时的选择标准总是以市中心、交通便利、价格适中为指标，这样的房子凤毛麟角，基本上当你看到时，都已经被人买去了。

我们不妨换一种思维，选择市郊的房子，交通尽管要差一些，但价格便宜很多，也许房子还可以买得大一些、质量好一些，并且由于更换了选房的想法，很快就找到了你需要的房子了。

对于我们的散列表来说，我们事先准备多个散列函数。

$$f_i(\text{key})=RH_i(\text{key})\ (i=1,2,\cdots,k)$$

这里RH_i就是不同的散列函数，你可以把我们前面说的什么除留余数、折叠、平方取中全部用上。每当发生散列地址冲突时，就换一个散列函数计算，相信总会有一个可以把冲突解决掉。这种方法能够使得关键字不产生聚集，当然，相应地也增加了计算的时间。

8.11.3 链地址法

思路还可以再换一换，为什么有冲突就要换地方呢，我们直接就在原地想办法不可以吗？于是我们就有了链地址法。

将所有关键字为同义词的记录存储在一个单链表中，我们称这种表为同义词子表，在散列表中只存储所有同义词子表的头指针。对于关键字集合$\{12,67,56,16,25,37,22,29,15,47,48,34\}$，我们用前面同样的12为除数，进行除留余数法，可得到如右图结构，此时，已经不存在什么冲突换址的问题，无论有多少个冲突，都只是在当前位置给单链表增加结点的问题。

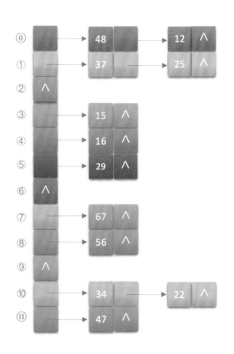

链地址法对于可能会造成很多冲突的散列函数来说，提供了绝不会出现找不到地址的保障。当然，这也就带来了查找时需要遍历单链表的性能损耗。

8.11.4 公共溢出区法

这个方法其实就更加好理解了，你不是冲突吗？好吧，凡是冲突的都跟我走，我给你们这些冲突找个地儿待着。这就如同孤儿院收留所有无家可归的孩子一样，我们为所有冲突的关键字建立了一个公共的溢出区来存放。

就前面的例子而言，我们共有三个关键字{37,48,34}与之前的关键字位置有冲突，那么就将它们存储到溢出表中，如下图所示。

在查找时，对给定值通过散列函数计算出散列地址后，先与基本表的相应位置进行比对，如果相等，则查找成功；如果不相等，则到溢出表去进行顺序查找。如果相对于基本表而言，有冲突的数据很少的情况下，公共溢出区的结构对查找性能来说还是非常高的。

8.12 散列表查找的实现

说了这么多散列表查找的思想，我们就来看看查找的实现代码。

8.12.1 散列表查找的算法实现

首先需要定义一个散列表的结构以及一些相关的常数。其中HashTable就是散列表结构。结构当中的elem为一个动态数组。

```
#define SUCCESS 1
#define UNSUCCESS 0
#define HASHSIZE 12      /* 定义散列表长为数组的长度 */
#define NULLKEY -32768

typedef struct
{
    int *elem;           /* 数据元素存储基址，动态分配数组 */
    int count;           /* 当前数据元素个数 */
}HashTable;

int m=0;                 /* 散列表表长，全局变量 */
```

注：查找的散列表相关代码请参看代码目录下"/第8章查找/05散列表_HashTable.c"。

有了结构的定义，我们可以对散列表进行初始化。

```
/* 初始化散列表 */
Status InitHashTable(HashTable *H)
{
    int i;
    m=HASHSIZE;
    H->count=m;
    H->elem=(int *)malloc(m*sizeof(int));
    for(i=0;i<m;i++)
        H->elem[i]=NULLKEY;
    return OK;
}
```

为了插入时计算地址，我们需要定义散列函数，散列函数可以根据不同情况更改算法。

```
/* 散列函数 */
int Hash(int key)
{
    return key % m;  /* 除留余数法 */
}
```

初始化完成后，可以对散列表进行插入操作。假设我们插入的关键字集合就是前面的{12,67,56,16,25,37,22,29,15,47, 48,34}。

```
/* 插入关键字进散列表 */
void InsertHash(HashTable *H,int key)
{
    int addr = Hash(key);            /* 求散列地址 */
    while (H->elem[addr] != NULLKEY)  /* 如果不为空，则冲突 */
    {
        addr = (addr+1) % m;         /* 开放定址法的线性探测 */
    }
    H->elem[addr] = key;             /* 直到有空位后插入关键字 */
}
```

代码中插入关键字时，首先算出散列地址，如果当前地址不为空关键字，则说明有冲突。此时我们应用开放定址法的线性探测进行重新寻址，此处也可更改为链地址法等其他解决冲突的办法。

散列表存在后，我们在需要时就可以通过散列表查找需要的记录。

```
/* 散列表查找关键字 */
Status SearchHash(HashTable H,int key,int *addr)
{
    *addr = Hash(key);                                   /* 求散列地址 */
    while(H.elem[*addr] != key)                          /* 如果不为空，则冲突 */
    {
        *addr = (*addr+1) % m;                           /* 开放定址法的线性探测 */
        if (H.elem[*addr] == NULLKEY || *addr == Hash(key)) /* 如果循环回到原点 */
            return UNSUCCESS;                            /* 则说明关键字不存在 */
    }
    return SUCCESS;
}
```

查找的代码与插入的代码非常类似，只需做一个不存在关键字的判断而已。

8.12.2　散列表查找的性能分析

最后，我们对散列表查找的性能作一个简单分析。如果没有冲突，散列查找是我们本章介绍的所有查找中效率最高的，因为它的时间复杂度为$O(1)$。可惜，我说的只是"如果"，没有冲突的散列只是一种理想，在实际的应用中，冲突是不可避免的。那么散列查找的平均查找长度取决于哪些因素呢？

1. 散列函数是否均匀

散列函数的好坏直接影响着出现冲突的频繁程度，不过，由于不同的散列函数对同一组随机的关键字，产生冲突的可能性是相同的，因此我们可以不考虑它对平均查找长度的影响。

2. 处理冲突的方法

相同的关键字、相同的散列函数，但处理冲突的方法不同，会使得平均查找长度不同。比如线性探测处理冲突可能会产生堆积，显然就没有二次探测法好，而链地址法处理冲突不会产生任何堆积，因而具有更佳的平均查找性能。

3. 散列表的装填因子

所谓的装填因子α=填入表中的记录个数 / 散列表长度。α标志着散列表的装满程度。填入表中的记录越多，α就越大，产生冲突的可能性就越大。比如我们前面的例子，8.11.3小节链地址法的图所示，如果你的散列表长度是12，而填入表中的记录个数为11，那么此时的装填因子α=11/12=0.9167，再填入最后一个关键字产生冲突的可能性就非常之大。也就是说，散列表的平均查找长度取决于装填因子，而不是取决于查找集合中的记录个数。

不管记录个数n有多大，我们总可以选择一个合适的装填因子以便将平均查找长度限定在一个范围之内，此时我们散列查找的时间复杂度就真的是$O(1)$了。为了做到这一点，通常我们都是将散列表的空间设置得比查找集合大，此时虽然是浪费了一定的空间，但换来的是查找效率的大大提升，总的来说，还是非常值得的。

8.13 总结回顾

我们这一章全都是围绕一个主题"查找"来作文章的。

首先我们要弄清楚查找表、记录、关键字、主关键字、静态查找表、动态查找表等概念。

然后，对于顺序表查找来说，尽管很土（简单），但它却是后面很多查找的基础，注意设置"哨兵"的技巧，可以使得本已经很难提升的简单算法还是提高了性能。

有序查找，我们着重讲了折半查找的思想，它在性能上比原来的顺序查找有了质的

飞跃，由$O(n)$变成了$O(\log n)$。之后我们又讲解了另外两种优秀的有序查找：插值查找和斐波那契查找，三者各有优缺点，望大家要仔细体会。

线性索引查找，我们讲解了稠密索引、分块索引和倒排索引。索引技术被广泛地用于文件检索、数据库和搜索引擎等技术领域，是进一步学习这些技术的基础。

二叉排序树是动态查找最重要的数据结构，它可以在兼顾查找性能的基础上，让插入和删除也变得效率较高。不过为了达到最优的状态，二叉排序树最好是构造成平衡的二叉树才最佳。因此我们就需要再学习关于平衡二叉树（AVL树）的数据结构，了解AVL树是如何处理平衡性的问题。这部分是本章重点，需要认真学习掌握。

B树这种数据结构是针对内存与外存之间的存取而专门设计的。由于内外存的查找性能更多取决于读取的次数，因此在设计中要考虑B树的平衡和层次。我们讲解时是先通过最简单的B树（2-3树）来理解如何构建、插入、删除元素的操作，再通过2-3-4树的深化，最终来理解B树的原理。之后，我们还介绍了B+树的设计思想。

散列表是一种非常高效的查找数据结构，在原理上也与前面的查找不尽相同，它回避了关键字之间反复比较的烦琐，而是直接一步到位查找结果。当然，这也就带来了记录之间没有任何关联的弊端。应该说，散列表对于那种查找性能要求高，记录之间关系无要求的数据有非常好的适用性。在学习中要注意的是散列函数的选择和处理冲突的方法。

8.14 结尾语

我们的"Search"技术探索之旅结束了，但也许，你们对它的探索才刚刚开始。我们在开篇时谈到了搜索引擎改变了我们的生活，让我们获得信息的速度提升了无数倍。可是当前像Google这样的搜索引擎，是否就完美无缺了呢？未来的搜索又应该是什么样的？在本章的最后，我根据了解到的信息给大家做一个抛砖引玉。

目前流行的搜索引擎，都是一个搜索框可以搜索一切信息。这本是好事情，可问题在于常常在我们输入关键词后，搜索获得的前面几十条都不是我们需要的信息，这的确很令人沮丧。

比如说，我非常喜欢高尔夫运动，平时也经常搜索关于高尔夫的比赛、活动的新闻等信息。有一天，我想了解老虎伍兹最近有哪些比赛，于是在搜索框中输入了"老虎"，却得到了右图所示的结果。

显然这并不是我所希望得到的答案。你们可能会说，那是因为你的搜索关键词不够好造成的，应该输入"老虎伍兹"更恰当。可问题的关键在于，就算我输入了"老虎伍兹"，搜索引擎是否知道，我最感兴趣的是高尔夫运动员比赛信息，而非他和老婆离婚等八卦新闻呢？如下图所示。

如果搜索引擎在我授权的情况下，记录我平时的搜索喜好，调整搜索内容的优先度，并把我可能想了解的信息放在前列，这样也许就不至于产生找伍兹给只大老虎的困惑了。

如果我是个喜欢汽车的人，时常搜汽车信息。那么当我在搜索框中输入"甲壳虫""美洲虎""林肯""福特"等关键词时，不要让动物和人物成为搜索的头条。哪怕是输入"QQ"时，搜索引擎也应该将奇瑞汽车而不是腾讯IM列在首位。进一步，如果我喜欢汽车图片，搜索引擎就首先提供相关的汽车图片，我更关注新闻，它就提供最新的汽车新闻，我关注价格，那就提供相关型号车子的市场报价。当然，其他相关信息并不是不提供了，只不过在排序上应该相对靠后而已。这样整个搜索的体验就会非常好了，也许我总能在前几条就找到我想了解的内容。

好了，这个话题一展开就没完没了了。也许不久的将来，"一动念头，搜索结果就出来"成为现实，那真是太棒了。在座各位，好好努力吧。下课！

第 9 章 排序

启示 | revelation

排序：假设含有 n 个记录的序列为 $\{r_1, r_2, \cdots, r_n\}$，其相应的关键字分别为 $\{k_1, k_2, \cdots, k_n\}$，需确定 $1, 2, \cdots, n$ 的一种排列 $p_1, p_2, \cdots, p_n$，使其相应的关键字满足 $k_{p1} \leqslant k_{p2} \leqslant \cdots \leqslant k_{p_n}$（非递减或非递增）关系，即使得序列成为一个按关键字有序的序列 $\{r_{p_1}, r_{p_2}, \cdots, r_{p_n}\}$，这样的操作就称为排序。

9.1 开场白

大家好！你们有没有在网上买过东西啊？

嗯？居然还有人说没有。呵呵，在座的都是大学生，应该很多同学都有过网购的经历。哪怕真的没有，也看到或听到过一些，现在网上购物已经相对成熟，给用户带来了很大的方便。

假如我想买一部iPhone的手机，于是上了某电子商务网站去搜索。可搜索后发现（如下图所示），有76万多相关的物品，如此之多，这叫我如何选择。我其实是想买便宜一点的，但是又怕遇到骗子，想找信誉好的商家，如何做？

下面的有些购物达人给我出主意了，排序呀。对呀，排序就行了（如下图所示）。我完全可以根据自己的需要对搜索到的商品进行排序，比如按销量从高到低、再按价格从低到高，将最符合我预期的商品列在前面，最终找到我愿意购买的商家，非常方便。

网站是如何做到快速地将商品按某种规则排序的呢？这就是我们今天要讲解的重要课题——排序。

9.2 排序的基本概念与分类

排序是我们生活中经常会面对的问题。同学们做操时会按照从矮到高排列；老师查看上课出勤情况时，会按学生学号顺序点名；高考录取时，会按成绩总分降序依次录取等。那排序的严格定义是什么呢？

假设含有n个记录的序列为$\{r_1, r_2, \cdots, r_n\}$，其相应的关键字分别为$\{k_1, k_2, \cdots, k_n\}$，需确定$1, 2, \cdots, n$的一种排列$p_1, p_2, \cdots, p_n$，使其相应的关键字满足$k_{p_1} \leqslant k_{p_2} \leqslant \cdots \leqslant k_{p_n}$非递减（或非递增）关系，即使得序列成为一个按关键字有序的序列$\{r_{p_1}, r_{p_2}, \cdots, r_{p_n}\}$，这样的操作就称为排序。

注意我们在排序问题中，通常将数据元素称为记录。显然我们输入的是一个记录集合，输出的也是一个记录集合，所以说，可以将排序看成是线性表的一种操作。

排序的依据是关键字之间的大小关系，那么，对同一个记录集合，针对不同的关键字进行排序，可以得到不同的序列。

这里关键字k_i可以是记录r的主关键字，也可以是次关键字，甚至是若干数据项的组合。比如我们某些大学为了选拔在主科上更优秀的学生，要求对所有学生的所有科目总分降序排名，并且在同样总分的情况下将语数外总分做降序排名。这就是对总分和语数外总分两个次关键字的组合排序。如下图所示，对于组合排序的问题，当然可以先排序总分，在总分相等的情况下，再排序语数外总分，但这是比较土的办法。我们还可以应用一个技巧来实现一次排序即完成组合排序问题，例如，把总分与语数外都当成字符串首尾连接在一起（注意语数外总分如果位数不够三位，需要在前面补零），很容易可以得到令狐冲的"753229"要小于张无忌的"753236"，于是张无忌就排在了令狐冲的前面。

编号	姓名	语	数	外	物	化	历	政	生	地	总分	语数外
1	令狐冲	85	60	84	86	89	94	87	83	85	753	229
2	郭靖	66	64	56	45	76	56	56	78	76	573	186
3	杨过	85	78	64	68	84	78	73	88	64	682	227
4	张无忌	84	85	67	90	87	83	94	79	84	753	236

排序前

编号	姓名	语	数	外	物	化	历	政	生	地	总分	语数外
4	张无忌	84	85	67	90	87	83	94	79	84	**753**	**236**
1	令狐冲	85	60	84	86	89	94	87	83	85	**753**	229
3	杨过	85	78	64	68	84	78	73	88	64	682	227
2	郭靖	66	64	56	45	76	56	56	78	76	573	186

总分排名后再语数外排名

从这个例子也可看出，多个关键字的排序最终都可以转化为单个关键字的排序，因此，我们这里主要讨论的是单个关键字的排序。

9.2.1　排序的稳定性

也正是由于排序不仅是针对主关键字，那么对于次关键字，因为待排序的记录序列中可能存在两个或两个以上的关键字相等的记录，排序结果可能会存在不唯一的情况，我们给出了稳定与不稳定排序的定义。

假设$k_i=k_j$（$1≤i≤n,1≤j≤n,i≠j$），且在排序前的序列中r_i领先于r_j（即$i<j$）。如果排序后r_i仍领先于r_j，则称所用的排序方法是稳定的；反之，若可能使得排序后的序列中r_j

领先于r_i，则称所用的排序方法是不稳定的。如下图所示，经过对总分的降序排序后，总分高的排在前列。此时对于令狐冲和张无忌而言，未排序时是令狐冲在前，那么他们总分排序后，分数相等的令狐冲依然应该在前，这样才算是稳定的排序，如果他们二者颠倒了，则此排序是不稳定的了。只要有一组关键字实例发生类似情况，就可认为此排序方法是不稳定的。排序算法是否是稳定的，要通过分析后才能得出。

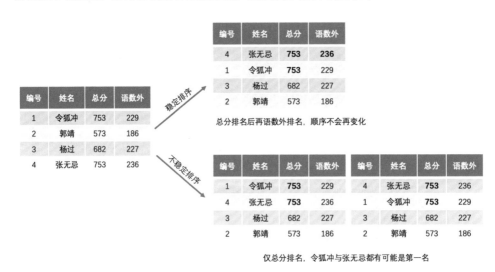

9.2.2 内排序与外排序

根据在排序过程中待排序的记录是否全部被放置在内存中，排序分为内排序和外排序。

内排序是在排序整个过程中，待排序的所有记录全部被放置在内存中。外排序是由于排序的记录个数太多，不能同时放置在内存中，整个排序过程需要在内外存之间多次交换数据才能进行。我们这里主要就介绍内排序的多种方法。

如右图所示，对于内排序来说，排序算法的性能主要受三个方面的影响：

1. 时间性能

排序是数据处理中经常执行的一种操作，往往属于系统的核心部分，因此排序算法的时间开销是衡量其好坏的最重要标志。在内排序中，主要进行两种操作：比较和移动。比较指关键字之间的比较，这是要做排序最起码的操作。移动指记录从一个位置移动到另一个位置，事实上，移动可以通过改变记录的存储方式来予以避免（这

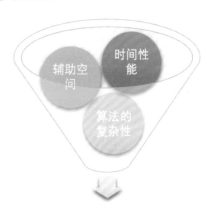

个我们在讲解具体的算法时再谈）。总之，高效率的内排序算法应该是具有尽可能少的关键字比较次数和尽可能少的记录移动次数。

2. 辅助空间

评价排序算法的另一个主要标准是执行算法所需要的辅助存储空间。辅助存储空间是除了存放待排序所占用的存储空间之外，执行算法所需要的其他存储空间。

3. 算法的复杂性

注意这里指的是算法本身的复杂度，而不是指算法的时间复杂度。显然算法过于复杂也会影响排序的性能。

根据排序过程中借助的主要操作，我们把**内排序分为插入排序、交换排序、选择排序和归并排序**。可以说，这些都是比较成熟的排序技术，已经被广泛地应用于许许多多的程序语言或数据库当中，甚至它们都已经封装了关于排序算法的实现代码。因此，我们学习这些排序算法的目的更多地不是为了在现实中编程排序算法，而是通过学习来提高我们编写算法的能力，以便于去解决更多复杂和灵活的应用性问题。

本章一共要讲解7种排序的算法，按照算法的复杂度分为两大类，冒泡排序、简单选择排序和直接插入排序属于简单算法，而希尔排序、堆排序、归并排序、快速排序属于改进算法。后面我们将依次讲解。

9.2.3　排序用到的结构与函数

为了讲清楚排序算法的代码，我先提供一个用于排序用的顺序表结构，此结构也将用于之后我们要讲的所有排序算法。

```
#define MAXSIZE 10000    /* 用于要排序数组个数最大值，可根据需要修改 */
typedef struct
{
    int r[MAXSIZE+1];    /* 用于存储要排序数组，r[0]用作哨兵或临时变量 */
    int length;          /* 用于记录顺序表的长度 */
}SqList;
```

> 注: 排序的相关代码请参看代码目录下"/第9章排序/01排序_Sort.c"。

另外，由于排序最常用到的操作是数组的两个元素的交换，我们将它写成函数，在之后的讲解中会大量用到。

```
/* 交换L中数组r的下标为i和j的值 */
void swap(SqList *L,int i,int j)
{
    int temp=L->r[i];
    L->r[i]=L->r[j];
    L->r[j]=temp;
}
```

好了，说了这么多，我们来看第一个排序算法。

9.3 冒泡排序

无论你学习哪种编程语言，在学到循环和数组时，通常都会介绍一种排序算法来作为例子，而这个算法一般就是冒泡排序。并不是它的名称很好听，而是说这个算法的思路最简单，最容易理解。因此，哪怕大家可能都已经学过冒泡排序了，我们还是从这个算法开始我们的排序之旅。

9.3.1 最简单排序的实现

冒泡排序（Bubble Sort）是一种交换排序，它的基本思想是：**两两比较相邻记录的关键字，如果反序则交换，直到没有反序的记录为止**。冒泡的实现在细节上可以有很多种变化，我们将分别就3种不同的冒泡实现代码，来讲解冒泡排序的思想。这里，我们就先来看看比较容易理解的一段。

```c
/* 对顺序表L作交换排序（冒泡排序初级版） */
void BubbleSort0(SqList *L)
{
    int i,j;
    for(i=1;i<L->length;i++)
    {
        for(j=i+1;j<=L->length;j++)
        {
            if(L->r[i]>L->r[j])
            {
                swap(L,i,j);    /* 交换L->r[i]与L->r[j]的值 */
            }
        }
    }
}
```

这段代码严格意义上说，不算是标准的冒泡排序算法，因为它不满足"两两比较相邻记录"的冒泡排序思想，它更应该是最简单的交换排序而已。它的思路就是让每一个关键字，都和它后面的每一个关键字比较，如果大则交换，这样第一位置的关键字在一次循环后一定变成最小值。如下图所示，假设我们待排序的关键字序列是{9,1,5,8,3,7,4,6,2}，当i=1时，9与1交换后，在第一位置的1与后面的关键字比较都小，因此它就是最小值。当i=2时，第二位置先后由9换成5，换成3，换成2，完成了第二小的数字交换。后面的数字变换类似，这里不再介绍。

这应该算是最容易写出的排序代码了，不过这个简单易懂的代码，却是有缺陷的。观察后发现，在排序好1和2的位置后，对其余关键字的排序没有什么帮助（数字3反而还被换到了最后一位）。也就是说，这个算法的效率是非常低的。

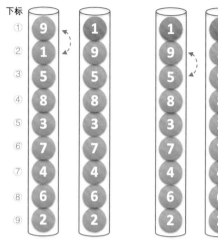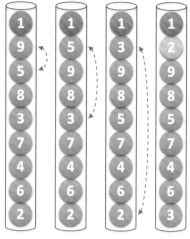

当i=1时，9与1交换后，1与
其余关键字比较，都是最小，
因此1即最小值放置在首位

当i=2时，9与5、5与3、3与2交换，最终将2放
置在第二位

9.3.2 冒泡排序算法

我们来看看正宗的冒泡算法，有没有什么改进的地方。

```
/* 对顺序表L作冒泡排序 */
void BubbleSort(SqList *L)
{
    int i,j;
    for(i=1;i<L->length;i++)
    {
        for(j=L->length-1;j>=i;j--)  /* 注意j是从后往前循环 */
        {
            if(L->r[j]>L->r[j+1])    /* 若前者大于后者（注意这里与上一算法的差异）*/
            {
                swap(L,j,j+1);       /* 交换L->r[j]与L->r[j+1]的值 */
            }
        }
    }
}
```

依然假设我们待排序的关键字序列是{9,1,5,8,3,7,4,6,2}，当i=1时，变量j由8反向循环到1，逐个比较，将较小值交换到前面，直到最后找到最小值放置在了第1的位置。如下图所示，当i=1、j=8时，我们发现6>2，因此交换了它们的位置，j=7时，4>2，所以交换……直到j=2时，因为1<2，所以不交换。j=1时，9>1，交换，最终得到最小值1放置第1的位置。事实上，在不断循环的过程中，除了将关键字1放到第1的位置，我们还将关键字2从第9位置提到了第3的位置，显然这一算法比前面的要有进步，在上十万条数据的排序过程中，这种差异会体现出来。图中较小的数字如同气泡般慢慢浮到上面，因此就将此算法命名为冒泡算法。

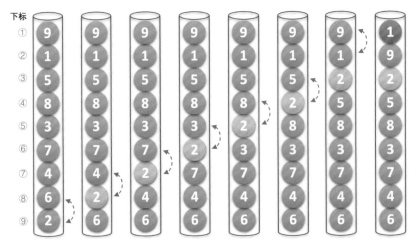

当i=1时，将最小值1冒泡到顶端

当i=2时，变量j由8反向循环到2，逐个比较，在将关键字2交换到第2位置的同时，也将关键字4和3有所提升。

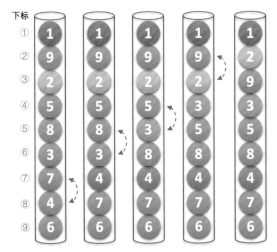

当i=2时，将次小值2冒泡到第2位置

后面的数字变换很简单，这里就不再详述了。

9.3.3　冒泡排序优化

这样的冒泡程序是否还可以优化呢？答案是肯定的。试想一下，如果我们待排序的序列是{2,1,3,4,5,6,7,8,9}，也就是说，除了第1和第2的关键字需要交换外，别的都已经是正常的顺序。当i=1时，交换了2和1，此时序列已经有序，但是算法仍然不依不饶地将i=2～9以及每个循环中的j循环都执行了一遍，尽管并没有交换数据，但是之后的大量比较还是大大地多余了，如下图所示。

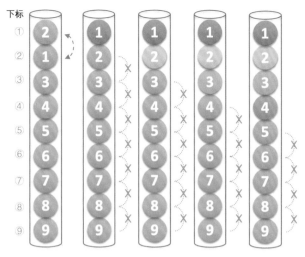

下标

当*i*=2时，由于没有任何数据交换，就说明此序列已经有序，
之后的循环判断都是多余的

当*i*=2时，我们已经对9与8，8与7，…，3与2作了比较，没有任何数据交换，这就说明此序列已经有序，不需要再继续后面的循环判断工作了。为了实现这个想法，我们需要改进一下代码，增加一个标记变量flag来实现这一算法的改进。

```
/* 对顺序表L作改进冒泡算法 */
void BubbleSort2(SqList *L)
{
    int i,j;
    Status flag=TRUE;                    /* flag用来作为标记 */
    for(i=1;i<L->length && flag;i++)     /* 若flag为TRUE则有数据交换，否则退出循环 */
    {
        flag=FALSE;                      /* 初始为FALSE */
        for(j=L->length-1;j>=i;j--)
        {
            if(L->r[j]>L->r[j+1])
            {
                swap(L,j,j+1);           /* 交换L->r[j]与L->r[j+1]的值 */
                flag=TRUE;               /* 如果有数据交换，则flag为TRUE */
            }
        }
    }
}
```

代码改动的关键就是在*i*变量的for循环中，增加了对flag是否为TRUE的判断。经过这样的改进，冒泡排序在性能上就有了一些提升，可以避免已经有序的情况下的无意义循环判断。

9.3.4 冒泡排序复杂度分析

分析一下它的时间复杂度。当最好的情况，也就是要排序的表本身就是有序的，那么我们比较次数，根据最后改进的代码，可以推断出就是*n*-1次的比较，没有数据

交换，时间复杂度为$O(n)$。当最坏的情况，即待排序表是逆序的情况，此时需要比较

$$\sum_{i=2}^{n}(i-1)=1+2+3+\cdots+(n-1)=\frac{n(n-1)}{2}$$ 次，并作等数量级的记录移动。因此，总的时间复杂度为$O(n^2)$。

9.4 简单选择排序

爱炒股票短线的人，总是喜欢不断地买进卖出，想通过价差来实现盈利。但通常这种频繁操作的人，即使失误不多，也会因为操作的手续费和印花税过高而获利很少。还有一种做股票的人，他们很少出手，只是在不断地观察和判断，等到时机一到，果断买进或卖出。他们因为冷静和沉着，以及交易的次数少，而最终收益颇丰。

冒泡排序的思想就是不断地在交换，通过交换完成最终的排序，这和做股票短线频繁操作的人是类似的。我们可不可以像只有在时机非常明确到来时才出手的股票高手一样，也就是在排序时找到合适的关键字再做交换，并且只移动一次就完成相应关键字的排序定位工作呢？这就是选择排序法的初步思想。

选择排序的基本思想是每一趟在$n-i+1(i=1,2,\cdots,n-1)$个记录中选取关键字最小的记录作为有序序列的第i个记录。我们这里先介绍的是简单选择排序法。

9.4.1 简单选择排序算法

简单选择排序法（Simple Selection Sort）就是通过$n-i$次关键字间的比较，从$n-i+1$个记录中选出关键字最小的记录，并和第i（$1\leqslant i\leqslant n$）个记录交换。

我们来看代码：

```
/* 对顺序表L作简单选择排序 */
void SelectSort(SqList *L)
{
    int i,j,min;
    for(i=1;i<L->length;i++)
    {
        min = i;                              /* 将当前下标定义为最小值下标 */
        for (j = i+1;j<=L->length;j++)        /* 循环之后的数据 */
        {
            if (L->r[min]>L->r[j])            /* 如果有小于当前最小值的关键字 */
                min = j;                      /* 将此关键字的下标赋值给min */
        }
        if(i!=min)                            /* 若min不等于i，说明找到最小值，交换 */
            swap(L,i,min);                    /* 交换L->r[i]与L->r[min]的值 */
    }
}
```

代码应该说不难理解，针对待排序的关键字序列是{9,1,5,8,3,7,4,6,2}，对i从1循环到8。当$i=1$时，L.r[i]=9，min开始是1，然后与$j=2$到9比较L.r[min]与L.r[j]的大小，因为$j=2$

时最小，所以min=2。最终交换了L.r[2]与L.r[1]的值。如下图所示，注意，这里比较了8次，却只交换数据操作一次。

当i=1时，将9与后面8个数字比较，得知第2位置的1最小，于是min=2，
交换位置1与位置2的数字

当i=2时，L.r[i]=9，min开始是2，经过比较后，min=9，交换L.r[min]与L.r[i]的值。如下图所示，这样就找到了第2位置的关键字。

当i=2时，将9与后面7个数字比较，得知第9位置的2最小，于是min=9，
交换位置2与位置9的数字

当i=3时，L.r[i]=5，min开始是3，经过比较后，min=5，交换L.r[min]与L.r[i]的值。如下图所示。

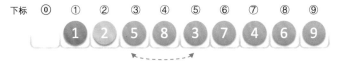

当i=3时，将5与后面6个数字比较，得知第5位置的3最小，于是min=5，
交换位置3与位置5的数字

之后的数据比较和交换完全雷同，最多经过8次交换，就可完成排序工作。

9.4.2　简单选择排序复杂度分析

从简单选择排序的过程来看，它最大的特点就是交换移动数据次数相当少，这样也就节约了相应的时间。分析它的时间复杂度发现，无论最好最差的情况，其比较次数都是一样的多，第i趟排序需要进行$n-i$次关键字的比较，因而需要比较$\sum_{i=1}^{n-1}(n-i)=n-1+n-2+\cdots+1=\frac{n(n-1)}{2}$次。而对于交换次数而言，当最好的时候，交换为0次，最差的时候，也就初始降序时，交换次数为$n-1$次，基于最终的排序时间是比较与交换的次数总和，因此，总的时间复杂度依然为$O(n^2)$。

应该说，尽管与冒泡排序同为$O(n^2)$，但简单选择排序的性能上还是要略优于冒泡排序。

9.5 直接插入排序

扑克牌是我们几乎每个人都可能玩过的游戏。最基本的扑克玩法都是一边摸牌，一边理牌。假如我们拿到了这样一手牌，如下图所示。啊，似乎是同花顺呀，别急，我们得理一理顺序才知道是否是真的同花顺。请问，如果是你，应该如何理牌呢？

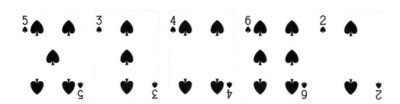

应该说，哪怕你是第一次玩扑克牌，只要认识这些数字，理牌的方法都是不用教的。将3和4移动到5的左侧，再将2移动到最左侧，顺序就算是理好了。这里，我们的理牌方法，就是直接插入排序法。

9.5.1 直接插入排序算法

直接插入排序（Straight Insertion Sort）的基本操作是将一个记录插入到已经排好序的有序表中，从而得到一个新的、记录数增1的有序表。

顾名思义，从名称上也可以知道它是一种插入排序的方法。我们来看直接插入排序法的代码。

```
1  void InsertSort(SqList *L)          /* 对顺序表L作直接插入排序 */
2  {
3      int i,j;
4      for(i=2;i<=L->length;i++)
5      {
6          if (L->r[i]<L->r[i-1])      /* 需将L->r[i]插入有序子表 */
7          {
8              L->r[0]=L->r[i];        /* 设置哨兵 */
9              for(j=i-1;L->r[j]>L->r[0];j--)
10                 L->r[j+1]=L->r[j];  /* 记录后移 */
11             L->r[j+1]=L->r[0];      /* 插入到正确位置 */
12         }
13     }
14 }
```

（1）程序开始运行，此时我们传入的SqList参数的值为length=6,r[6]= {0,5,3,4,6,2}，其中r[0]=0将用于后面起到哨兵的作用。

（2）第4~13行就是排序的主循环。i从2开始的意思是我们假设r[1]=5已经放好位置，后面的牌其实就是插入到它的左侧还是右侧的问题。

（3）第6行，此时i=2，L.r[i]=3比L.r[i-1]=5要小，因此执行第8~11行的操作。第8行，我们将L.r[0]赋值为L.r[i]=3的目的是为了起到第9行和第10行的循环终止的判断依据。如下图所示。图中下方的虚线箭头，就是第10行，L.r[j+1]=L.r[j]的过程，将5右移一位。

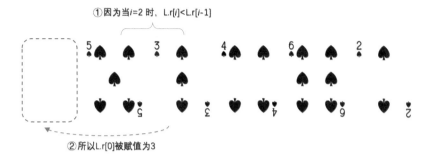

（4）此时，第10行就是在移动完成后，空出了空位，然后第11 行L.r[j+1]=L.r[0]，将哨兵的3赋值给j=0时的L.r[j+1]，也就是说，将扑克牌3放置到L.r[1]的位置，如下图所示。

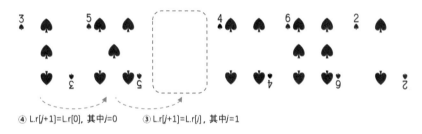

（5）继续循环，第6行，因为此时i=3，L.r[i]=4比L.r[i-1]=5要小，因此执行第8～11行的操作，将5再右移一位，将4放置到当前5所在的位置，如下图所示。

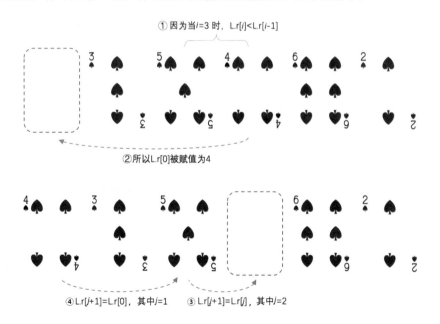

（6）再次循环，此时i=4。因为L.r[i]=6比L.r[i-1]=5要大，于是第8～11行代码不执行，此时前三张牌的位置没有变化，如下图所示。

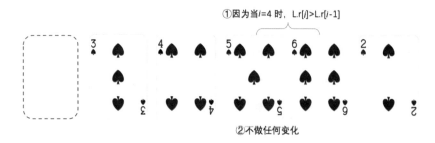

（7）再次循环，此时i=5，因为L.r[i]=2比L.r[i-1]=6要小，因此执行第8～11行的操作。由于6、5、4、3都比2大，它们都将右移一位，将2放置到当前3所在的位置。如下图所示。此时我们的排序也就完成了。

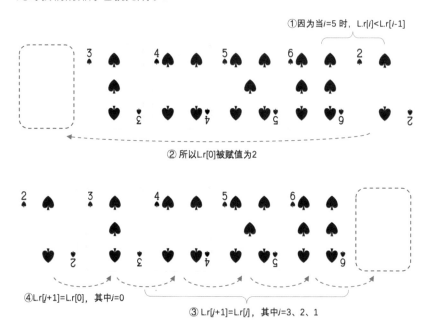

9.5.2 直接插入排序复杂度分析

我们来分析一下这个算法，从空间上来看，它只需要一个记录的辅助空间，因此关键是看它的时间复杂度。

当最好的情况，也就是要排序的表本身就是有序的，比如纸牌拿到后就是{2,3,4,5,6}，那么我们比较次数，其实就是代码第6行每个L.r[i]与L.r[i-1]的比较，共比较了$(n-1)$（即$\sum\limits_{i=2}^{n}i$）次，由于每次都是L.r[i]>L.r[i-1]，因此没有移动的记录，时间复杂度为

$O(n)$。

当最坏的情况，即待排序表是逆序的情况，比如 $\{6,5,4,3,2\}$，此时需要比较 $\sum_{i=2}^{n} i = 2 + 3 + \cdots + n = \frac{(n+2)(n-1)}{2}$ 次，而记录的移动次数也达到最大值 $\sum_{i=2}^{n}(i+1) = \frac{(n+4)(n-1)}{2}$ 次。

如果排序记录是随机的，那么根据概率相同的原则，平均比较和移动次数约为 $\frac{n^2}{4}$ 次。因此，我们得出直接插入排序法的时间复杂度为 $O(n^2)$。从这里也看出，同样的 $O(n^2)$ 时间复杂度，直接插入排序法比冒泡和简单选择排序的性能要好一些。

9.6 希尔排序

给大家出一道智力题。请问"VII"是什么？

嗯，很好，它是罗马数字的7。现在我们要给它加上一笔，让它变成8（VIII），应该是非常简单，只需要在右侧加一竖线即可。

现在我请大家试着对罗马数字9，也就是"IX"增加一笔，把它变成6，应该怎么做？

（几分钟后）

我已经听不少声音说，"这怎么可能！"可为什么一定要用常规方法呢？

我这里有3种另类的方法可以实现它。

方法一：观察发现"X"其实可以看作一个正放一个倒置两个"V"。因此我们，给"IX"中间加一条水平线，上下颠倒，然后遮住下面部分，也就是说，我们所谓的加上一笔就是遮住一部分，于是就得到"VI"，如下图所示。

VI是罗马数字的6

方法二：在"IX"前面加一个"S"，此时构成一个英文单词"SIX"，这就等于得到一个6了。哈哈，我听到下面一片哗然，我刚有没有说一定要是"VI"呀，我只说把它变成6而已，至于是罗马数字还是英文单词，我可没有限制。显然，你们的思维受到了我前面举例的"VII"转变为"VIII"的影响。

SIX是英语单词的6

方法三：在"IX"后面加一个"6"，得到"1X6"，其结果当然是数字6了。大家笑了，因为这个想法实在是过分，把字母"I"当成了数字1，字母"X"看成了乘号。可谁又规定说这是不可以的呢？只要没违反规则，得到6即可。

1×6在数学计算中等于6

智力题的答案介绍完了[①]。大家会发现，看似解决不了的问题，还真不一定就没有办法，也许只是暂时没想到罢了。

我们都能理解，优秀排序算法的首要条件就是**速度**[②]。于是人们想了许许多多的办法，目的就是为了提高排序的速度。而在很长的时间里，众人发现尽管各种排序算法花样繁多（比如前面我们提到的三种不同的排序算法），但时间复杂度都是$O(n^2)$，似乎没法超越了[③]。此时，计算机学术界充斥着"排序算法不可能突破$O(n^2)$"的声音。就像刚才大家做智力题的感觉一样，"不可能"成了主流。

终于有一天，当一位科学家发布超越了$O(n^2)$新排序算法后，紧接着就出现了好几种可以超越$O(n^2)$的排序算法，并把内排序算法的时间复杂度提升到了$O(n\log n)$。"不可能超越$O(n^2)$"彻底成为历史。

从这里也告诉我们，做任何事，你解决不了时，想一想"Nothing is impossible!"，虽然有点唯心，但这样的思维方式会让你更加深入地思考解决方案，而不是匆忙地放弃。

9.6.1　希尔排序原理

现在，我要讲解的算法叫**希尔排序**（Shell Sort）。希尔排序是D.L.Shell于1959年提出来的一种排序算法，在这之前排序算法的时间复杂度基本都是$O(n^2)$，希尔排序算法是突破这个时间复杂度的第一批算法之一。

我们前一节讲的直接插入排序，应该说，它的效率在某些时候是很高的，比如，我们的记录本身就是基本有序的，我们只需要少量的插入操作，就可以完成整个记录集的排序工作，此时直接插入很高效。还有就是记录数比较少时，直接插入的优势也比较明显。可

---

① 注：本智力题摘自《在脑袋一侧猛敲一下》。
② 注：还有其他要求，速度是第一位。
③ 注：这里排序是指内排序。

问题在于，两个条件本身就过于苛刻，现实中记录少或者基本有序都属于特殊情况。

不过别急，有条件当然是好，条件不存在，我们创造条件也是可以去做的。于是科学家希尔研究出了一种排序方法，对直接插入排序改进后可以增加效率。

如何让待排序的记录个数较少呢？很容易想到的就是将原本有大量记录数的记录进行分组。分割成若干个子序列，此时每个子序列待排序的记录个数就比较少了，然后在这些子序列内分别进行直接插入排序，当整个序列都基本有序时，注意只是基本有序时，再对全体记录进行一次直接插入排序。

此时一定有同学开始疑惑了。这不对呀，比如我们现在的序列是{9,1,5,8,3,7,4,6,2}，现在将它分成三组，{9,1,5}，{8,3,7}，{4,6,2}，哪怕将它们各自排序排好了，变成{1,5,9}，{3,7,8}，{2,4,6}，再合并它们成{1,5,9,3,7,8,2,4,6}，此时，这个序列还是杂乱无序，谈不上基本有序，要排序还是重来一遍直接插入有序，这样做有用吗？需要强调一下，**所谓的基本有序，就是小的关键字基本在前面，大的基本在后面，不大不小的基本在中间**，像{2,1,3,6,4,7,5,8,9}这样可以称为基本有序了。但像{1,5,9,3,7,8,2,4,6}这样的9在第三位，2在倒数第三位就谈不上基本有序。

问题其实也就在这里，我们分割待排序记录的目的是减少待排序记录的个数，并使整个序列向基本有序发展。而如上面这样分完组后就各自排序的方法达不到我们的要求。因此，我们需要采取跳跃分割的策略：**将相距某个"增量"的记录组成一个子序列，这样才能保证在子序列内分别进行直接插入排序后得到的结果是基本有序而不是局部有序**。

9.6.2 希尔排序算法

好了，为了能够真正弄明白希尔排序的算法，我们还是老办法——模拟计算机在执行算法时的步骤，还研究算法到底是如何进行排序的。

希尔排序算法代码如下：

```
1   void ShellSort(SqList *L)                      /* 对顺序表L作希尔排序 */
2   {
3       int i,j,k=0;
4       int increment=L->length;
5       do
6       {
7           increment=increment/3+1;               /* 增量序列 */
8           for(i=increment+1;i<=L->length;i++)
9           {
10              if (L->r[i]<L->r[i-increment])      /* 需将L->r[i]插入有序增量子表 */
11              {
12                  L->r[0]=L->r[i];                /* 暂存在L->r[0] */
13                  for(j=i-increment;j>0 && L->r[0]<L->r[j];j-=increment)
14                      L->r[j+increment]=L->r[j];  /* 记录后移，查找插入位置 */
15                  L->r[j+increment]=L->r[0];      /* 插入 */
16              }
17          }
18      }
19      while(increment>1);
20  }
```

（1）程序开始运行，此时我们传入的SqList参数的值为length=9，r[10]=
{0,9,1,5,8,3,7,4,6,2}。这就是我们需要等待排序的序列，如下图所示。

（2）第4行，变量increment就是那个"增量"，我们初始值让它等于待排序的记
录数。

（3）第5~19行是一个do循环，它的终止条件是increment不大于1时，其实也就是增
量为1时就停止循环了。

（4）第7行，这一句很关键，但也是难以理解的地方，我们后面还要谈到它，先放
一放。这里执行完成后，increment=9/3+1=4。

（5）第8~17行是一个for循环，i从4+1=5开始到9结束。

（6）第10行，判断L.r[i]与L.r[i-increment]大小，L.r[5]=3小于L.r[i-increment]=
L.r[1]=9，满足条件，第12行，将L.r[5]=3暂存入L.r[0]。第13行和第14行的循环只是为了
将L.r[1]=9的值赋给L.r[5]，由于循环的增量是j-=increment，其实它就循环了一次，此时
j=-3。第15行，再将L.r[0]=3赋值给L.r[j+increment]=L.r[-3+4]=L.r[1]=3。如下图所示，事
实上，这一段代码就干了一件事，就是将第5位的3和第1位的9交换了位置。

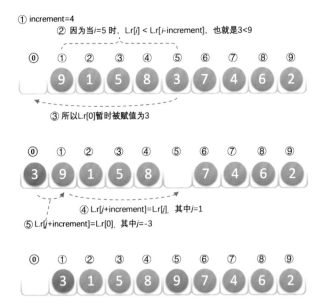

（7）循环继续，i=6，L.r[6]=7>L.r[i-increment]=L.r[2]=1，因此不交换两者数据。如
下图所示。

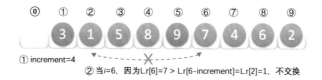

① increment=4

② 当i=6，因为L.r[6]=7 > L.r[6-increment]=L.r[2]=1，**不交换**

（8）循环继续，i=7，L.r[7]=4<L.r[i−increment]=L.r[3]=5，交换两者数据。如下图所示。

① increment=4

② 当i=7，因为L.r[7]=4 < L.r[7-increment]=L.r[3]=5，**交换**

（9）循环继续，i=8，L.r[8]=6<L.r[i−increment]=L.r[4]=8，交换两者数据。如下图所示。

① increment=4

② 当i=8，因为L.r[8]=6 < L.r[8-increment]=L.r[4]=8，**交换**

（10）循环继续，i=9，L.r[9]=2<L.r[i−increment]=L.r[5]=9，交换两者数据。注意，第13行和第14行是循环，此时还要继续比较L.r[5]与L.r[1]的大小，因为2<3，所以还要交换L.r[5]与L.r[1]的数据，如下图所示。

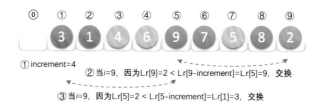

① increment=4

② 当i=9，因为L.r[9]=2 < L.r[9-increment]=L.r[5]=9，**交换**

③ 当i=9，因为L.r[5]=2 < L.r[5-increment]=L.r[1]=3，**交换**

最终第一轮循环后，数组的排序结果为下图所示。细心的同学会发现，我们的数字1、2等小数字已经在前两位，而8、9等大数字已经在后两位，也就是说，通过这样的排序，我们已经让整个序列基本有序了。这其实就是希尔排序的精华所在，它将关键字较小的记录，不是一步一步地往前挪动，而是跳跃式地往前移，从而使得每次完成一轮循环后，整个序列就朝着有序坚实地迈进一步。

（11）我们继续，在完成一轮do循环后，此时由于increment=4>1因此我们需要继续do循环。第7行得到increment=4/3+1=2。第8~17行for循环，i从2+1=3开始到9结束。当i=3、4时，不用交换，当i=5时，需要交换数据，如下图所示。

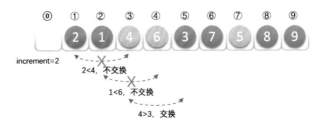

（12）此后，i=6、7、8、9均不用交换，如下图所示。

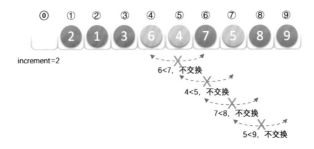

（13）再次完成一轮do循环，increment=2>1，再次do循环，第7行得到increment=2/3+1=1，此时就是最后一轮do循环了。尽管第8~17行for循环，i从1+1=2开始到9结束，但由于当前序列已经基本有序，可交换数据的情况大为减少，效率其实很高。如下图所示，图中箭头连线为需要交换的关键字。

最终完成排序过程，如下图所示。

9.6.3　希尔排序复杂度分析

通过这段代码的剖析，相信大家有些明白，希尔排序的关键并不是随便分组后各自排序，而是将相隔某个"增量"的记录组成一个子序列，实现跳跃式的移动，使得排序的效率提高。

这里"增量"的选取就非常关键了。我们在代码中第7行，是用increment=increment/3+1;的方式选取增量的，可究竟应该选取什么样的增量才是最好，目前还是一个数学难题，迄今为止还没有人找到一种最好的增量序列。不过大量的研究表明，当增量序列为dlta[k]=$2^{t-k+1}-1$ $(0\leq k\leq t\leq \lfloor \log_2(n+1) \rfloor)$ 时，可以获得不错的效率，其时间复杂度为$O(n^{3/2})$，要好于直接排序的$O(n^2)$。需要注意的是，**增量序列的最后一个增量值必须等于1才行**。另外由于记录是跳跃式的移动，希尔排序并不是一种稳定的排序算法。

不管怎么说，希尔排序算法的发明，使得我们终于突破了慢速排序的时代（超越了时间复杂度$O(n^2)$），之后，相应的更为高效的排序算法也就相继出现了。

9.7 堆排序

我们前面讲到简单选择排序，它在待排序的n个记录中选择一个最小的记录需要比较$n-1$次。本来这也可以理解，查找第一个数据需要比较这么多次是正常的，否则如何知道它是最小的记录。

可惜的是，这样的操作并没有把每一趟的比较结果保存下来，在后一趟的比较中，有许多比较在前一趟已经做过了，但由于前一趟排序时未保存这些比较结果，所以后一趟排序时又重复执行了这些比较操作，因而记录的比较次数较多。

如果可以做到每次在选择到最小记录的同时，并根据比较结果对其他记录做出相应的调整，那样排序的总体效率就会非常高了。而堆排序（Heap Sort），就是对简单选择排序进行的一种改进，这种改进的效果是非常明显的。堆排序算法是Floyd和Williams在1964年共同发明的，同时，他们发明了"堆"这样的数据结构。

回忆一下我们小时候，特别是男同学，基本都玩过叠罗汉的恶作剧（如右图所示）。通常都是先把某个要整的人按倒在地，然后大家就一拥而上扑了上去……后果？后果当然就是一笑了之，一个恶作剧而已。不过在西班牙的加泰罗尼亚地区，他们将叠罗汉视为了正儿八经的民族体育活动，可以想象当时场面的壮观。

叠罗汉运动是把人堆在一起，而我们这里要介绍的"堆"结构相当于把数字符号堆成一个塔形的结构。当然，这绝不是简单的堆砌。大家看右图，能够找到什么规律吗？

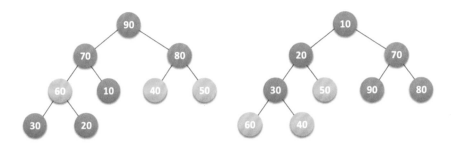

很明显，我们可以发现它们都是二叉树，如果观察仔细些，还能看出它们都是完全二叉树。左上图中根结点是所有元素中最大的，右上图的根结点是所有元素中最小的。再细看看，发现左上图每个结点都比它的左右孩子要大，右上图每个结点都比它的左右孩子要小。这就是我们要讲的堆结构。

堆是具有下列性质的完全二叉树：每个结点的值都大于或等于其左右孩子结点的值，称为大顶堆（例如左上图所示）；**或者每个结点的值都小于或等于其左右孩子结点的值，称为小顶堆**（例如右上图所示）。

这里需要注意从堆的定义可知，根结点一定是堆中所有结点最大（小）者。较大（小）的结点靠近根结点（但也不绝对，比如右图小顶堆中60、40均小于70，但它们并没有70靠近根结点）。

如果按照层序遍历的方式给结点从1开始编号，则结点之间满足如下关系：

$$\begin{cases} k_i \geq k_{2i} \\ k_i \geq k_{2i+1} \end{cases} \text{或} \begin{cases} k_i \leq k_{2i} \\ k_i \leq k_{2i+1} \end{cases} 1 \leq i \leq \left\lfloor \frac{n}{2} \right\rfloor$$

这里为什么i要小于等于$\lfloor n/2 \rfloor$呢？相信大家可能都忘记了二叉树的性质5[1]，其实忘记也不奇怪，这个性质在我们讲完之后，就再也没有提到过它。可以说，这个性质仿佛就是在为堆准备的。性质5的第一条就说一棵完全二叉树，如果$i=1$，则结点i是二叉树的根，无双亲；如果$i>1$，则其双亲是结点$\lfloor i/2 \rfloor$。那么对于有n个结点的二叉树而言，它的i值自然就是小于等于$\lfloor n/2 \rfloor$了。性质5的第二、三条，也是在说明下标i与$2i$和$2i+1$的双亲子女的关系。如果完全忘记的同学不妨去复习一下。

如果将上图的大顶堆和小顶堆用层序遍历存入数组，则一定满足上面的关系表达，如下图所示。

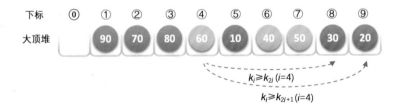

---

① 注：详见本书 6.6 节。

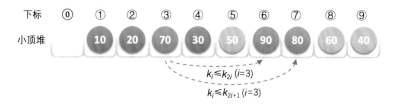

$k_i \leq k_{2i}$ (i=3)

$k_i \leq k_{2i+1}$ (i=3)

我们现在讲这个堆结构，其目的就是为了堆排序用的。

9.7.1 堆排序算法

堆排序就是利用堆（假设利用大顶堆）进行排序的方法。它的基本思想是，将待排序的序列构造成一个大顶堆。此时，整个序列的最大值就是堆顶的根结点。将它移走（其实就是将其与堆数组的末尾元素交换，此时末尾元素就是最大值），然后将剩余的 $n-1$ 个序列重新构造成一个堆，这样就会得到 n 个元素中的次大值。如此反复执行，便能得到一个有序序列了。

例如下图所示，图1是一个大顶堆，90为最大值，将90与20（末尾元素）互换，如图2所示，此时90就成了整个堆序列的最后一个元素，将20经过调整，使得除90以外的结点继续满足大顶堆定义（所有结点都大于等于其孩子），见图3，然后再考虑将30与80互换……

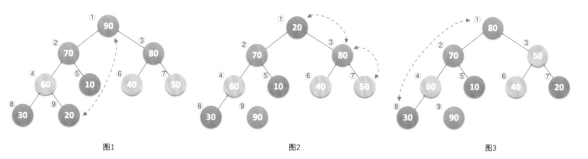

图1　　　　　　　　　　　　图2　　　　　　　　　　　　图3

也就是说，我们一开始把排序数据构建成一个大顶堆，然后每次找到一个较大值进行一次排序交换时，要让剩余的数据仍旧满足大顶堆的结构，这就为后面继续排序带来了快捷和高效。相信大家有些明白堆排序的基本思想了，不过要实现它还需要解决两个问题：

（1）如何由一个无序序列构建成一个堆？

（2）如何在输出堆顶元素后，调整剩余元素成为一个新的堆？

要解释清楚它们，让我们来看代码：

```
1    void HeapSort(SqList *L)          /* 对顺序表L进行堆排序 */
2    {
3        int i;
4        for(i=L->length/2;i>0;i--)    /* 把L中的r构成一个大顶堆 */
5            HeapAdjust(L,i,L->length);
6        for(i=L->length;i>1;i--)
7        {
8            swap(L,1,i);              /* 将堆顶记录和当前未经排序子序列最后一记录交换 */
9            HeapAdjust(L,1,i-1);      /* 将L->r[1..i-1]重新调整为大顶堆 */
10       }
11   }
```

从代码中也可以看出，整个排序过程分为两个for循环。第一个循环要完成的就是将现在的待排序序列构建成一个大顶堆。第二个循环要完成的就是逐步将每个最大值的根结点与末尾元素交换，并且再调整其成为大顶堆。

假设我们要排序的序列是 $\{50,10,90,30,70,40,80,60,20\}$[①]，那么L.length=9，第一个for循环，代码第4行，i是从$\lfloor 9/2 \rfloor=4$开始，4→3→2→1的变量变化。为什么不是从1到9或者从9到1，而是从4到1呢？其实我们看了右图就明白了，它们都有什么规律？它们都是有孩子的结点。注意灰色结点的下标编号就是1、2、3、4。

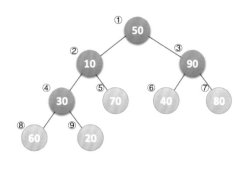

我们所谓的将待排序的序列构建成为一个大顶堆，其实就是从下往上、从右到左，将每个非终端结点（非叶结点）当作根结点，将其和其子树调整成大顶堆。i的4→3→2→1的变量变化，其实也就是30，90，10、50的结点调整过程。

既然已经弄清楚i的变化是在调整哪些元素了，现在我们来看关键的HeapAdjust（堆调整）函数是如何实现的。

```
1    void HeapAdjust(SqList *L,int s,int m)
2    { /* 本函数调整L->r[s]的关键字, 使L->r[s..m]成为一个大顶堆 */
3        int temp,j;
4        temp=L->r[s];
5        for(j=2*s;j<=m;j*=2)          /* 沿关键字较大的孩子结点向下筛选 */
6        {
7            if(j<m && L->r[j]<L->r[j+1])
8                ++j;                  /* j为关键字中较大的记录的下标 */
9            if(temp>=L->r[j])
10               break;               /* rc应插入在位置s上 */
11           L->r[s]=L->r[j];
12           s=j;
13       }
14       L->r[s]=temp;                 /* 插入 */
15   }
```

（1）函数第一次被调用时，s=4，m=9，传入的SqList参数的值为length=9，r[10]=$\{0,50,10,90,30,70,40,80,60,20\}$。

---

① 注：这里把每个数字乘以10，是为了与下标的个位数字进行区分，因为我们在讲解中，会大量地提到数组下标的数字。

（2）第4行，将L.r[s]=L.r[4]=30赋值给temp，如下图所示。

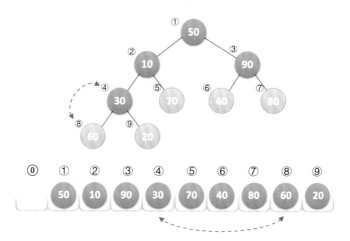

（3）第5～13行，循环遍历其结点的孩子。这里j变量为什么是从2*s开始呢？又为什么是j*=2递增呢？原因还是二叉树的性质5，因为我们这棵是完全二叉树，当前结点序号是s，其左孩子的序号一定是2s，右孩子的序号一定是2s+1，它们的孩子当然也是以2的位数序号增加，因此j变量才是这样循环。

（4）第7行和第8行，此时j=2*4=8，j<m说明它不是最后一个结点，如果L.r[j]<L.r[j+1]，则说明左孩子小于右孩子。我们的目的是要找到较大值，当然需要让j+1以便变成指向右孩子的下标。当前30的左右孩子是60和20，并不满足此条件，因此j还是8。

（5）第9行和第10行，temp=30，L.r[j]=60，并不满足条件。

（6）第11行和第12行，将60赋值给L.r[4]，并令s=j=8。也就是说，当前算出，以30为根结点的子二叉树，当前最大值是60，在第8的位置。注意此时L.r[4]和L.r[8]的值均为60。

（7）再循环因为j=2*j=16，m=9，j>m，因此跳出循环。

（8）第14行，将temp=30赋值给L.r[s]=L.r[8]，完成30与60的交换工作。如下图所示。本次函数调用完成。

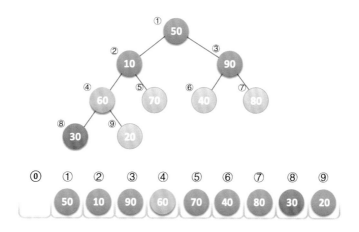

（9）再次调用HeapAdjust，此时$s=3$，$m=9$。第4行，temp=L.r[3]=90，第7行和第8行，由于40<80得到$j+1=2*s+1=7$。第9行和第10行，由于90>80，因此退出循环，最终本次调用，整个序列未发什么改变。

（10）再次调用HeapAdjust，此时$s=2$，$m=9$。第4行，temp=L.r[2]=10，第7行和第8行，60<70，使得$j=5$。最终本次调用使得10与70进行了互换，如下图所示。

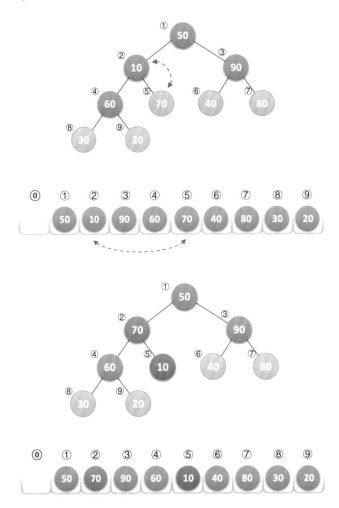

（11）再次调用HeapAdjust，此时$s=1$，$m=9$。第4行，temp=L.r[1]=50，第7行和第8行，70<90，使得$j=3$。第11行和第12行，L.r[1]被赋值了90，并且$s=3$，再循环，由于2$j=6$并未大于m，因此再次执行循环体，使得L.r[3]被赋值了80，完成循环后，L.[7]被赋值为50，最终本次调用使得50、90、80进行了轮换，如下图所示。

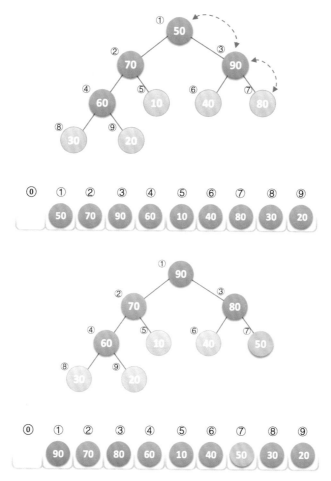

到此为止，我们构建大顶堆的过程算是完成了，也就是HeapSort函数的第4行和第5行循环执行完毕。或许是有点复杂，如果不明白，多试着模拟计算机执行的方式走几遍，应该就可以理解其原理。

接下来HeapSort函数的第6～11行就是正式的排序过程，由于有了前面的充分准备，其实这个排序就比较轻松了。下面是这部分代码：

```
6       for(i=L->length;i>1;i--)
7       {
8           swap(L,1,i);           /* 将堆顶记录和当前未经排序子序列最后一记录交换 */
9           HeapAdjust(L,1,i-1);   /* 将L->r[1..i-1]重新调整为大顶堆 */
10      }
```

（1）当i=9时，第8行，交换20与90，第9行，将当前的根结点20进行大顶堆的调整，调整过程和刚才流程一样，找到它左右子结点的较大值，互换，再找到其子结点的较大值互换。此时序列变为{80,70,50,60,10,40,20,30,90}，如下图所示。

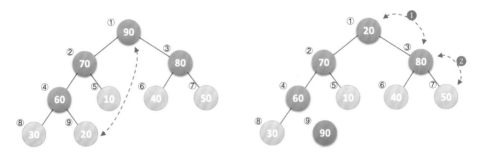

（2）当$i=8$时，交换30与80，并将30与70交换，再与60交换，此时序列变为$\{70,60,50,30,10,40,20,80,90\}$，如下图所示。

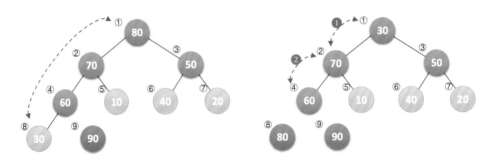

（3）后面的变化完全类似，这里不解释，只看下图。

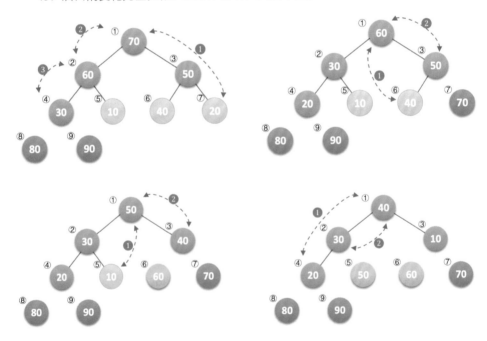

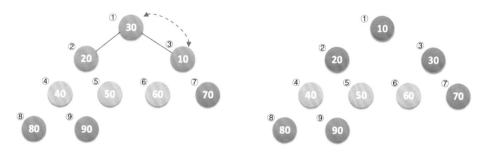

最终就得到一个完全有序的序列了。

9.7.2　堆排序复杂度分析

堆排序的效率到底有多高呢？我们来分析一下。

它的运行时间主要消耗在初始构建堆和在重建堆时的反复筛选上。

在构建堆的过程中，因为我们是完全二叉树从最下层最右边的非终端结点开始构建，将它与其孩子进行比较，若有必要进行互换，对于每个非终端结点来说，其实最多进行两次比较和互换操作，因此整个构建堆的时间复杂度为$O(n)$。

在正式排序时，第i次取堆顶记录重建堆需要用$O(\log i)$的时间（完全二叉树的某个结点到根结点的距离为$\lfloor \log_2 i \rfloor + 1$），并且需要取$n-1$次堆顶记录，因此，重建堆的时间复杂度为$O(n\log n)$。

所以总体来说，堆排序的时间复杂度为$O(n\log n)$。由于堆排序对原始记录的排序状态并不敏感，因此它无论是最好、最坏和平均时间复杂度均为$O(n\log n)$。这在性能上显然要远远好过于冒泡、简单选择、直接插入的$O(n^2)$的时间复杂度了。

空间复杂度上，它只有一个用来交换的暂存单元，也非常的不错。不过由于记录的比较与交换是跳跃式进行的，因此堆排序也是一种不稳定的排序方法。

另外，由于初始构建堆所需的比较次数较多，因此，它并不适合待排序序列个数较少的情况。[①]

9.8 归并排序

前面我们讲了堆排序，因为它用到了完全二叉树，充分利用了完全二叉树的深度是$\lfloor \log_2 n \rfloor + 1$的特性，所以效率比较高。不过堆结构的设计本身是比较复杂的，老实说，能想出这样的结构就挺不容易，有没有更直接简单的办法利用完全二叉树来排序呢？当然有。

---

① 注：关于堆排序算法更详细的讲解，请参考《算法导论》第二部分第 6 章"堆排序"的内容。

先来举一个例子。你们知道高考一本、二本、专科分数线是如何划分出来的吗？

简单地说，如果各高校本科专业在某省高三理科学生中计划招收1万名，那么将全省参加高考的理科学生分数倒排序，第1万名的总分数就是当年本科生的分数线（现实可能会比这复杂，这里简化之）。也就是说，即使你是你们班级第一、甚至年级第一名，如果你没有上分数线，则说明你的成绩排不到全省前1万名，你也就基本失去了当年上本科的机会了。

换句话说，所谓的全省排名，其实也就是每个市、每个县、每个学校、每个班级的排名合并后再排名得到的。注意我这里用到了合并一词。

我们要比较两个学生的成绩高低是很容易的，比如甲比乙分数低，丙比丁分数低。那么我们也就可以很容易得到甲乙丙丁合并后的成绩排名，同样地，戊己庚辛的排名也容易得到，由于他们两组分别有序了，把他们八个学生成绩合并有序也是很容易做到的，继续下去……最终完成全省学生的成绩排名，此时高考状元也就诞生了。

为了更清晰地说明白这里的思想，大家来看下图，我们将本是无序的数组序列{16,7,13,10,9,15,3,2,5,8,12,1,11,4,6,14}，通过两两合并排序后再合并，最终获得了一个有序的数组。注意仔细观察它的形状，你会发现，它像极了一棵倒置的完全二叉树，通常涉及完全二叉树结构的排序算法，效率一般都不低的——这就是我们要讲的归并排序法。

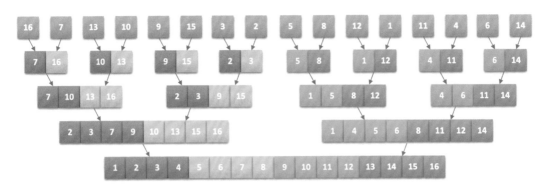

9.8.1 归并排序算法

"归并"一词的中文含义就是合并、并入的意思，而在数据结构中的定义是将两个或两个以上的有序表组合成一个新的有序表。

归并排序（Merging Sort）就是利用归并的思想实现的排序方法。它的原理是假设初始序列含有n个记录，则可以看成是n个有序的子序列，每个子序列的长度为1，然后两两归并，得到$\lceil n/2 \rceil$（$\lfloor x \rfloor$表示不小于x的最小整数）个长度为2或1的有序子序列；再两两归并，……，如此重复，直至得到一个长度为n的有序序列为止，这种排序方法称为2路归并排序。[①]

---

① 注：本书只介绍2路归并排序。

好了，有了对归并排序的初步认识后，我们来看代码：

```
/* 对顺序表L作归并排序 */
void MergeSort(SqList *L)
{
    MSort(L->r,L->r,1,L->length);
}
```

一句代码，别奇怪，它只是调用了另一个函数而已。为了与前面的排序算法统一，我们用了同样的参数定义SqList*L，由于我们要讲解的归并排序实现需要用到递归调用[①]，因此我们外封装了一个函数。假设现在要对数组{50,10,90,30,70,40,80,60,20}进行排序，L.length=9，现在来看看MSort的实现。

```
1   void MSort(int SR[],int TR1[],int s, int t)
2   {
3       int m;
4       int TR2[MAXSIZE+1];
5       if(s==t)
6           TR1[s]=SR[s];
7       else
8       {
9           m=(s+t)/2;                  /* 将SR[s..t]平分为SR[s..m]和SR[m+1..t] */
10          MSort(SR,TR2,s,m);          /* 递归地将SR[s..m]归并为有序的TR2[s..m] */
11          MSort(SR,TR2,m+1,t);        /* 递归地将SR[m+1..t]归并为有序的TR2[m+1..t] */
12          Merge(TR2,TR1,s,m,t);       /* 将TR2[s..m]和TR2[m+1..t]归并到TR1[s..t] */
13      }
14  }
```

（1）MSort被调用时，SR与TR1都是{50,10,90,30,70,40,80,60,20}，$s=1$，$t=9$，最终我们的目的就是要将TR1中的数组排好顺序。

（2）第5行，显然s不等于t，执行第8～13行语句块。

（3）第9行，$m=(1+9)/2=5$。m就是序列的正中间下标。

（4）此时第10行，调用"MSort(SR,TR2,1,5);"的目标就是将数组SR中的第①～⑤的关键字归并到有序的TR2（调用前TR2为空数组），第11行，调用"MSort(SR,TR2,6,9);"的目标就是将数组SR中的第⑥～⑨的关键字归并到有序的TR2。也就是说，在调用这两句代码之前，代码已经准备将数组分成两组了，如下图所示。

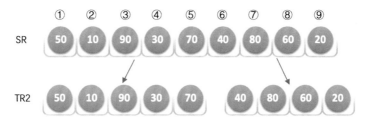

（5）第12行，函数Merge的代码细节一会再讲，调用"Merge(TR2,TR1,1,5, 9);"的目标其实就是将第10行和第11行代码获得的数组TR2（注意它是下标为①～⑤和⑥～⑨的

[①]　注：也可以不用递归实现，后面有提及。

关键字分别有序）归并为TR1，此时相当于整个排序就已经完成了，如下图所示。

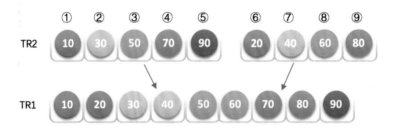

（6）再来看第10行递归调用进去后，*s*=1，*t*=5，*m*=(1+5)/2=3。此时相当于将5个记录拆分为3个和2个。继续递归进去，直到细分为一个记录填入TR2，此时*s*与*t*相等，递归返回，如左下图所示。每次递归返回后都会执行当前递归函数的第12行，将TR2归并到TR1中，如右下图所示，最终使得当前序列有序。

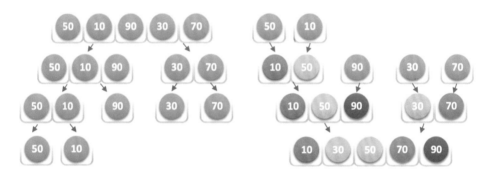

（7）同样的第11行也是类似方式，如下图所示。

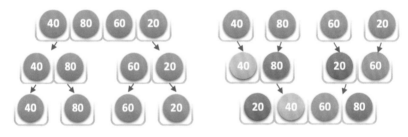

（8）此时也就是刚才所讲的最后一次执行第12行代码，将{10,30,50,70,90}与{20,40,60,80}归并为最终有序的序列。

可以说，如果对递归函数的运行方式理解比较透的话，MSort() 函数还是很好理解的。我们来看看整个数据变换示意图，如下图所示。

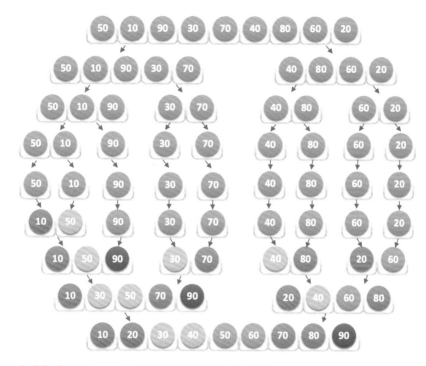

现在我们来看看Merge()函数的代码是如何实现的：

```
1   void Merge(int SR[],int TR[],int i,int m,int n)
2   { /* 将有序的SR[i..m]和SR[m+1..n]归并为有序的TR[i..n] */
3       int j,k,l;
4       for(j=m+1,k=i;i<=m && j<=n;k++) /* 将SR中记录由小到大地并入TR */
5       {
6           if (SR[i]<SR[j])
7               TR[k]=SR[i++];
8           else
9               TR[k]=SR[j++];
10      }
11      if(i<=m)
12      {
13          for(l=0;l<=m-i;l++)
14              TR[k+l]=SR[i+l];              /* 将剩余的SR[i..m]复制到TR */
15      }
16      if(j<=n)
17      {
18          for(l=0;l<=n-j;l++)
19              TR[k+l]=SR[j+l];             /* 将剩余的SR[j..n]复制到TR */
20      }
21  }
```

（1）假设我们此时调用的Merge()就是将{10,30,50,70,90}与{20,40,60,80}归并为最终有序的序列，因此数组SR为{10,30,50,70,90,20,40,60,80}，$i=1$，$m=5$，$n=9$。

（2）第4行，for循环，j由$m+1=6$开始到9，i由1开始到5，k由1开始每次加1，k值用于目标数组TR的下标。

（3）第6行，SR$[i]$=SR$[1]$=10，SR$[j]$=SR$[6]$=20，SR$[i]$<SR$[j]$，执行第7行，TR$[k]$=TR$[1]$=10，并且i++。如下图所示。

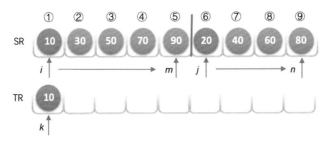

（4）再次循环，k++得到k=2，SR[i]=SR[2]=30，SR[j]=SR[6]=20，SR[i]>SR[j]，执行第9行，TR[k]=TR[2]=20，并且j++，如下图所示。

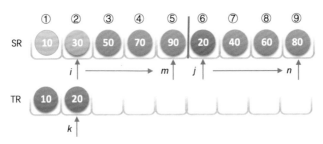

（5）再次循环，k++得到k=3，SR[i]=SR[2]=30，SR[j]=SR[7]=40，SR[i]<SR[j]，执行第7行，TR[k]=TR[3]=30，并且i++，如下图所示。

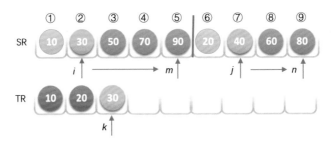

（6）接下来完全相同的操作，一直到j++后，j=10，大于9退出循环，如下图所示。

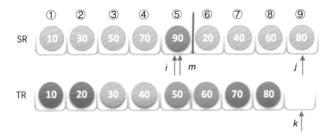

（7）第11～20行的代码，其实就将归并剩下的数组数据，移动到TR的后面。当前k=9，i=m=5，执行第13～20行代码，for循环i=0，TR[k+1]=SR[i+1]=90，大功告成。

就这样，我们的归并排序就算是完成了一次排序工作，怎么样，和堆排序比，是不是要简单一些呢？

9.8.2　归并排序复杂度分析

我们来分析一下归并排序的时间复杂度，一趟归并需要将SR[1]～SR[n]中相邻的长度为h的有序序列进行两两归并。并将结果放到TR1[1]～TR1[n]中，这需要将待排序序列中的所有记录扫描一遍，因此耗费$O(n)$时间，而由完全二叉树的深度可知，整个归并排序需要进行$\lceil \log_2 n \rceil$次，因此，总的时间复杂度为$O(n\log n)$，而且这是归并排序算法中最好、最坏、平均的时间性能。

由于归并排序在归并过程中需要与原始记录序列同样数量的存储空间存放归并结果以及递归时深度为$\log_2 n$的栈空间，因此空间复杂度为$O(n+\log n)$。

另外，对代码进行仔细研究，发现Merge函数中有if (SR[i]<SR[j])语句，这就说明它需要两两比较，不存在跳跃，因此归并排序是一种稳定的排序算法。

也就是说，归并排序是一种比较占用内存，但却效率高且稳定的算法。

9.8.3　非递归实现归并排序

我们常说，"没有最好，只有更好。"归并排序大量引用了递归，尽管在代码上比较清晰，容易理解，但这会造成时间和空间上的性能损耗。我们排序追求的就是效率，有没有可能将递归转化成迭代呢？结论当然是可以的，而且改动之后，性能上进一步提高了，来看代码：

```
1   void MergeSort2(SqList *L)                           /* 对顺序表L作归并非递归排序 */
2   {
3       int* TR=(int*)malloc(L->length * sizeof(int));   /* 申请额外空间 */
4       int k=1;
5       while(k<L->length)
6       {
7           MergePass(L->r,TR,k,L->length);
8           k=2*k;                                        /* 子序列长度加倍 */
9           MergePass(TR,L->r,k,L->length);
10          k=2*k;                                        /* 子序列长度加倍 */
11      }
12  }
```

（1）程序开始执行，数组L为{50,10,90,30,70,40,80,60,20}，L.length=9。

（2）第3行，我们事先申请了额外的数组内存空间，用来存放归并结果。

（3）第5～11行，是一个while循环，目的是不断地归并有序序列。注意k值的变化，第8行与第10行，在不断循环中，它将由1→2→4→8→16，跳出循环。

（4）第7行，此时k=1，MergePass函数将原来的无序数组两两归入TR（此函数代码稍后再讲），如下图所示。

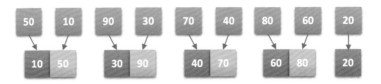

（5）第8行，*k*=2。

（6）第9行，MergePass() 函数将TR中已经两两归并的有序序列再次归并回数组L.r中，如下图所示。

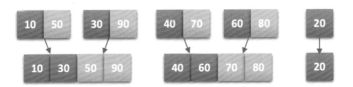

（7）第10行，*k*=4，因为*k*<9，所以继续循环，再次归并，最终执行完第7～10行，*k*=16，结束循环，完成排序工作，如下图所示。

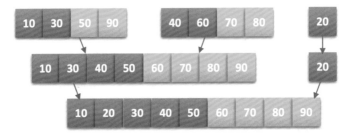

从代码中，我们能够感受到，非递归的迭代做法更加直截了当，从最小的序列开始归并直至完成。不需要像归并的递归算法一样，需要先拆分递归，再归并退出递归。

现在我们来看MergePass() 代码是如何实现的。

```
1    void MergePass(int SR[],int TR[],int s,int n)
2    {/* 将SR[]中相邻长度为s的子序列两两归并到TR[] */
3        int i=1;
4        int j;
5        while(i <= n-2*s+1)                    /* 两两归并 */
6        {
7            Merge(SR,TR,i,i+s-1,i+2*s-1);
8            i=i+2*s;
9        }
10       if(i<n-s+1)                            /* 归并最后两个序列 */
11           Merge(SR,TR,i,i+s-1,n);
12       else                                   /* 若最后只剩下单个子序列 */
13           for(j =i;j <= n;j++)
14               TR[j] = SR[j];
15   }
```

（1）程序执行。我们第一次调用"MergePass(L.r,TR,k,L.length);"，此时L.r是初始无序状态，TR为新申请的空数组，*k*=1，L.length=9。

（2）第5~9行，循环的目的就是两两归并，因s=1，n-2×s+1=8，为什么循环i从1到8，而不是9呢？这是因为两两归并，最终9条记录定会剩下来，无法归并。

（3）第7行，Merge() 函数我们前面已经详细讲过，此时i=1，i+s-1=1，i+2×s-1=2。也就是说，我们将SR（即L.r）中的第一个和第二个记录归并到TR中，然后第8行，i=i+2×s=3，再循环，我们就是将第三个和第四个记录归并到TR中，一直到第⑦和第⑧个记录完成归并，如下图所示。

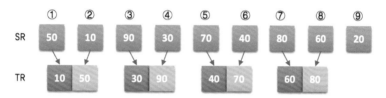

（4）第10~14行，主要是处理最后的尾数，第11行是说将最后剩下的多个记录归并到TR中。不过由于i=9，n-s+1=9，因此执行第13行和第14行，将20放入到TR数组的最后，如下图所示。

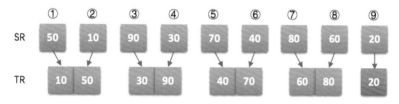

（5）再次调用MergePass() 时，s=2，第5~9行的循环，由第8行的i=i+2×s可知，此时i就是以4为增量进行循环了，也就是说，是将两个有两个记录的有序序列归并为四个记录的有序序列。最终再将最后剩下的第九条记录"20"插入TR，如下图所示。

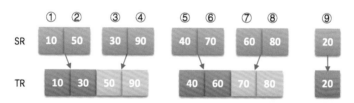

（6）后面的类似，略。

非递归的迭代方法，避免了递归时深度为$\log_2 n$的栈空间，空间只是用到申请归并临时用的TR数组，因此空间复杂度为$O(n)$，并且避免递归也在时间性能上有一定的提升，**应该说，使用归并排序时，尽量考虑用非递归方法。**①

————————————

① 注：关于归并排序算法更详细的讲解，请参考《算法导论》第一部分第 2 章"算法入门"的 2.3.1 节"分治法"的内容。

9.9 快速排序

终于我们的高手要登场了，如果将来你工作后，你的老板要让你写个排序算法，而你会的算法中竟然没有快速排序，我想你还是不要声张，偷偷去把快速排序算法找来敲进电脑，这样至少你不至于被大伙儿取笑。

事实上，不论是C++ STL、Java SDK或者.NET FrameWork SDK等开发工具包中的源代码中都能找到它的某种实现版本。

快速排序算法最早是由图灵奖获得者Tony Hoare设计出来的，他在形式化方法理论以及ALGOL60 编程语言的发明中都有卓越的贡献，是20世纪最伟大的计算机科学家之一。而这快速排序算法只是他众多贡献中的一个小发明而已。

更牛的是，我们现在要学习的这个快速排序算法，被列为20世纪十大算法之一。我们这些玩编程的人还有什么理由不去学习它呢？

希尔排序相当于直接插入排序的升级，它们同属于插入排序类，堆排序相当于简单选择排序的升级，它们同属于选择排序类。而快速排序其实就是我们前面认为最慢的冒泡排序的升级，它们都属于交换排序类。即它也是通过不断比较和移动交换来实现排序的，只不过它的实现，增大了记录的比较和移动的距离，将关键字较大的记录从前面直接移动到后面，关键字较小的记录从后面直接移动到前面，从而减少了总的比较次数和移动交换次数。

9.9.1 快速排序算法

快速排序（Quick Sort）的基本思想是：通过一趟排序将待排记录分割成独立的两部分，其中一部分记录的关键字均比另一部分记录的关键字小，则可分别对这两部分记录继续进行排序，以达到整个序列有序的目的。

从字面上感觉不出它的好处来。假设现在要对数组{50,10,90,30,70,40,80,60,20}进行排序。我们通过代码的讲解来学习快速排序的精妙。

我们来看代码：

```
/* 对顺序表L作快速排序 */
void QuickSort(SqList *L)
{
    QSort(L,1,L->length);
}
```

又是一句代码，和归并排序一样，由于需要递归调用，因此我们外封装了一个函数。现在我们来看QSort的实现。

```
/* 对顺序表L中的子序列L->r[low..high]作快速排序 */
void QSort(SqList *L,int low,int high)
{
    int pivot;
    if(low<high)
    {
        /* 将L->r[low..high]一分为二，算出枢轴值pivot */
        pivot=Partition(L,low,high);
        QSort(L,low,pivot-1);          /* 对低子表递归排序 */
        QSort(L,pivot+1,high);         /* 对高子表递归排序 */
    }
}
```

从这里，你应该能理解前面代码"QSort(L,1,L->length);"中1和L->length代码的意思了，它就是当前待排序的序列最小下标值low和最大下标值high。

这一段代码的核心是"pivot=Partition(L,low,high);"在执行它之前，L.r的数组值为{50,10,90,30,70,40,80,60,20}。Partition() 函数要做的，就是先选取当中的一个关键字，比如选择第一个关键字50，然后想尽办法将它放到一个位置，使得它左边的值都比它小，右边的值比它大，我们将这样的关键字称为枢轴（pivot）。

在经过Partition(L,1,9)的执行之后，数组变成{20,10,40,30,50,70,80,60,90}，并返回值5给pivot，数字5表明50放置在数组下标为5的位置。此时，计算机把原来的数组变成了两个位于50左和50右的小数组{20,10,40,30}和{70,80,60,90}，而后的递归调用"QSort(L,1,5-1);"和"QSort(L,5+1,9);"语句，其实就是在对{20,10,40,30}和{70,80,60,90}分别进行同样的Partition操作，直到顺序全部正确为止。

到了这里，应该说理解起来还不算困难。下面我们就来看看快速排序最关键的Partition() 函数实现。

```
 1 int Partition(SqList *L,int low,int high)
 2 {/* 交换顺序表L中子表的记录，使枢轴记录到位，并返回其所在位置，此时在它之前(后)均不大(小)于它。*/
 3     int pivotkey;
 4     pivotkey=L->r[low];       /* 用子表的第一个记录作枢轴记录 */
 5     while(low<high)           /* 从表的两端交替地向中间扫描 */
 6     {
 7         while(low<high&&L->r[high]>=pivotkey)
 8             high--;
 9         swap(L,low,high);     /* 将比枢轴记录小的记录交换到低端 */
10         while(low<high&&L->r[low]<=pivotkey)
11             low++;
12         swap(L,low,high);     /* 将比枢轴记录大的记录交换到高端 */
13     }
14     return low;               /* 返回枢轴所在位置 */
15 }
```

（1）程序开始执行，此时low=1，high=L.length=9。第4行，我们将L.r[low]=L.r[1]=50赋值给枢轴变量pivotkey，如下图所示。

（2）第5～13行为while循环，目前low=1<high=9，执行内部语句。

（3）第7行，L.r[high]=L.r[9]=20 ≯ pivotkey=50，因此不执行第8行。

（4）第9行，交换L.r[low]与L.r[high]的值，使得L.r[1]=20，L.r[9]=50。为什么要交换，就是因为通过第7行的比较知道，L.r[high]是一个比pivotkey=50（即L.r[low]）还要小的值，因此它应该交换到50的左侧，如下图所示。

（5）第10行，当L.r[low]=L.r[1]=20，pivotkey=50，L.r[low]<pivotkey，因此第11行，low++，此时low=2。继续循环，L.r[2]=10<50，low++，此时low=3。L.r[3]=90>50，退出循环。

（6）第12行，交换L.r[low]=L.r[3]与L.r[high]=L.r[9]的值，使得L.r[3]=50，L.r[9]=90。此时相当于将一个比50大的值90交换到了50的右边。注意此时low已经指向了3，如下图所示。

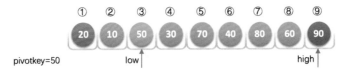

（7）继续第5行，因为low=3<high=9，执行循环体。

（8）第7行，当L.r[high]=L.r[9]=90，pivotkey=50，L.r[high]>pivotkey，因此第8行，high-，此时high=8。继续循环，L.r[8]=60>50，high-，此时high=7。L.r[7]=80>50，high-，此时high=6。L.r[6]=40<50，退出循环。

（9）第9行，交换L.r[low]=L.r[3]=50与L.r[high]=L.r[6]=40的值，使得L.r[3]=40，L.r[6]=50，如下图所示。

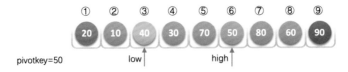

（10）第10行，当L.r[low]=L.r[3]=40，pivotkey=50，L.r[low]<pivotkey，因此第11行，low++，此时low=4。继续循环L.r[4]=30<50，low++，此时low=5。L.r[5]=70>50，退出循环。

（11）第12行，交换L.r[low]=L.r[5]=70与L.r[high]=L.r[6]=50的值，使得L.r[5]=50，L.r[6]=70，如下图所示。

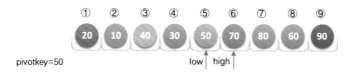

pivotkey=50

（12）再次循环。因low=5<high=6，执行循环体后，low=high=5，退出循环，如下图所示。

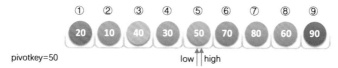

pivotkey=50

（13）最后第14行，返回low的值5。函数执行完成。接下来就是递归调用"QSort(L,1,5-1);"和"QSort(L,5+1,9);"语句，对{20,10,40,30}和{70,80,60,90}分别进行同样的Partition操作，直到顺序全部正确为止。我们就不再演示了。

通过这段代码的模拟，大家应该能够明白，Partition()函数，其实就是将选取的pivotkey不断交换，将比它小的换到它的左边，比它大的换到它的右边，它也在交换中不断更改自己的位置，直到完全满足这个要求为止。

9.9.2 快速排序复杂度分析

我们来分析一下快速排序法的性能。快速排序的时间性能取决于快速排序递归的深度，可以用递归树来描述递归算法的执行情况。如下图所示，它是{50,10,90,30,70,40,80,60,20}在快速排序过程中的递归过程。由于我们的第一个关键字是50，正好是待排序序列的中间值，因此递归树是平衡的，此时性能也比较好。

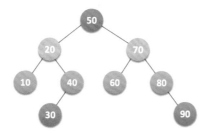

在最优情况下，Partition每次都划分得很均匀，如果排序n个关键字，其递归树的深度就为$\lfloor \log_2 n \rfloor + 1$（$\lfloor x \rfloor$表示不大于$x$的最大整数），即仅需递归$\log_2 n$次，需要时间为$T(n)$的话，第一次Partiation应该是需要对整个数组扫描一遍，做n次比较。然后，获得的枢轴将数组一分为二，那么各自还需要$T(n/2)$的时间（注意是最好情况，所以平分两半）。于是不断地划分下去，我们就有了下面的不等式推断。

$T(n) \leq 2T(n/2) + n, T(1) = 0$
$T(n) \leq 2(2T(n/4) + n/2) + n = 4T(n/4) + 2n$

$$T(n) \le 4(2T(n/8)+n/4)+2n=8T(n/8)+3n$$

......

$$T(n) \le nT(1)+(\log_2 n) \times n = O(n\log n)$$

也就是说，在最优的情况下，快速排序算法的时间复杂度为$O(n\log n)$。

在最坏的情况下，待排序的序列为正序或者逆序，每次划分只得到一个比上一次划分少一个记录的子序列，注意另一个为空。如果递归树画出来，它就是一棵斜树。此时需要执行$n-1$次递归调用，且第i次划分需要经过$n-i$次关键字的比较才能找到第i个记录，也就是枢轴的位置，因此比较次数为$\sum\limits_{i=1}^{n-1}(n-i)=n-1+n-2+\cdots+1=\dfrac{n(n-1)}{2}$，最终其时间复杂度为$O(n^2)$。

平均的情况，设枢轴的关键字应该在第k的位置（$1 \le k \le n$），那么：

$$T(n)=\frac{1}{n}\sum_{k=1}^{n}\big(T(k-1)+T(n-k)\big)+n=\frac{2}{n}\sum_{k=1}^{n}T(k)+n$$

由数学归纳法可证明，其数量级为$O(n\log n)$。

就空间复杂度来说，主要是递归造成的栈空间的使用，最好情况，递归树的深度为$\log_2 n$，其空间复杂度也就为$O(\log n)$，最坏情况，需要进行$n-1$次递归调用，其空间复杂度为$O(n)$，平均情况，空间复杂度也为$O(\log n)$。

可惜的是，由于关键字的比较和交换是跳跃进行的，因此，快速排序是一种不稳定的排序方法。

9.9.3 快速排序优化

刚才讲的快速排序还是有不少可以改进的地方，我们来看一些优化的方案。

1. 优化选取枢轴

如果我们选取的pivotkey是处于整个序列的中间位置，那么我们可以将整个序列分成小数集合和大数集合了。但注意，我刚才说的是"如果……是中间"，那么假如我们选取的pivotkey不是中间数又如何呢？比如我们前面讲冒泡和简单选择排序一直用到的数组{9,1,5,8,3,7,4,6,2}，由代码第4行"pivotkey=L->r[low];"知道，我们应该选取9作为第一个枢轴pivotkey。此时，经过一轮"pivot=Partition(L,1,9);"转换后，它只是更换了9与2的位置，并且返回9给pivot，整个系列并没有实质性的变化，如下图所示。

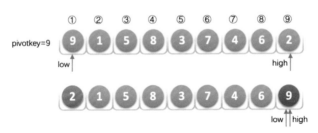

就是说，代码第4行"pivotkey=L->r[low];"变成了一个潜在的性能瓶颈。排序速度的快慢取决于L.r[1]的关键字处在整个序列中的位置，L.r[1]太小或者太大，都会影响性能（比如第一个例子中的50就是一个中间数，而第二个例子的9就是一个相对整个序列过大的数）。因为在现实中，待排序的系列极有可能是基本有序的，此时，总是**固定选取**第一个关键字（其实无论是固定选取哪一个位置的关键字）作为首个枢轴就变成了极为不合理的作法。

改进办法，有人提出，应该随机获得一个low与high之间的数rnd，让它的关键字L.r[rnd]与L.r[low]交换，此时就不容易出现这样的情况，这被称为**随机选取**枢轴法。应该说，这在某种程度上，解决了对于基本有序的序列快速排序时的性能瓶颈。不过，随机就有些撞大运的感觉，万一没撞成功，随机到了依然是很小或很大的关键字怎么办呢？

再改进，于是就有了**三数取中**（median-of-three）法。即**取三个关键字先进行排序，将中间数作为枢轴**，一般是取左端、右端和中间三个数，也可以随机选取。这样至少这个中间数一定不会是最小或者最大的数，从概率来说，取三个数均为最小或最大数的可能性是微乎其微的，因此中间数位于较为中间的值的可能性就大大提高了。由于整个序列是无序状态，随机选取三个数和从左、中、右端取三个数其实是一回事，而且随机数生成器本身还会带来时间上的开销，因此随机生成不予考虑。

我们来看看取左端、右端和中间三个数的实现代码，在Partition函数代码的第3行与第4行之间增加这样一段代码。

```
int pivotkey;

int m = low + (high - low) / 2;          /* 计算数组中间的元素的下标 */
if (L->r[low]>L->r[high])
    swap(L,low,high);                    /* 交换左端与右端数据，保证左端较小 */
if (L->r[m]>L->r[high])
    swap(L,high,m);                      /* 交换中间与右端数据，保证中间较小 */
if (L->r[m]>L->r[low])
    swap(L,m,low);                       /* 交换中间与右端数据，保证中间较小 */

/* 此时L.r[low]已经为整个序列左、中、右三个关键字的中间值 */

pivotkey=L->r[low];                      /* 用子表的第一个记录作枢轴记录 */
```

试想一下，我们对数组{9,1,5,8,3,7,4,6,2}，取左9、中3、右2来比较，使得L.r[low]=3，一定要比9和2来得更为合理。

三数取中对小数组来说有很大的概率选择到一个比较好的pivotkey，但是对于非常大的待排序的序列来说还是不足以保证能够选择出一个好的pivotkey，因此还有个办法是所谓的**九数取中**（median-of-nine），它先从数组中分三次取样，每次取三个数，三个样品各取出中数，然后从这三个中数当中再取出一个中数作为枢轴。显然这就更加保证了取到的pivotkey是比较接近中间值的关键字。有兴趣的同学可以自己去实现一下代码，这里不再详述了。

2. 优化不必要的交换

观察前面快速排序的6张图，我们发现，50这个关键字，其位置变化是1→9→

3→6→5，可其实它的最终目标就是5，当中的交换其实是不需要的。因此我们对
Partition() 函数的代码再进行优化。

```
/* 快速排序优化算法 */
int Partition1(SqList *L,int low,int high)
{
    int pivotkey;

    int m = low + (high - low) / 2; /* 计算数组中间的元素的下标 */
    if (L->r[low]>L->r[high])
        swap(L,low,high);                /* 交换左端与右端数据，保证左端较小 */
    if (L->r[m]>L->r[high])
        swap(L,high,m);                  /* 交换中间与右端数据，保证中间较小 */
    if (L->r[m]>L->r[low])
        swap(L,m,low);                   /* 交换中间与左端数据，保证左端较小 */

    pivotkey=L->r[low];                  /* 用子表的第一个记录作枢轴记录 */
    L->r[0]=pivotkey;                    /* 将枢轴关键字备份到L->r[0] */
    while(low<high)                      /* 从表的两端交替地向中间扫描 */
    {
        while(low<high&&L->r[high]>=pivotkey)
            high--;
        L->r[low]=L->r[high];            /* 采用替换而不是交换的方式进行操作 */
        while(low<high&&L->r[low]<=pivotkey)
            low++;
        L->r[high]=L->r[low];            /* 采用替换而不是交换的方式进行操作 */
    }
    L->r[low]=L->r[0];                   /* 将枢轴数值替换回L.r[low] */
    return low;                          /* 返回枢轴所在位置 */
}
```

注意代码中**高光**部分的改变。我们事实上将pivotkey备份到L.r[0]中，然后在之前是
swap时，只作替换的工作，最终当low与high会合，即找到了枢轴的位置时，再将L.r[0]的
数值赋值回L.r[low]。因为这当中少了多次交换数据的操作，在性能上又得到了部分的提
高。如下图所示。

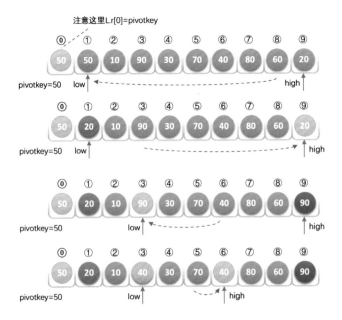

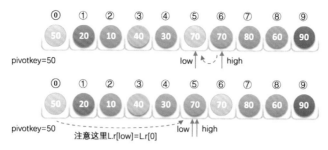

pivotkey=50

注意这里L.r[low]=Lr[0]

3. 优化小数组时的排序方案

对于一个数学科学家、博士生导师，他可以攻克世界性的难题，可以培养最优秀的数学博士，但让他去教小学生"1+1=2"的算术课程，那还真未必会比常年在小学里耕耘的数学老师教得好。换句话说，大材小用有时会变得反而不好用。刚才我谈到了对于非常大的数组的解决办法。那么相反的情况，如果数组非常小，其实快速排序反而不如直接插入排序来得更好（直接插入是简单排序中性能最好的）。其原因在于快速排序用到了递归操作，在大量数据排序时，这点性能影响相对于它的整体算法优势而言是可以忽略的，但如果数组只有几个记录需要排序时，这就成了一个大炮打蚊子的大问题。因此我们需要改进一下QSort()函数。

```
#define MAX_LENGTH_INSERT_SORT 7        /* 用于快速排序时判断是否选用插入排序阈值 */
/* 对顺序表L中的子序列L.r[low..high]作快速排序 */
void QSort1(SqList *L,int low,int high)
{
    int pivot;
    if((high-low)>MAX_LENGTH_INSERT_SORT)
    {
        pivot=Partition1(L,low,high);    /* 将L->r[low..high]一分为二，算出枢轴值pivot */
        QSort1(L,low,pivot-1);           /* 对低子表递归排序 */
        QSort1(L,pivot+1,high);          /* 对高子表递归排序 */
    }
    else
        InsertSort(L);                   /* 当high-low小于等于常数时用直接插入排序 */
}
```

我们增加了一个判断，当high-low不大于某个常数时（有资料认为7比较合适，也有资料认为50更合理，实际应用可适当调整），就用直接插入排序，这样就能保证最大化地利用两种排序的优势来完成排序工作。

4. 优化递归操作

大家知道，递归对性能是有一定影响的，QSort() 函数在其尾部有两次递归操作。如果待排序的序列划分极端不平衡，递归深度将趋近于n，而不是平衡时的$\log_2 n$，这就不仅仅是速度快慢的问题了。栈的大小是很有限的，每次递归调用都会耗费一定的栈空间，函数的参数越多，每次递归耗费的空间也越多。因此如果能减少递归，将会大大提高性能。

于是我们对QSort() 实施**尾递归**优化。来看代码：

```
/* 尾递归 */
void QSort2(SqList *L,int low,int high)
{
    int pivot;
    if((high-low)>MAX_LENGTH_INSERT_SORT)
    {
        while(low<high)
        {
            pivot=Partition1(L,low,high);    /* 将L->r[low..high]一分为二，算出枢轴值pivot */
            QSort2(L,low,pivot-1);            /* 对低子表递归排序 */
            low=pivot+1;                      /* 尾递归 */
        }
    }
    else
        InsertSort(L);                        /* 当high-low小于等于常数时用直接插入排序 */
}
```

当我们将if改成while后（见**高光**代码部分），因为第一次递归以后，变量low就没有用处了，所以可以将pivot+1赋值给low，再循环后，来一次Partition(L,low,high)，其效果等同于"QSort(L,pivot+1,high);"。结果相同，但因采用迭代而不是递归的方法可以缩减堆栈深度，从而提高了整体性能。

在现实的应用中，比如C++、Java、PHP、C#、VB、JavaScript等都有对快速排序算法的实现①，实现方式上略有不同，但基本上都是在我们讲解的快速排序法基础上的精神体现。

5. 了不起的排序算法

我们现在学过的排序算法，有按照实现方法分类命名的，如简单选择排序、直接插入排序、归并排序，有按照其排序的方式类比现实世界命名的，比如冒泡排序、堆排序，还有用人名命名的，比如希尔排序。但是刚才我们讲的排序，却用"快速"来命名，这也就意味着只要再有人找到更好的排序法，此"快速"就会名不符实，不过，至少今天，TonyHoare发明的快速排序法经过多次的优化后，在整体性能上，依然是排序算法王者，我们应该要好好研究并掌握它。②

9.10 **总结回顾**

本章内容只是在讲排序，我们需要对已经提到的各个排序算法进行对比来总结回顾。

首先我们讲了排序的定义，并提到了排序的稳定性，排序稳定对于某些特殊需求来说是至关重要的，因此在排序算法中，我们需要关注此算法的稳定性如何。

我们根据将排序记录是否全部被放置在内存中，将排序分为内排序与外排序两种，外排序需要在内外存之间多次交换数据才能进行。我们本章主要讲的是内排序的算法。

根据排序过程中借助的主要操作，我们将内排序分为插入排序、交换排序、选择排序和归并排序四类。之后介绍的7种排序法，就分别是各种分类的代表算法。如下页图。

---

① 注：有兴趣的读者可以想办法到网上下载阅读它们的源代码。
② 注：关于快速排序算法更详细的讲解，请参考《算法导论》第二部分第 7 章"快速排序"。

冒泡排序

两两比较相邻记录的关键字，如果反序则交换，直到没有反序的记录为止。

快速排序

通过一趟排序将待排记录分割成独立的两部分，其中一部分记录的关键字均比另一部分记录的关键字小，则可分别对这两部分记录继续进行排序，以达到整个序列有序的目的。

归并排序

假设初始序列含有n个记录，则可以看成是n个有序的子序列，每个子序列的长度为1，然后两两归并，得到⌈n/2⌉（⌈x⌉表示不小于x的最小整数）个长度为2或1的有序子序列；再两两归并，……，如此重复，直至得到一个长度为n的有序序列为止。

直接插入排序

将一个记录插入到已经排好序的有序表中，从而得到一个新的、记录数增加1的有序表。

希尔排序

将相距某个"增量"的记录组成一个子序列，这样才能保证在子序列内分别进行直接插入排序后得到的结果是基本有序而不是局部有序。

简单选择排序

通过n-i+1次关键字间的比较，从n-i+1（1≤i≤n）个记录中选出关键字最小的记录，并和第i个记录交换之。

堆排序

将待排序的序列构造成一个大顶堆。此时，整个序列的最大值就是堆顶的根结点。将它移走（其实就是将其与堆数组的末尾元素交换，此时末尾元素就是最大值），然后将剩余的n-1个序列重新构造成一个堆，这样就会得到n个元素中的次大值。如此反复执行，便能得到一个有序序列了。

事实上，目前还没有十全十美的排序算法，有优点就会有缺点，即使是快速排序法，也只是在整体性能上优越，它也存在排序不稳定、需要大量辅助空间、对少量数据排序无优势等不足。因此我们就来从多个角度来剖析一下提到的各种排序的长与短。

我们将7种算法的各种指标进行对比，如下表所示。

排序方法	平均情况	最好情况	最坏情况	辅助空间	稳定性
冒泡排序	$O(n^2)$	$O(n)$	$O(n^2)$	$O(1)$	稳定
简单选择排序	$O(n^2)$	$O(n^2)$	$O(n^2)$	$O(1)$	稳定
直接插入排序	$O(n^2)$	$O(n)$	$O(n^2)$	$O(1)$	稳定
希尔排序	$O(n\log n)\sim O(n^2)$	$O(n^{1.3})$	$O(n^2)$	$O(1)$	不稳定
堆排序	$O(n\log n)$	$O(n\log n)$	$O(n\log n)$	$O(1)$	不稳定
归并排序	$O(n\log n)$	$O(n\log n)$	$O(n\log n)$	$O(n)$	稳定
快速排序	$O(n\log n)$	$O(n\log n)$	$O(n^2)$	$O(\log n)\sim O(n)$	不稳定

从算法的简单性来看，我们将7种算法分为以下两类。

- 简单算法：冒泡、简单选择、直接插入。
- 改进算法：希尔、堆、归并、快速。

从平均情况来看，显然最后3种改进算法要胜过希尔排序，并远远胜过前3种简单算法。

从最好情况看，反而冒泡和直接插入排序要更胜一筹，也就是说，如果你的待排序序列总是基本有序，反而不应该考虑4种复杂的改进算法。

从最坏情况看，堆排序与归并排序又强过快速排序以及其他简单排序。

从这三组时间复杂度的数据对比中，我们可以得出这样一个认识。堆排序和归并排序就像两个参加奥数考试的优等生，心理素质强，发挥稳定。而快速排序像是很情绪化的天才，心情好时表现极佳，碰到较糟糕的环境会变得差强人意。但是他们如果都来比赛计算个位数的加减法，它们反而算不过成绩极普通的冒泡和直接插入。

从空间复杂度来说，归并排序强调要马跑得快，就得给马吃个饱。快速排序也有相应的空间要求，反而堆排序等却都是少量索取，大量付出，对空间要求是$O(1)$。如果执行算法的软件所处的环境非常在乎内存使用量的多少时，选择归并排序和快速排序就不是一个较好的决策了。

从稳定性来看，归并排序独占鳌头，我们前面也说过，对于非常在乎排序稳定性的应用中，归并排序是个好算法。

从待排序记录的个数上来说，待排序的个数n越小，采用简单排序方法越合适。反之，n越大，采用改进排序方法越合适。这也就是我们为什么对快速排序优化时，增加了一个阈值，低于阈值时换作直接插入排序的原因。

从上表的数据中，似乎简单选择排序在3种简单排序中性能最差，其实也不完全是，比如，如果记录的关键字本身信息量比较大（例如，关键字都是数十位的数字），此时表明其占用存储空间很大，这样移动记录所花费的时间也就越多，我们给出3种简单排序算法的移动次数比较，如下表所示。

排序方法	平均情况	最好情况	最坏情况
冒泡排序	$O(n^2)$	0	$O(n^2)$
简单选择排序	$O(n)$	0	$O(n)$
直接插入排序	$O(n^2)$	$O(n)$	$O(n^2)$

你会发现，此时简单选择排序就变得非常有优势，原因也就在于，它是通过大量比较后选择明确记录进行移动，有的放矢。因此对于数据量不是很大而记录的关键字信息量较大的排序要求，简单排序算法是占优的。另外，记录的关键字信息量大小对那四个改进算法影响不大。

总之，从综合各项指标来说，经过优化的快速排序是性能最好的排序算法，但是不同的场合我们也应该考虑使用不同的算法来应对它。

9.11 结尾语

学完排序，你能够感受到，我们的算法研究者们都是在"似乎不可能"的情况下，逐步提高排序算法的性能的。在剩下的几分钟时间里，我们再来做一道智力题，感受一下把不可能变为可能。

请问如何把下图中用四段直线一笔将这九个点连起来？

大家举手很快，因为绝大多数同学应该都看过这道题目。没有做过题目的同学通常十有八九会落入一个小小的陷阱，在九个点围成的框中打转转，然后发现至少要五段以上的直线才能连成。结果是，要找到答案，必须在思维上突破这九个点所围成的框框的限制，如下图所示。

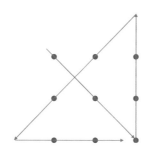

如果智力题这就结束了，那就不考大家了。现在我的问题是如何做到三段直线一笔将这九个点连起来？

此时，大家都在交头接耳，心里一定想着，"这怎么可能？"我来公布答案，那就是用一条"Z"字线即可一笔连成。也许，最快找出这个答案的是那些没有学过数学的孩子。作为成人，我们已被另一些"框框"框住大脑。那就是数学上有一条基本公理：两条平行线永不相交。另外数学上有另一个基本假设：点没有大小。可在现实中任何一点都会有大小。突破这一限制，只要无限延长"Z"字三段线，九点必可一笔连。来看下图。

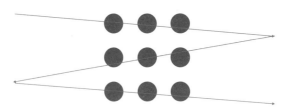

有同学说，我图中的点比刚才的要大，这不符合题意。我想有这样想法的同学，可能还是没有理解我想表达的意思，事实上，刚才的小黑点再小，它也是有大小的，你可以想象三根直线足够长，它们就可以将这九个点相连了。

别急，题目没完，我现在要求只用一条直线将这九点一笔连，如何做？

显然，大家的思维已经被打开。我们可轻易找到答案，因为只要再次突破几何学中"线没粗细"的框框，用一条很粗的线，比如蘸了墨水的大刷子，画一条粗粗的直线将九点全部包含其中即可。

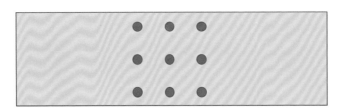

不是不可能用四段、三段、一段直线一笔连九点，只是暂时还没有找到方法而已。现实生活中所有的发明创造都是建立在打破前人所认定的"框框"的思维定势基础上的。这道智力题当然不是要挑战数学的权威，它只是在给我们启示："所有的事情都是可能的，只是我们暂时还没有找到方法而已。"

本章的结束，其实也就是"数据结构"这门课的结束了。数据结构和算法，还有很多内容我们并没有涉及。要想真正掌握数据结构，并把它应用到工作中，你们的路还很长。

我们生命中，矛盾和困惑往往一直伴随。很多同学来学习数据结构，其实并不是真的明白它的重要性，通常只是因为学校开了这门课，而不得不来这里弄个PASS，过后，真到需要用时，却发现力不从心而追悔莫及。比如下图，悲剧通常就是这样产生的。因此尽管现在是课程的最后，对于个别没有重视这门课的同学来说有些晚了，我还是想再亡羊补牢：**数据结构和算法对于程序员的职业人生来说，那就是两个圆圈的交集部分，用心去掌握它，你的编程之路将会是坦途。**

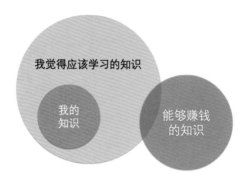

最后送大家电影《当幸福来敲门》中的一句话：

You got a dream,yougotta protect it. People can't do something themselves, they wanna tell you you can't do it. If you want something, go get it. Period. （如果你有梦想的话，就要去捍卫它。当别人做不到的时候，他们就想要告诉你，你也不能。如果你想要些什么，就得去努力争取。就这样！）

同学们，再见！